高职高专"十二五"规划教材

机械基础与训练

（下）

主编　谷敬宇　陈　春
主审　蒋祖信

北　京

冶金工业出版社

2015

内 容 提 要

本书共分 7 章，主要介绍了机械零件制造的相关基础知识，内容涉及车削、铣削、磨削、钻削、镗削、刨插削、拉削、齿轮加工、数控加工、特种加工等加工方法，铸造、锻压、焊接等毛坯制备方法，机床、刀具、夹具等相关知识以及机加工工艺知识等。

本书既可作为高职院校机械类专业及近机类专业的教材，又可供相关专业工程技术人员参考。

图书在版编目 (CIP) 数据

机械基础与训练. 下 / 谷敬宇，陈春主编. —北京：冶金工业出版社，2015.8

高职高专"十二五"规划教材

ISBN 978-7-5024-6952-8

Ⅰ. ①机… Ⅱ. ①谷… ②陈… Ⅲ. ①机械学—高等职业教育—教材 Ⅳ. ①TH11

中国版本图书馆 CIP 数据核字 (2015) 第 155316 号

出 版 人 谭学余
地   址 北京市东城区嵩祝院北巷 39 号 邮编 100009 电话 (010)64027926
网   址 www.cnmip.com.cn 电子信箱 yjcbs@cnmip.com.cn
责任编辑 俞跃春 陈慰萍 美术编辑 彭子赫 版式设计 葛新霞
责任校对 王永欣 责任印制 李玉山
ISBN 978-7-5024-6952-8
冶金工业出版社出版发行；各地新华书店经销；北京印刷一厂印刷
2015 年 8 月第 1 版，2015 年 8 月第 1 次印刷
787mm×1092mm 1/16；13.5 印张；324 千字；205 页
32.00 元
冶金工业出版社 投稿电话 (010)64027932 投稿信箱 tougao@cnmip.com.cn
冶金工业出版社营销中心 电话 (010)64044283 传真 (010)64027893
冶金书店 地址 北京市东四西大街 46 号(100010) 电话 (010)65289081(兼传真)
冶金工业出版社天猫旗舰店 yjgycbs.tmall.com
(本书如有印装质量问题，本社营销中心负责退换)

前　言

　　"机械基础与训练"是机械类及近机类专业的必修课。《机械基础与训练》（上、下）是四川机电职业技术学院机电一体化专业建设成果之一，是该专业配套教材。在编写过程中，编者认真总结长期的教学实践经验，广泛吸取兄弟院校同类教材的优点，本着"着重职业技能训练，基础理论以够用为度"的原则进行编写，着重突出以下特色：注重内容的科学性、实用性、通用性，尽量满足不同专业的需求，面向就业、突出实用，强调基础知识、基本技能。

　　本书遵循"实用、够用"的原则，强调学生应用能力的培养。在基本理论的论述中，做到深入浅出、通俗易懂，便于学生学习相关知识，掌握加工方法的确定、加工设备选择、刀具选择等，培养学生的专业应用能力，注重对学生工艺分析能力的培养，突出实用性。

　　本书由谷敬宇、陈春担任主编，曹金龙、孙广奇、鲜中锐、焦莉参编，蒋祖信担任主审。其中第1章由焦莉编写，第2章由谷敬宇编写，第3章由孙广奇编写，第4、5章由陈春编写，第6章由曹金龙编写，第7章由鲜中锐编写。

　　本书在编写过程中，得到了四川鸿舰重型机械制造有限公司的马毅、陈宗伟、刘晓青、向盛国、夏均等企业专家的指导和支持，他们为本书提供了大量的工程案例，对部分章节的编写提出了许多中肯的意见，在此深表感谢。同时，本书也参考了许多相关文献资料，在此也对参考文献的作者表示感谢。

　　由于编者水平有限，书中不妥之处，衷心希望广大读者批评指正。

编　者

2015 年 3 月

目　录

金属切削加工的基础知识

1.1 切削运动及切削要素

根据在加工过程中生产对象的质量变化，可将机械制造的加工方法分为三类，见表 1-1。

表 1-1 机械制造加工方法分类

机械制造加工方法
- 材料去除加工
  - 切削加工：利用切削刀具从工件上切除多余材料
  - 特种加工：利用机械能以外的其他能量直接去除材料
- 材料成型加工：如铸造、锻造、挤压、粉末冶金等
- 材料累积：利用微体积材料逐渐叠加的方式使零件成型

1.1.1 切削加工的分类及特点

1.1.1.1 切削加工分类

切削加工是利用切削工具从工件上切去多余材料的加工方法。通过切削加工，工件变成符合图样规定的形状、尺寸和技术要求的零件。切削加工分为机械加工和钳工加工两大类。

机械加工是利用机械设备提供的运动和动力对工件进行加工的方法。它一般是通过工人操纵机床设备进行加工的，其方法有车削、铣削、刨削、磨削、钻削、镗削、拉削、珩磨、超精加工和抛光等。

钳工加工是钳工在工作台上以手工工具为主，对工件进行加工的方法。钳工的工作内容一般包括划线、錾削、锯削、锉削、刮削、研磨、钻孔、扩孔、铰孔、攻螺纹、套螺纹、机械装配和设备修理等。

对于有些工作，机械加工和钳工加工并没有明显的界限，例如钻孔和铰孔，攻螺纹和套螺纹，二者均可进行。随着加工技术的发展和自动化程度的提高，目前钳工加工的部分工作已被机械加工所替代，机械装配也在一定范围内不同程度地实现机械化和自动化，而且这种替代现象将会越来越多。本章主要介绍常用的机械加工方法。尽管如此，钳工加工因加工灵活、经济、方便，而且更容易保证产品的质量等优点，不会被机械加工完全替代，将永远是切削加工中不可缺少的一部分。

1.1.1.2 切削加工的特点和作用

切削加工具有如下主要特点：

（1）切削加工的精度和表面粗糙度的范围广，且可获得很高的加工精度和很低的表面粗糙度。目前，切削加工的尺寸公差等级为 IT12～IT3，甚至更高；表面粗糙度 R_a 值为 25～0.008μm，其范围之广、精密程度之高，是目前其他加工方法难以达到的。

（2）切削加工零件的适应范围较大。切削加工多用于金属材料的加工，如各种碳钢、合金钢、铸铁、有色金属及其合金等；也可用于某些非金属材料的加工，如石材、木材、塑料和橡胶等；对于零件的形状和尺寸一般不受限制，只要能在机床上实现装夹，大都可进行切削加工；且可加工常见的各种表面，如外圆、内孔、锥面、平面、螺纹、齿形及空间曲面等。切削加工零件重量的范围很大，重的可达数百吨，轻的只有几克。

（3）切削加工的生产率较高。在常规条件下，切削加工的生产率一般高于其他加工方法。

（4）切削过程中存在切削力，对刀具和工件都有一定的性能要求。

正是因为前三个特点和生产批量等因素的制约，在现代机械制造中，目前除少数采用精密铸造、精密锻造以及粉末冶金和工程塑料压制成型等方法直接获得零件外，绝大多数机械零件要靠切削加工成型。因此，切削加工在机械制造业中占有十分重要的地位，目前占机械制造总工作量的 40%～60%。它与国家整个工业的发展紧密相连，起着举足轻重的作用。完全可以说，没有切削加工，就没有机械制造业。

正是因为上述第四个特点，限制了切削加工在细微结构和高硬高强等特殊材料加工方面的应用，从而给特种加工留下了生存和发展的空间。

1.1.2　零件表面的成型方法及机床的运动

组成机械产品的各种零件，虽然因其功用、形状、尺寸和精度等因素的不同而千变万化，但按其结构一般可分为轴类、套筒类、轮盘类、支架类、箱体类、机身机座类等。由于每一类零件不仅结构相似，而且加工工艺也有许多共同之处，因此将零件分类有利于学习和掌握各类零件的加工工艺特点。

1.1.2.1　零件表面的成型方法

切削加工的对象虽然是零件，但具体切削的却是零件上的一个个表面。组成零件常见的表面有外圆、内孔圆、锥面、平面、螺纹、齿形、成型面以及各种沟槽等。切削加工的目的之一就是要用各种切削方式在毛坯上加工出这些表面。

零件表面可以看做是一条线（称为母线）沿另一条线（称为导线）运动的轨迹。母线和导线统称为形成表面的发生线，如图 1-1 所示。因此，切削加工中表面成型方法有如下四种：

（1）轨迹法：靠刀尖的运动轨迹来形成所需要表面形状的方法。如图 1-2（a）所示，工件做回转运动，刀尖 1 沿着 3 做进给运动，使刀尖 1 在水平面内的轨迹与回转表面的母线重合，即车削出回转表面。

（2）成型法：利用成型刀具来形成发生线，对工件进行加工的方法。如图 1-2（b）所示，将成型车刀的刀刃 1 磨成与工件回转面的母线 2 相同的形状，当工件回转时，成型车刀沿着工件径向切入即可获得工件表面。

（3）相切法：由圆周刀具上的多个切削点来共同形成所需工件表面形状的方法。如图 1-2（c）所示，圆柱铣刀 B_1 在绕自身轴线回转的同时，沿曲线 2 做进给运动，分布在圆柱面上的刀齿就将曲面 3 加工出来。

（4）展成法：利用工件和刀具做展成切削运动来形成工件表面的方法。如图 1-2（d）

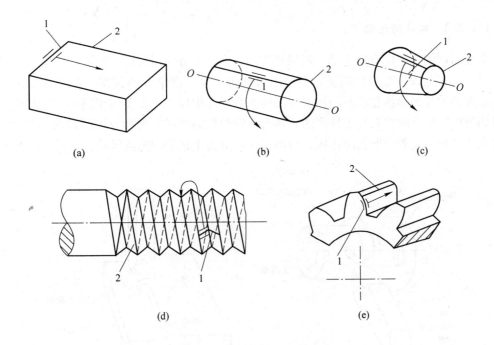

图 1-1 零件轮廓的几何表面

（a）平面；（b）圆柱面；（c）圆锥面；（d）螺旋面；（e）成型曲面

1—母线；2—引导线

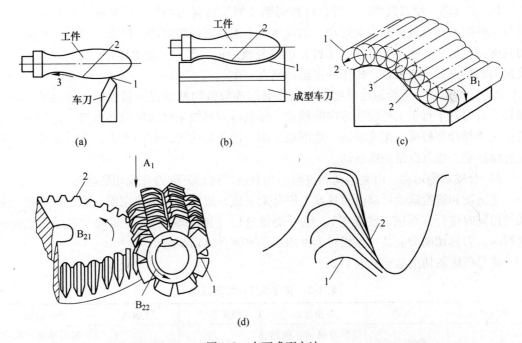

图 1-2 表面成型方法

（a）轨迹法；（b）成型法；（c）相切法；（d）展成法

所示，齿轮滚刀 1 做绕轴转动 B_{22}，齿坯 2 做绕轴转动 B_{21}，齿轮滚刀 1 上的刀齿将齿坯 2 上的齿形沿圆周切出，同时由于进给运动 A_1 的存在，逐渐将齿坯 2 的齿形切完。

1.1.2.2　机床的运动

由金属切削机床提供的运动，根据其作用不同，可分为切削运动和辅助运动。

（1）切削运动。金属切削机床上，用刀具将工件上多余（或预留）的金属切除，以获得所需要的几何形状和表面的加工方法称为金属切削加工。在金属切削加工过程中，由金属切削机床提供的刀具与工件间的、具有一定规律的相对运动称为切削运动。根据切削运动在切削加工过程中所起的作用，切削运动可分为主运动和进给运动，如图1-3所示。

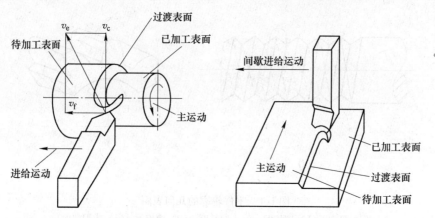

图1-3　切削运动及工件上的表面

1）主运动。使刀具切入工件，将被切削金属层转变为切屑，以形成工件新表面的刀具与工件间的相对运动称为主运动，如在车床上工件的回转运动，铣床（或钻、镗床）上刀具的回转运动，刨床上刀具（工件）的往复直线运动等。主运动具有消耗功率最高、速度最高的特点。一般来说，机床的主运动只有一个。

2）进给运动。进给运动是将被切削金属层连续或间断地投入切削的一种运动，如车削外圆时刀具平行于工件轴线方向的移动，刨削时刀具或工件的横向移动等。进给运动的特点是消耗功率较低、速度较慢。切削加工中，进给运动可以有一个、两个或多个；可以是连续运动，也可以是间歇运动。

3）合成切削运动。由主运动和进给运动合成的运动，称为合成切削运动。

主运动和进给运动可以由刀具或工件分别完成，或由刀具单独完成。主运动和进给运动可以同时进行（车削、铣削等），也可交替进行（刨削等）。当主运动与进给运动同时进行时，刀具切削刃上某一点相对工件的运动称为合成切削运动。

常见机床的切削运动见表1-2。

表1-2　常见机床的切削运动

机床名称	主运动	进给运动	机床名称	主运动	进给运动
卧式车床	工件旋转运动	车刀纵向、横向、斜向直线移动	龙门刨床	工件往复移动	刨刀横向、垂向、斜向间歇移动
钻　床	钻头旋转运动	钻头轴向移动	外圆磨床	砂轮高速旋转	工件转动，同时工件往复移动，砂轮横向移动

机床名称	主运动	进给运动	机床名称	主运动	进给运动
卧铣、立铣	铣刀旋转运动	工件纵向、横向直线移动（有时也做垂直方向移动）	内圆磨床	砂轮高速旋转	工件转动，同时工件往复移动，砂轮横向移动
牛头刨床	刨刀往复移动	工件横向间歇移动或刨刀垂向、斜向间歇移动	平面磨床	砂轮高速旋转	工件往复移动，砂轮横向、垂向移动

（2）辅助运动。除了上述表面成型运动之外，为完成工件加工，机床还必须具备与形成发生线不直接有关的一些辅助运动，以实现加工中的各种辅助动作。辅助运动主要有切入运动、分度运动、操纵和控制运动等，如进刀、退刀和让刀等。在普通机床上，辅助运动多为手动。

1.1.3 切削要素

切削要素包括切削用量和切削层参数。

1.1.3.1 切削加工时工件上形成的表面

在切削加工过程中，随着金属层不断被切除，工件上有三个不断变化的表面，如图1-3所示。

（1）已加工表面：工件上经刀具切除金属层后所形成的新表面。

（2）待加工表面：工件上有待于切除的那部分金属层的表面。

（3）过渡表面：切削刃正在切削的表面，是已加工表面与待加工表面间的过渡表面。

在切削加工过程中，三个表面始终处于不断的变动之中：前一次走刀的已加工表面，即为后一次走刀的待加工表面；过渡表面则随进给运动的进行不断被刀具切除。

1.1.3.2 切削用量三要素

切削用量是切削过程中的切削速度、进给量和背吃刀量的总称。由于它们是切削过程中不可缺少的因素，所以又称为切削用量三要素（见图1-4）。在切削加工中，合理选择切削用量，可以保证加工质量，提高加工效率，降低成本。

（1）切削速度 v_c：一般用主运动的线速度来表示，即过切削刃选定点，相对于工件在主运动方向上的线速度。当主运动为回转运动时，可用下式计算：

$$v_c = \frac{\pi d n}{1000}$$

式中 v_c——切削速度，m/min；

          d——工件或刀具上某一点的回转

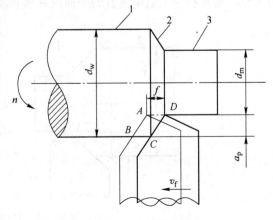

图1-4 切削用量

直径，mm；

　　　　n——工件或刀具的转速，r/min。

在转速 n 一定时，切削刃上各点处的切削速度不同，在计算时，取最大的切削速度。

（2）进给量 f：刀具与工件在进给运动方向上的相对位移量，可用刀具或工件的每转位移量或每行程位移量来表示。当主运动为回转运动时，f 的单位为 mm/r（毫米/转）；对于刨削、插削等主运动为往复直线运动的加工，f 的单位为 mm/(d·str)（毫米/双行程）；对于铣刀、铰刀、拉刀、齿轮滚刀等多刃切削刀具，可规定每齿进给量，单位是 mm/z（毫米/齿）。

在铣削加工中，对进给量的表示方法有三种，即每转进给量 f_r（mm/r）、每齿进给量 f_z（mm/z）和每分钟进给量 v_f（即进给速度，mm/min），它们之间关系如下：

$$v_f = f_r \cdot n = f_z \cdot z \cdot n$$

式中　n——转速，r/min；

　　　　z——铣刀齿数。

（3）背吃刀量 a_p：工件上已加工表面与待加工表面间的垂直距离，称为背吃刀量。外圆柱表面车削的背吃刀量可用下式计算：

$$a_p = \frac{d_w - d_m}{2}$$

对于钻孔：

$$a_p = \frac{d_m}{2}$$

式中　d_m——已加工表面直径，mm；

　　　　d_w——待加工表面直径，mm。

1.1.3.3　切削层参数

在主运动和进给运动作用下，工件将有一层多余的材料被切除，这层多余的材料称为切削层，如图 1-5 所示。

切削层的截面尺寸称为切削层参数。它决定了刀具切削部分所承受的负荷和切屑尺寸的大小，通常在与主运动垂直的平面内观察和度量。

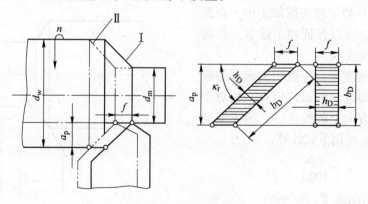

图 1-5　切削层参数

纵车外圆时切削层尺寸可用以下三个参数表示：

（1）切削公称厚度 h_D：是在垂直于切削刃的方向上度量的切削刃两瞬时位置过渡表面间的距离。

$$h_D = f \cdot \sin\kappa_r$$

（2）切削层公称宽度 b_D：是沿切削刃方向度量的切削层截面的尺寸。

$$b_D = \frac{a_p}{\sin\kappa_r}$$

（3）切削层公称横截面面积 A_D：是切削层横截面的面积。

$$A_D = b_D \cdot h_D = f \cdot a_p$$

1.2 金属切削机床的分类及型号编制方法

1.2.1 机床的分类

金属切削机床是利用金属切削刀具将毛坯加工成具有一定形状、尺寸、相对位置和表面质量要求的零件的机器。它提供切削加工中所需的刀具与工件间的相对运动及动力，是机械制造业的主要加工设备。

机床主要是按加工方法和所用刀具进行分类。根据国家制订的机床型号编制方法（GB/T 15375—2008），机床分为 11 大类：车床、钻床、镗床、磨床、齿轮加工机床、螺纹加工机床、铣床、刨插床、拉床、锯床和其他机床。磨床因品种较多，故又细分为 3 类。机床的类别及分类代号见表 1-3。

表 1-3 机床的类别及分类代号

类别	车床	钻床	镗床	磨 床			齿轮加工机床	螺纹加工机床	铣床	刨插床	拉床	锯床	其他机床
代号	C	Z	T	M	2M	3M	Y	S	X	B	L	G	Q
读音	车	钻	镗	磨	二磨	三磨	牙	丝	铣	刨	拉	割	其他

每一类机床又按工艺范围、布局形式和结构性能分为若干组，每一组又分为若干个系（系列）。

除上述基本分法外，机床还可按其他特征进行分类：

（1）按机床的通用性程度（工艺范围），可分为通用机床、专用机床和专门化机床。

通用机床工艺范围宽，通用性好，可用于加工多种零件的不同工序，但结构复杂，主要适用于零件的单件小批量生产，如卧式车床、万能升降台铣床、摇臂钻床、牛头刨床等。

专用机床通常只能完成某一特定零件的特定工序，工艺范围最窄，适用于大批量生产，如汽车制造业中大量使用的各种组合机床。

专门化机床主要用于加工不同尺寸的一类或几类零件的某一道或几道特定工序，其工艺范围较窄，如曲轴车床、凸轮轴车床、精密丝杠车床、花键轴铣床等。

（2）按机床的质量和尺寸的不同，可分为仪表机床、中型机床、大型机床（质量为 20~30t）、重型机床（质量为 30~100t）和超重型机床（质量大于 100t）。

（3）按照机床自动化程度不同，可分为手动、机动、半自动和自动机床。

（4）按机床加工精度不同，可分为普通精度机床、精密机床和超精密机床。

（5）按机床主要工作部件的多少，可分为单轴、多轴机床或单刀、多刀机床等。

1.2.2　金属切削机床型号

机床型号是机床代号，可简明表达机床的种类、特性及主要技术参数等。目前，我国的机床型号是按 GB/T 15375—2008《金属切削机床型号编制方法》规定实行。此标准规定，机床型号由汉语拼音字母和数字按一定的规律组合而成，它适用于各类通用机床和专用机床以及自动线（不含组合机床、特种加工机床），如图 1-6 所示。

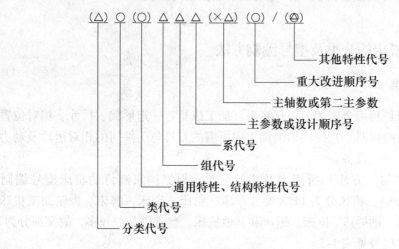

图 1-6　机床型号表示方法

图 1-6 中，有"（　）"的代号或数字，当无内容时则不表示，若有内容则不带括号；有"○"符号者，为大写的汉语拼音字母；有"△"符号者，为阿拉伯数字；有"◎"符号者，为大写的汉语拼音字母，或阿拉伯数字，或两者兼有之。

（1）类代号。在 GB/T 15375—2008《金属切削机床型号编制方法》中，把机床按工作原理划分为 11 大类，用大写的汉语拼音字母表示，如"C"表示车床，"X"表示铣床等。必要时，还可细分，分类代号用阿拉伯数字表示，位于类代号之前，但第一分类号不予表示，如磨床还细分了 3 类，分别用 M、2M、3M 表示。机床的类代号见表 1-3。

（2）通用特性、结构特性代号。如机床具有某种通用特性，可在类别代号后加上相应的通用特性代号（见表 1-4），如"CK××"表示数控车床，"CM××"表示精密车床。

结构特性代号是为了区别主要参数相同而结构、性能不同的机床，用大写字母表示并写在通用特性代号之后。通用特性代号用过的字母以及 I、O 两个字母不能用于结构特性代号。结构特性代号与通用特性代号不同，它在型号中没有统一的含义，只在同类机床中起区别机床结构、性能的作用。如 CA6140 型车床型号当中的"A"就是结构特性代号。

表 1-4　机床通用特性代号

通用特性	高精度	精密	自动	半自动	数控	加工中心（自动换刀）	仿形	轻型	加重型	柔性加工单元	数显	高速
代号	G	M	Z	B	K	H	F	Q	C	R	X	S
读音	高	密	自	半	控	换	仿	轻	重	柔	显	速

（3）组、系代号。机床的组别和系别用两位阿拉伯数字表示。每类机床按其结构性能及使用范围划分为10个组，每组机床又分为10个系，用2位数字0~9表示。在同一类机床中，主要布局或使用范围基本相同的机床，即为同一组。系的划分原则是：在同一组机床中，主参数相同，主要结构及布局形式相同的机床，即为同一系。车床类的组、系划分见表1-5。

表1-5　车床类的组、系代号及主参数

组		系			主 参 数
代号	名　称	代号	名　称	折算系数	名　称
0	仪表小型车床	0	仪表台式精整车床	1/10	床身上最大回转直径
		1			
		2	小型排刀车床	1	最大棒料直径
		3	仪表转塔车床	1	最大棒料直径
		4	仪表卡盘车床	1/10	床身上最大回转直径
		5	仪表精整车床	1/10	床身上最大回转直径
		6	仪表卧式车床	1/10	床身上最大回转直径
		7	仪表棒料车床	1	最大棒料直径
		8	仪表轴车床	1/10	床身上最大回转直径
		9	仪表卡盘精整车床	1/10	床身上最大回转直径
1	单轴自动车床	0	主轴箱固定型自动车床	1	最大棒料直径
		1	单轴纵切自动车床	1	最大棒料直径
		2	单轴横切自动车床	1	最大棒料直径
		3	单轴转塔自动车床	1	最大棒料直径
		4	单轴卡盘自动车床	1/10	床身上最大回转直径
		5			
		6	正面操作自动车床	1	最大车削直径
		7			
		8			
		9			
2	多轴自动、半自动车床	0	多轴平行作业棒料自动车床	1	最大棒料直径
		1	多轴棒料自动车床	1	最大棒料直径
		2	多轴卡盘自动车床	1/10	卡盘直径
		3			
		4	多轴可调棒料自动车床	1	最大棒料直径
		5	多轴可调卡盘自动车床	1/10	卡盘直径
		6	立式多轴半自动车床	1/10	最大车削直径
		7	立式多轴平行作业半自动车床	1/10	最大车削直径
		8			
		9			

组		系			主 参 数
代号	名　　称	代号	名　　称	折算系数	名　　称
3	回转、转塔车床	0	回轮车床	1	最大棒料直径
		1	滑鞍转塔车床	1/10	卡盘直径
		2	棒料滑枕转塔车床	1	最大棒料直径
		3	滑枕转塔车床	1/10	卡盘直径
		4	组合式转塔车床	1/10	最大车削直径
		5	横移转塔车床	1/10	最大车削直径
		6	立式双轴转塔车床	1/10	最大车削直径
		7	立式转塔车床	1/10	最大车削直径
		8	立式卡盘车床	1/10	卡盘直径
		9			
4	曲轴及凸轮轴车床	0	旋风切削曲轴车床	1/100	转盘内孔直径
		1	曲轴车床	1/10	最大工件回转直径
		2	曲轴主轴颈车床	1/10	最大工件回转直径
		3	曲轴连杆轴颈车床	1/10	最大工件回转直径
		4			
		5	多刀凸轮轴车床	1/10	最大工件回转直径
		6	凸轮轴车床	1/10	最大工件回转直径
		7	凸轮轴中轴颈车床	1/10	最大工件回转直径
		8	凸轮轴端轴颈车床	1/10	最大工件回转直径
		9	凸轮轴凸轮车床	1/10	最大工件回转直径
5	立式车床	0			
		1	单柱立式车床	1/100	最大车削直径
		2	双柱立式车床	1/100	最大车削直径
		3	单柱移动立式车床	1/100	最大车削直径
		4	双柱移动立式车床	1/100	最大车削直径
		5	工作台移动单柱立式车床	1/100	最大车削直径
		6			
		7	定梁单柱立式车床	1/100	最大车削直径
		8	定梁双柱立式车床	1/100	最大车削直径
		9			
6	落地及卧式车床	0	落地车床	1/100	最大工件回转直径
		1	卧式车床	1/10	床身上最大回转直径
		2	马鞍车床	1/10	床身上最大回转直径
		3	轴车床	1/10	床身上最大回转直径
		4	卡盘车床	1/10	床身上最大回转直径
		5	球面车床	1/10	床身上最大回转直径
		6	主轴箱移动型卡盘车床	1/10	床身上最大回转直径
		7			
		8			
		9			

组		系			主 参 数	
代号	名 称	代号	名 称	折算系数	名 称	
7	仿形及多刀车床	0	转塔仿形车床	1/10	刀架上最大车削直径	
		1	仿形车床	1/10	刀架上最大车削直径	
		2	卡盘仿形车床	1/10	刀架上最大车削直径	
		3	立式仿形车床	1/10	最大车削直径	
		4	转塔卡盘多刀车床	1/10	刀架上最大车削直径	
		5	多刀车床	1/10	刀架上最大车削直径	
		6	卡盘多刀车床	1/10	刀架上最大车削直径	
		7	立式多刀车床	1/10	刀架上最大车削直径	
		8	异形多刀车床	1/10	刀架上最大车削直径	
		9				
8	轮、轴、辊、锭及铲齿车床	0	车轮车床	1/100	最大工件直径	
		1	车轴车床	1/10	最大工件直径	
		2	动轮曲拐销车床	1/100	最大工件直径	
		3	轴颈车床	1/100	最大工件直径	
		4	轧辊车床	1/10	最大工件直径	
		5	钢锭车床	1/10	最大工件直径	
		6				
		7	立式车轮车床	1/100	最大工件直径	
		8				
		9	铲齿车床	1/10	最大工件直径	
9	其他车床	0	落地镗车床	1/10	最大工件回转直径	
		1				
		2	单能半自动车床	1/10	刀架上最大车削直径	
		3	气缸套镗车床	1/10	床身上最大回转直径	
		4				
		5	活塞车床	1/10	最大工件直径	
		6	轴承车床	1/10	最大工件直径	
		7	活塞环车床	1/10	最大工件直径	
		8	钢锭模车床	1/10	最大工件直径	
		9				

（4）主参数或设计顺序号。机床的主参数代表机床规格的大小，反映机床的加工能力。机床的主参数位于系代号之后，用折算值表示，即实际主参数乘折算系数。不同机床有不同的折算系统，详见表1-5。

机床主参数的计量单位是：若主参数是尺寸，其计量单位是 mm；若主参数为拉力，其计量单位是 kN；若主参数为扭矩，其计量单位是 N·m。

当某些通用机床无法用主参数表示时，则在型号中主参数位置用设计顺序号表示。设计顺序号由 01 开始。

（5）主轴数和第二主参数。为了更完整地表示机床的加工能力和加工范围，可选择进行第二主参数表示；对于多轴机床而言，也可把实际主轴数标于主参数后面。主轴数和第二主参数一般以"×"与第一一主参数分开，读作"乘"。

（6）机床重大改进顺序号。当对机床的结构、性能有更高的要求，并需按新产品重新设计、制造和鉴定时，才按改进的先后顺序按 A、B、C……字母顺序（I、O 两个字母不得选用），加在型号基本部分的尾部，以区别原机床型号。

（7）其他特性代号。其他特性代号用以反映各类机床的特性。它加在重大改进顺序号之后，用字母或数字表示，并用"/"分开，读作"之"。如可反映数控机床的不同控制系统、加工中心自动交换工作台等等。

（8）企业代号。企业代号用以表示机床生产厂或研究单位，用"-"与前面的代号分开，读作"至"。

机床型号举例如下：

CA6140：C——车床（类代号）

　　　　A——结构特性代号

　　　　6——组代号（落地及卧式车床）

　　　　1——系代号（普通落地及卧式车床）

　　　　40——主参数（最大加工件回转直径 400mm）

XKA5032A：X——铣床（类代号）

　　　　　K——数控（通用特性代号）

　　　　　A——结构特性代号

　　　　　50——立式升降台铣床（组系代号）

　　　　　32——工作台面宽度 320mm（主参数）

　　　　　A——第一次重大改进（重大改进序号）

MGB1432：M——磨床（类代号）

　　　　　G——高精度（通用特性代号）

　　　　　B——半自动（通用特性代号）

　　　　　14——万能外圆磨床（组系代号）

　　　　　32——最大磨削外径 320mm（主参数）

C2150×6：C——车床（类代号）

　　　　　21——多轴棒料自动车床（组系代号）

　　　　　50——最大棒料直径 50mm（主参数）

　　　　　6——轴数为 6（第二主参数）

1.2.3　机床的技术性能

机床的技术性能指机床的加工范围、使用质量和经济效益等技术参数，为了正确选择、合理使用机床，必须了解机床的技术性能。

（1）工艺范围：指机床适应不同生产的能力，即可完成的工序种类、加工的零件类型、毛坯和材料种类、适应的生产规模等。

（2）技术规格：反映机床尺寸大小和工作性能的各种技术数据。一般指影响机床工作性能的尺寸参数、运动参数、动力参数等。

（3）加工精度和表面粗糙度：指机床在正常工作条件下所获得的加工精度及表面粗糙度。

（4）生产率：指机床在单位时间内能完成的零件数量。

（5）自动化程度：不仅影响机床生产率，还影响工人的劳动强度和工件的加工质量。

（6）效率：指机床消耗于切削的功率与电动机输出功率之比。

（7）其他：机床的技术性能除上述方面外，还包括噪声大小、操作维修的方便、安全等方面。

1.3 刀具基础知识及应用

1.3.1 刀具的分类

刀具的种类很多，根据用途和加工方法不同，通常分为以下类型。

（1）切刀：包括各种车刀、刨刀、插刀、镗刀、成型车刀等。

（2）孔加工刀具：包括各种钻头、扩孔钻、铰刀、复合孔加工刀具（如钻-铰复合刀具）等。

（3）拉刀：包括圆拉刀、平面拉刀、成型拉刀（如花键拉刀）等。

（4）铣刀：包括加工平面的圆柱铣刀、端铣刀等；加工沟槽的立铣刀、键槽铣刀、三面刃铣刀、锯片铣刀等；加工特殊形面的模数铣刀、凸（凹）圆弧铣刀、成型铣刀等。

（5）螺纹刀具：包括螺纹车刀、丝锥、板牙、螺纹切刀、搓丝板等。

（6）齿轮刀具：包括齿轮滚刀、蜗轮滚刀、插齿刀、剃齿刀、花键滚刀等。

（7）磨具：包括砂轮、砂带、油石和抛光轮等。

（8）其他刀具：包括数控机床专用刀具、自动线专用刀具等。

根据刀具切削部分的材料，刀具可分为碳素工具钢刀具、合金工具钢刀具、高速钢刀具、硬质合金刀具、陶瓷刀具等。

根据刀具结构不同，刀具可分为整体式、镶片式、复合式刀具等。

1.3.2 刀具的结构

尽管切削刀具的种类繁多，形状各异，但从各部分的作用上看，刀具通常由夹持部分和工作部分组成。

各种刀具切削部分的形状不同，但从几何特征上看，却具有共性。外圆车刀切削部分的基本形态可作为其他各类刀具的切削部分的基本形态，其他各类刀具可以看成是外圆车刀的演变。所以本处以外车刀切削部分为例，给出刀具几何参数方面的有关定义，如图1-7所示。

（1）前刀面A_γ：切屑流出时经过的刀具表面。

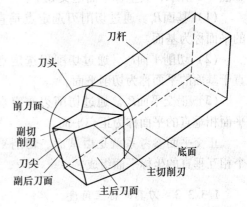

图1-7 外圆车刀切削部分组成

（2）主后刀面A_α：与工件上加工表面相对的刀具表面。

（3）副后刀面A'_α：与工件上已加工表面相对的刀具表面。

（4）主切削刃 S：前刀面与主后刀面的交线称为主切削刃，承担主要的切削任务。

（5）副切削刃S'：前刀面与副后刀面的交线称为副切削刃。

（6）刀尖：刀尖可以是主、副切削刃的实际交点，也可是将主、副切削刃连接起来的一小段直线或圆弧线。将主、副切削刃连接起来的这一小段切削刃又称为过渡刃。

普通外圆车刀切削部分的结构可用三面、两刃、一刀尖来概括，三个刀面的方位确定后，刀具的结构就确定了。

1.3.3　刀具的几何参数

刀具几何角度可以分为静态角度（标注角度）和工作角度，分别对应静态参考系和工作参考系。

为便于设计、制造、测量和刃磨刀具而建立的空间坐标参考系，称为静态参考系。在静态参考系中确定的刀具角度，称为刀具的静态角度（标注角度）。静态参考系应以刀具在使用中的正确安装和运动为基准所假定的条件来建立。

1.3.3.1　假定条件

（1）假定安装条件。假定车刀安装位置正确，即刀尖与工件回转中心等高，车刀刀杆对称面与进给运动方向垂直，刀杆底平面水平。

（2）假定运动条件。首先给出假定主运动方向和假定进给运动方向，再假定合成切削运动速度与主运动速度方向一致，不考虑进给运动的影响。

刀具标注角度所依据参考系主要有正交平面参考系、法平面参考系、假定工作平面参考系和背平面参考系。本书只介绍正交平面参考系。

1.3.3.2　正交平面参考系

在上述假定条件下，可用与假定主运动方向相垂直或平行的平面构成坐标平面，即刀具标注角度参考系。刀具标注角度参考系可有多种，在此仅介绍常用的正交平面参考系，如图 1-8 所示，其坐标平面定义如下：

（1）基面P_r。通过切削刃选定点垂直于假定主运动方向的平面称为基面。

（2）切削平面P_s。通过切削刃选定点与切削刃相切并垂直于基面的平面称为切削平面。

（3）正交平面P_o。通过切削刃选定点同时与基面和切削平面相垂直的平面称为正交平面。

正交平面参考系就是由基面、切削平面和正交平面这三个相互垂直的坐标平面组成。

1.3.3.3　刀具的标注角度

在正交平面参考系中，可标注如下角度（见图 1-9）：

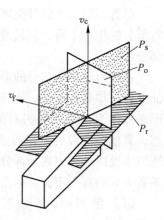

图 1-8　正交平面参考系

（1）前角γ_o。在正交平面中测量的前刀面与基面的夹角称为前角。

（2）后角α_o。在正交平面中测量的后刀面与切削平面的夹角称为后角。

（3）主偏角κ_r。在基面中测量的主切削刃与假定进给运动正方向间的夹角称为主偏角。

（4）副偏角κ'_r。在基面中测量的副切削刃与假定进给运动反方向间的夹角称为副偏角。

（5）刃倾角λ_s。在切削平面中测量的主切削刃与基面间的夹角称为刃倾角。

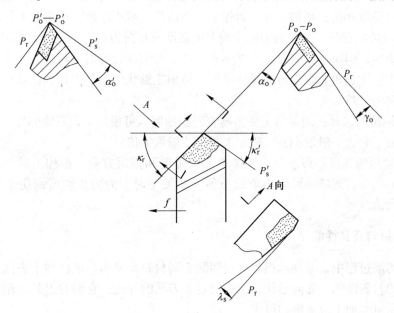

图 1-9　刀具标注角度

以上五个角度是刀具标注的基本角度，另有两个派生角度如下：

（1）楔角β_o。在正交平面中测量的前、后刀面间的夹角称为楔角。

$$\beta_o = 90° - (\gamma_o + \alpha_o)$$

（2）刀尖角ε_r。在基面中测量的主、副切削刃间的夹角称为刀尖角。

$$\varepsilon_r = 180° - (\kappa_r + \kappa'_r)$$

1.3.3.4　刀具的工作角度

刀具的标注角度是建立在假定安装条件和假定工作条件下的。如果考虑进给运动和刀具实际安装情况的影响，则刀具的参考系将发生变化。按照刀具在实际工作条件下形成的刀具工作角度参考系所确定的刀具角度，称为刀具工作角度。

由于在大多数加工中（如普通车削、镗孔、端铣、周铣等），进给速度远小于主运动速度，不必计算刀具工作角度；但在某些加工中（如车削螺纹或丝杠、钻孔等），刀具的工作角度相对标注角度有较大变化时，需计算工作角度。

了解刀具的标注角度和工作角度，有利于正确选用和使用刀具，有利于切削加工。

1.3.3.5　刀具角度合理选择

（1）前角的选择。切削塑性金属时，大前角可以降低切削力和切削温度，但刀具散热条件变差，刃口强度下降，易磨损、崩刃。因此，前角选择不易过大。切削脆性材料时，为防止冲击造成刀具崩刃，保持足够刃口强度，选择较小的前角。粗加工时，为保证金属切除效率，产生的切削力大，应选用较小的前角，保证刃口强度。精加工时，为保证加工质量，减小金属变形，应选用较大的前角。总之，前角的选择原则是"锐字当先、锐中求固"。

（2）后角的选择。后角主要影响后刀面与工件的摩擦。粗加工时，为增强刀具强度及散热条件，后角取小值；精加工时，为保证表面质量，减小摩擦，后角取大值。

（3）主偏角的选择。主偏角主要影响刀尖强度及径向力的大小。增大主偏角使刀尖强度变弱，易磨损，但减小径向力；反之亦然。当工件刚性较好时，可选较小主偏角；刚性较差时，选大的主偏角。主偏角选择还受到工件加工形状的限制，如切削阶梯轴，一般选择主偏角为90°或93°。

（4）副偏角的选择。副偏角主要影响表面粗糙度，可根据工艺系统刚性及表面粗糙度来选择。精加工时，一般取小值；粗加工时，一般取大值。

（5）刃倾角的选择。刃倾角主要影响刀尖强度和排屑方向。粗加工时，为提高生产率，保证刀尖强度，刃倾角可取小值或负值；精加工时，为防止切屑刮伤工件已加工表面，可取较大值或零。

1.3.4　刀具材料及其性能

在金属切削过程中，刀具承担着直接切除金属材料余量和形成已加工表面的任务。刀具切削部分的材料性能、几何形状和结构决定了刀具的性能，它们对刀具的耐用度、切削效率、加工质量和加工成本影响极大。

1.3.4.1　刀具材料应具备的性能

刀具在切削过程中通常要承受较大的切削力、较高的切削温度、剧烈的摩擦及冲击振动，尤其是切削刃及紧邻的前、后刀面，长期处在切削高温环境中工作，所以很容易造成磨损或损坏。金属切削刀具是在极其恶劣的条件下工作的，要胜任切削加工，刀具材料必须具备相应的性能。

（1）足够的硬度和耐磨性。硬度是刀具材料应具备的基本性能。刀具材料的硬度必须高于被加工材料的硬度才能切下金属。一般情况下，刀具材料应比工件材料的硬度高1.3~1.5倍，常温硬度大于60HRC。

耐磨性是指材料抵抗磨损的能力，它与材料硬度、强度和组织结构有关。材料硬度越高，耐磨性越好；组织中碳化物和氮化物等硬质点的硬度越高、颗粒越小、数量越多且分布越均匀，则耐磨性越高。

（2）足够的强度和冲击韧性。切削时刀具要承受较大的切削力、冲击和振动，为避免崩刀和折断，刀具材料应具有足够的强度和韧性。一般情况下，刀具材料的硬度越高，其韧性越低。因此在选用时应综合考虑。

强度是指刀具抵抗切削力的作用而不至于刀刃崩碎或刀杆折断所应具备的性能。冲击韧性是指刀具材料在间断切削或有冲击的工作条件下保证不崩刃的能力。

（3）较高的耐热性和传热性。耐热性是指刀具材料在高温下保持足够的硬度、耐磨性、强度和韧性、抗氧化性、抗黏结性和抗扩散性的能力（亦称为热稳定性），是衡量刀具材料的切削性能的主要指标。通常把材料在高温下仍保持高硬度的能力称为热硬性（亦称为高温硬度、红硬性），它是刀具材料保持切削性能的必备条件。刀具材料的高温硬度越高，耐热性越好，允许的切削速度越高。

刀具材料的传热系数大，有利于将切削区的热量传出，降低切削温度。

常用刀具材料的耐热温度如下：碳素工具钢 200~250℃，合金工具钢 300~400℃，普通高速钢 600~700℃，硬质合金 800~1000℃。

（4）良好的工艺性。为了便于刀具加工制造，刀具材料要有良好的工艺性能，如热轧、锻造、焊接、热处理和机械加工等性能。

（5）经济性好。即刀具的价格低，性价比高。

应当指出，上述几项性能之间可能相互矛盾（如硬度高的刀具材料，其强度和韧性较低）。没有一种刀具材料能具备所有性能的最佳指标，而是各有所长，所以应合理选择刀具材料。如超硬材料及涂层刀具材料费用较高，但使用寿命很长，在成批生产中，分摊到每个零件中的费用反而有所降低。

1.3.4.2 常用刀具材料

刀具材料的种类很多，常用的有碳素工具钢、合金工具钢、高速钢、硬质合金、陶瓷、金刚石和立方氮化硼等。碳素工具钢（如 T10A、T12A）和合金工具钢（如 9SiCr、CrWMn），因其耐热性较差，仅用于手工工具及切削速度较低的刀具。陶瓷、金刚石和立方氮化硼则由于其性能脆、工艺性能差等原因，目前只是在较小的范围内使用。目前用得最多的刀具材料是高速钢和硬质合金。

A 高速钢

高速钢是加入了钨、钼、铬、钒等合金元素的高合金工具钢。它有较高的热稳定性，切削温度达到 500~650℃时仍然能进行切削；有较高的硬度、耐磨性、强度和韧性，适合于各类刀具的要求。其制造工艺简单，容易磨成锋利的切削刃，可锻造，这对于一些形状复杂的刀具如钻头、成型刀具、拉刀、齿轮刀具等尤其重要，是制造这类刀具的主要材料。

按其化学成分的不同，高速钢可分为钨系和钨钼系；按切削性能的不同，高速钢可分为普通高速钢和高性能高速钢；按制造方法的不同，高速钢可分为熔炼高速钢和粉末冶金高速钢。

（1）普通高速钢。普通高速钢的特点是工艺性好，切削性能可满足一般工程材料的常规加工，常用的材料有：

1）W18Cr4V：属钨系高速钢，其综合性能可磨削性好，可用以制造各类刀具。

2）W6Mo5Cr4V2：属钨钼系高速钢，其碳化物分布的均匀性、韧性和高温塑性均超过 W18Cr4V，但是，可磨削性比 W18Cr4V 要稍差些，切削性能大致相同。国外由于资源的原因，已经淘汰了 W18Cr4V，用 W6Mo5Cr4V2 代替。这一钢种目前我国主要用于热轧刀具（如麻花钻），也可以用于大尺寸刀具。

（2）高性能高速钢。调整普通高速钢的基本化学成分和添加其他合金元素，使其力学性能和切削性能有显著提高，这就是高性能高速钢。高性能高速钢的常温硬度可达到 67~

70HRC，高温硬度也相应提高，可用于高强度钢、高温合金、钛合金等难加工材料的切削加工。典型牌号有高钒高速钢 W6Mo5Cr4V3、钴高速钢 W6Mo5Cr4V2Co5、超硬高速钢 W2Mo9Cr4VCo8 等。

（3）粉末冶金高速钢。粉末冶金高速钢是用高压氩气或纯氮气雾化熔融的高速钢钢水，直接得到细小的高速钢粉末，然后将这种粉末在高温高压下制成致密的钢坯，最后将钢坯锻轧成钢材或刀具形状的一种高速钢。

粉末冶金高速钢与熔炼高速钢相比，具有许多的优点：韧性与硬度较高、可磨削性能显著改善、材质均匀、热处理变形小、质量稳定可靠，故刀具的耐用度较高。粉末冶金高速钢可以切削各种难加工材料，特别适合制造各种精密刀具和形状复杂的刀具。

（4）涂层高速钢。高速钢刀具的表面涂层是采用物理气相沉积（PVD）方法，物理气相沉积是通过蒸发、电离或溅射等过程，产生金属粒子并与反应气体反应形成化合物沉积在工件表面。物理气相沉积方法有真空镀、真空溅射和离子镀三种，应用较广的是离子镀。镀膜工艺功能较多，典型的镀膜有 TiN、TiC、TiCN、TiAlN、TiAlCN、DLC（金刚石类涂层）、CBC（硬质合金基类涂层）等。

涂层高速钢刀具的切削力、切削温度约下降25%，切削速度、进给量、刀具寿命显著提高。

　　B　硬质合金

硬质合金是高硬度、难熔的金属化合物（主要是 WC、TiC 等，又称高温化合物）微米级的粉末，用钴或镍等金属作黏结剂烧结而成的粉末冶金制品。由于含有大量的高熔点、高硬度、化学稳定性好、热稳定性好的金属碳化物，其硬度、耐磨性和耐热性都很高。常用的硬质合金的硬度为 89～93HRA，在 800～1000℃ 的环境仍然能够承担切削任务，刀具的耐用度比高速钢高几倍到几十倍，当耐用度相同时，其切削速度可以提高 4～10 倍。但是，硬质合金比高速钢的抗弯强度低、冲击韧性差，因此，在切削时不能承受大的振动和冲击负荷。硬质合金中碳化物含量较高时，硬度高，但抗弯强度低；黏结剂含量较高时，其抗弯强度高，但硬度低。硬质合金由于其切削性能优良被广泛用作刀具材料，如大多数的车刀、端铣刀、深孔钻、绞刀、拉刀和齿轮滚刀等。

硬质合金的性能取决于化学成分、碳化物粉末粗细及其烧结工艺。碳化物含量增加时，则硬度增高，抗弯强度降低，适于粗加工；黏结剂含量增加时，则抗弯强度增高，硬度降低，适于精加工。

国际标准化组织将切削用的硬质合金分为三类：

（1）K 类（相当于我国的 YG 类）：即 WC-Co 类硬质合金。此类硬质合金有较高的抗弯强度和冲击韧性，磨削性、导热性较好。该材料的刀具适于加工生产崩碎切屑、有冲击性切削力作用在刃口附近的脆性材料，如铸铁、有色金属及其合金，并适合加工导热系数低的不锈钢等难加工材料。

（2）P 类（相当于我国的 YT 类）：即 WC-TiC-Co 类硬质合金。此类硬质合金有较高的硬度和耐磨性，特别是具有高的耐热性，抗黏结扩散能力和抗氧化能力也很好；但抗弯强度、磨削性和导热性低，低温脆性大、韧性差。该材料的刀具适用于高速切削钢料。

（3）M 类（相当于我国的 YW 类）：即 WC-TiC-TaC（NbC）-Co 类硬质合金。在 YT 类中加入 TaC（NbC）可以提高其抗弯强度、疲劳强度、冲击韧性、高温硬度和强度、抗氧化能力、耐磨性等。该材料的刀具既可以用于加工铸铁及有色金属，也可以用于加工钢。

表1-6列出了各种硬质合金的牌号及应用范围。

表1-6 各种硬质合金的牌号及应用范围

种 类	牌 号	相近旧牌号	主 要 用 途
P 类 （钨钛钴类）	P30	YT5	粗加工钢料
	P10	YT15	半精加工钢料
	P01	YT30	精加工钢料
K 类 （钨钴类）	K30	YG8	粗加工铸铁、有色金属及其合金
	K20	YG6	半精加工铸铁、有色金属及其合金
	K10	YG3	精加工铸铁、有色金属及其合金
M 类 ［钨钛钽（铌）钴类］	M10	YW1	半精加工、精加工难加工材料
	M20	YW2	粗加工、断续切削难加工材料

C 其他刀具材料

（1）陶瓷。陶瓷是在 Al_2O_3 中加入少量添加剂经高温烧结压制而成，其硬度、耐磨性和热硬性都比硬质合金要好，适用于加工高硬度的材料。硬度为 93 ~ 94HRA，在 1200℃的高温仍然能够进行切削。陶瓷与金属的亲和力小，切削时不易粘刀，不易产生积屑瘤，加工表面光洁。但是陶瓷刀片的脆性大，抗弯强度和抗冲击韧性低，一般用于切削钢、铸铁以及高硬度材料（如淬硬钢）的半精加工和精加工。

为了提高陶瓷刀片的强度和韧性，可以在矿物陶瓷中添加高熔点、高硬度的碳化物（TiC）和一些其他金属（如镍、钼）以构成复合陶瓷。

我国陶瓷刀片的牌号有 AM、AMF、AT6、SG4、LT35、LT55 等。

（2）金刚石。金刚石分为天然和人造两种，是碳的同素异形体。人造金刚石又称聚晶金刚石，具有很好的耐磨性。金刚石刀具主要使用人造金刚石。

金刚石是目前已知最硬的一种材料，其硬度为 10000HV，精车有色金属时，加工精度可以达到 IT5 级精度，表面粗糙度 R_a 可达 $0.012\mu m$。耐磨性好，在切削耐磨材料时，刀具的耐磨度通常是硬质合金的 10 ~ 100 倍。

金刚石的耐热性较差，一般低于 800℃，强度低、脆性大，对振动很敏感，只宜微量切削；而且由于金刚石是碳的同素异形体，在高温条件下，与铁原子发生反应，刀具易产生扩散磨损，因此，金刚石刀具不适于加工钢铁材料。金刚石刀具主要适合于非铁合金的高精度加工，适用于硬质合金、陶瓷、高硅铝合金等耐磨材料的加工，以及有色金属和玻璃强化塑料等的加工。用金刚石粉制成砂轮磨削硬质合金，磨削能力大大超过碳化硅砂轮；复合人造金刚石刀片，则是在硬质合金基体上烧结上一薄层的金刚石制作而成的，更是金刚石刀具的一种发展方向。

（3）立方氮化硼（CBN）。立方氮化硼是六方氮化硼的同素异形体，是人类已知的硬度仅次于金刚石的物质。立方氮化硼的热稳定性和化学惰性大大优于金刚石，工作温度可达 1300 ~ 1500℃，且 CBN 不与铁原子起作用，因此，该种材料的刀具适于加工不能用金刚石加工的铁基合金，如高速钢、淬火钢、冷硬铸铁。此外，该种材料的刀具还适于切削钛合金和高硅合金，用于加工高温合金等难加工的材料时，可以大大提高生产率。

虽然 CBN 价格昂贵，但随着难加工材料的应用日益广泛，它是一种大有前途的刀具材料。

1.4　切削过程中的物理现象及应用

1.4.1　切削变形及切屑种类

切削过程就本质而言就是：切削层在刀刃的切割和刀面的推挤作用下产生了剪切滑移和挤压变形，最终形成切屑并与工件分离的过程。伴随着切削加工的进行，工件或刀具发生了一系列的物理现象，如形成切屑、产生积屑瘤、加工硬化、切削力、切削热、切削温度、造成刀具磨损等。这些物理现象的产生源于加工过程中的变形，研究这些现象及其变化规律，对于正确刃磨（设计）和合理使用刀具、充分发挥刀具的切削性能、保证加工质量、降低生产成本和提高生产率有着十分重要的意义。

1.4.1.1　金属变形区

切削金属的过程中，刀具的切削刃及前、后刀面对金属有不同的作用。切削刃的作用造成了切削刃与被切金属接触处很大的局部应力，因而使得被切削金属沿切削刃分离，我们把刀刃的作用称为切割；刀面的作用是推挤被切削材料，前刀面对切屑的推挤作用控制切屑的变形程度，后刀面对已加工表面的推挤作用则影响已加工表面的质量。金属切削过程就是刀刃切割和刀面推挤作用的统一。加工中要设法尽量加大刀具的切割作用，减小推挤作用。为研究方便，通常将金属切削过程的变形划分为三个区，如图 1-10 所示。

（1）第 I 变形区。图 1-10 中 *OA* 和 *OM* 两条线所包围的区域为第 I 变形区，主要是沿剪切面产生剪切滑移变形，是切削过程中产生切削力和切削热的主要来源。

（2）第 II 变形区。切屑沿前刀面排出的过程中，受到前刀面的挤压和摩擦，使靠近

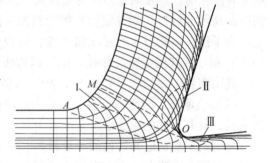

图 1-10　金属切削过程的三个变形区

前刀面处的金属纤维化。该变形区是造成前刀面磨损及发生滞流现象的主要原因。

（3）第 III 变形区。工件的已加工表面受到刀具的挤压摩擦，造成纤维化和加工硬化。该区域是造成后刀面磨损、工件已加工表面加工硬化的主要原因。

1.4.1.2　切屑的种类

由于工件材料及切削条件的不同，切削过程中金属的变形程度也不同，由此产生了不同的切屑种类，如图 1-11 所示。

（1）带状切屑。在加工塑性金属材料时，采用较高的切削速度、较小的进给量及背吃刀量、较大的刀具前角时，通常得到带状切屑。带状切屑是最常见的一种切屑，其一面光滑、一面是毛茸的。形成带状切屑时，切削过程平稳，切削力波动不大，已加工表面粗糙度较小，通常在刀具上利用断屑槽或断屑板等断屑。

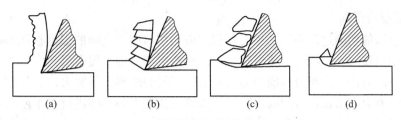

图 1-11　切屑的种类

（a）带状切屑；（b）节状切屑；（c）粒状切屑；（d）崩碎切屑

（2）节状切屑。节状切屑又称挤裂切屑，与带状切屑的区别在于其一面为锯齿形、另一面时有裂纹。在切削速度较低、进给量较大、刀具前角较小的情况下切削塑性金属，可得到此类切屑。加工后，工件表面较粗糙。

（3）粒状切屑。在形成节状切削的条件下，将刀具前角进一步减小，降低切削速度或增大进给量时，易产生此类切屑。粒状切屑截面呈梯形、大小较为均匀，又称单元切屑。

（4）崩碎切屑。切削脆性金属材料时，切削层在刀具作用下崩碎成不规则的碎块状切屑。产生崩碎切屑的过程中，切削力变化较大，切削不平稳；工件已加工表面凹凸不平，表面质量差；刀尖易磨损。

上述四种切屑类型中，前三种是切削塑性金属时产生的。形成带状切屑的过程最平稳，切削力波动最小；形成崩碎切屑时切削力波动最大。

在形成节状切屑的情况下，可通过增大刀具前角或减小进给量、提高切削速度得到带状切屑；反之得到粒状切屑。

产生崩碎切屑时，可通过减小进给量、减小主偏角及适当提高切削速度使崩碎切屑转化为片状或针状，改善切削过程中的不良现象。

1.4.1.3　积屑瘤

A　积屑瘤现象

在一定的条件下切削钢、黄铜、铝合金等塑性金属时，由于受前刀面挤压、摩擦的作用，切屑底层中的一部分金属滞留并堆积在刀具刃口附近，形成了一楔形硬块，这个硬块称为积屑瘤，如图 1-12 所示。

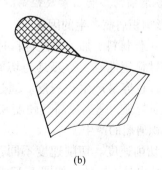

（a）　　　　　　　　　　　（b）

图 1-12　积屑瘤

（a）积屑瘤实物照片；（b）积屑瘤示意图

B　积屑瘤的形成

在塑性金属的切削过程中，由于刀具前刀面与切屑底层之间的强烈挤压与摩擦，切屑底层流动速度明显减慢，产生了滞留现象，从而造成切屑的上层金属与底层之间产生了相对滑移。在一定条件下，当刀具前刀面与切屑底层间的摩擦力足够大时，切屑底层的金属就会与切屑分离而黏结在刀具的前刀面上。随着切削加工的连续进行，不断有新的金属滞留而黏结在前刀面上，最终形成一个硬度很高的楔块。这个黏结在前刀面上的楔块就是积屑瘤，又称刀瘤。

形成积屑瘤的条件可简要地概括为 3 句话：中等的切削速度，切削塑性材料，形成带状切屑。

C　积屑瘤对切削加工的影响

（1）积屑瘤对切削加工的有利方面。

1）保护刀具。由于积屑瘤是切屑底层金属经强烈的挤压摩擦形成的，产生了强烈的硬化现象，硬度很高，完全可代替刀刃进行工作，起到了对刀具的保护作用。

2）减小切削力。形成积屑瘤时，增大了刀具的实际工作前角，可显著减小切削力。

鉴于积屑瘤对切削过程的有利一面，粗加工时，可允许它的存在，以使切削更轻快，刀具更耐用。

（2）积屑瘤对加工的不利影响。

1）影响加工尺寸。由于积屑瘤的存在，且积屑瘤伸出刀刃之外，改变了预先设定的背吃刀量，使切削层深度发生变化，从而影响了工件的加工尺寸，影响了零件的尺寸精度。

2）增大加工表面粗糙度。积屑瘤的轮廓很不规则，且积屑瘤在加工过程中处于不断"长大→脱落"的循环过程中，使工件表面不平整，表面粗糙度值明显增加。在有积屑瘤产生的情况下，往往可以看到工件表面上沿着切削刃与工件的相对运动方向有深浅和宽窄不同的积屑瘤切痕。此外，工件表面带走的积屑瘤碎片，也使工件表面粗糙度值增加，并造成工件表面硬度不均匀。

积屑瘤对加工精度和表面质量有不利影响，在精加工时，应尽量避免积屑瘤的产生，以确保加工质量。

D　积屑瘤的影响因素及控制

a　影响积屑瘤产生的因素

（1）工件材料。加工塑性材料时，容易产生积屑瘤；而加工脆性材料时不会产生积屑瘤。工件材料塑性越大，刀具与切屑之间的平均摩擦系数越大，越容易产生积屑瘤。通过对工件材料进行正火或调质处理，适当提高其硬度和强度，降低塑性，可以抑制积屑瘤的产生。

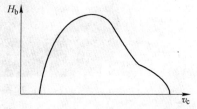

图 1-13　切削速度与积屑瘤
高度关系曲线

（2）切削速度。切削速度不同，积屑瘤所能达到的最大尺寸也是不同的，如图 1-13 所示。切削速度通过切削温度影响积屑瘤的产生。在中温区，如切削中碳钢时的 300～380℃，切屑底层材料软化，黏结严重，最适宜形成积屑瘤;在切削温度较低时,切屑与前刀面间呈点接触,摩擦系数较小,不易形成黏结;在切削温度很高时,与前刀面接触的切屑底层金属呈微熔状态,能起润滑作用,摩擦系数也较小,同样不易形成黏结。所以,精加工应采用高速或低速加工。例如,高速钢刀具采用低速加工,硬质合金刀具采用高速精加工。

(3) 刀具前角。刀具前角增大,前刀面对切屑的推挤作用减小,摩擦减小,切屑从前刀面流出畅快,不易产生积屑瘤。实践证明,前角超过 40°时,一般不会产生积屑瘤。

(4) 刀具表面粗糙度。刀具前刀面的表面粗糙度数值低,与切屑底层的摩擦减小,降低产生积屑瘤的可能性。为了获得较好的加工质量,刀具在刃磨后,需用油石修光前、后刀面。

(5) 切削液。合理使用切削液,能减小摩擦、降低切削温度,从而有效抑制积屑瘤的产生。

b 控制积屑瘤的措施

积屑瘤的存在对切削加工有利时,就可以利用它;不利时,就必须采取措施避免和消除它。

控制积屑瘤的措施有:

(1) 采用较高或较低的切削速度,以避开产生积屑瘤的速度范围。

(2) 适当减少进给量、增大刀具前角、减小切削变形。

(3) 降低刀具前刀面的表面粗糙度值,以减小切削过程中的摩擦。

(4) 合理使用切削液。

(5) 采用适当的热处理来提高工件材料的硬度、降低塑性减小加工硬化倾向。

应注意的是,刀具上出现积屑瘤后应用油石对其进行清理,切忌用其他工具对其敲击,以免损坏刀具。

1.4.2 切削力及切削功率

在切削加工时,作用在工件上的力和作用在刀具上的力是一对大小相等、方向相反的力,通常把它们称为切削力。切削力是影响工艺系统变形和工件加工质量的重要因素:切削力不仅使切削层金属产生变形,消耗了功,产生了切削热,影响已加工表面质量和生产效率,同时也是设计机床、夹具、刀具的重要数据,是分析切削过程工艺质量问题的重要参考数据。减小切削力,不仅可以降低功率消耗、降低切削温度,而且可以减小加工中的振动和零件的变形,延长刀具的寿命。

1.4.2.1 切削力的来源

切削力的来源有两个方面:一是切削层金属、切屑和工件表面层金属变形所产生的抗力;二是刀具与切屑、工件表面间的摩擦力。这两方面共同作用合成为切削力。

1.4.2.2 切削力的分解

切削力是一个空间方向上的力,其大小、方向都不易直接测量。为分析切削力对工艺系统的影响,通常将切削力分解成 3 个相互垂直的切削分力,如图 1-14 所示。

(1) 主切削力 F_c:即切削力在主运动方向上的分力,又称为切向力,是计算刀具强度、机床功率以及设计夹具、选择切削用量的主要依据。

（2）进给力 F_f：即切削力在进给运动方向上的分力，又称为轴向力，是计算机床进给系统强度、刚性的主要依据。

（3）背向力 F_p：即切削力在与进给运动方向相垂直的方向上的分力，又称为径向力，是检验机床刚度的主要依据。背向力在车削外圆时，不消耗功率；但会使工件弯曲变形，影响工件精度，并易引起振动。

一般情况下，F_c 最大，F_f、F_p 小一些，随着刀具几何参数、刃磨质量、磨损情况和切削用量的不同，F_f、F_p 相对于 F_c 的比值在很大范围内变化。

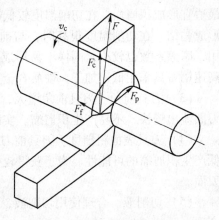

图 1-14　车削外圆时切削力的分解

1.4.2.3　影响切削力的因素

影响切削力的因素很多，主要有以下几个方面：

（1）工件材料的影响。工件材料的强度、硬度越高，切削力越大。在强度、硬度相近的情况下，工件材料的塑性、韧性越大，则切屑变形越大，切削力越大。

（2）切削用量的影响。切削用量三要素对切削力影响的程度是不同的。背吃刀量对切削力影响最大，背吃刀量增大一倍，主切削力也增大一倍。进给量对切削力影响次之，进给量增大一倍，主切削力增大70%~90%。切削速度对切削力影响最小，如图 1-15 所示，在中速和高速下切削塑性金属，切削力一般随切削速度增大而减小；在低速范围内切削塑性金属，切削力随切削速度增大呈波形变化；切削脆性金属，切削速度对切削力没有显著影响。

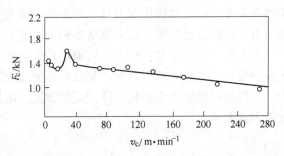

图 1-15　切削速度对切削力的影响

（3）刀具几何参数的影响。前角增大，切屑变形减小，切削力明显下降。主偏角在 60°~75° 时主切削力最小。主偏角变化改变背向力和进给分力的比例，当主偏角增大时，背向力减小，进给分力增大。刃倾角对主切削力影响较小，对背向力和进给分力影响较大，当刃倾角逐渐由正值变为负值时，背向力增大，进给分力减小。

（4）刀具材料的影响。刀具材料不是影响切削力的主要因素。由于不同的刀具材料与工件材料间的摩擦系数、亲和力不同，对切削力也有一定影响。摩擦系数、亲和力越小，主切削力越小。

（5）切削液的影响。合理选用切削液，利用切削液的润滑作用，可以降低切削力。

1.4.2.4 切削功率

功率是力和力作用方向上运动速度的乘积。切削功率是切削分力消耗功率的总和。在普通加工中，进给速度很小，且进给分力小于主切削力，因此，切削功率用主运动功率计算：

$$P_c = F_c v_c \times 10^{-3}/60$$

式中　P_c——切削功率，kW；

　　　F_c——主切削力，N；

　　　v_c——切削速度，m/min。

1.4.3　切削热及切削温度

在金属切削加工过程中，切削层金属变形及与刀具间的摩擦所产生的热量称为切削热。切削热及由它产生的切削温度，直接影响刀具的磨损和耐用度，影响工件的加工精度和表面质量。

1.4.3.1 切削热的来源与传播

在刀具作用下，切削层金属产生弹性变形和塑性变形产生的热量以及切屑与前刀面、工件与后刀面间的摩擦产生的热量是切削热的来源。

切削热主要由切屑、刀具、工件及周围介质传导出去，影响热传导的主要因素是工件和刀具材料的导热系数及周围介质的状况。

1.4.3.2 切削温度及其影响因素

切削温度是指切削区域的平均温度，其高低取决于该处产生热量的多少和热量传播的快慢。

在生产实践中，可通过切削加工时切屑的颜色来判断刀尖部位的大致温度。以车削碳素结构钢为例，随着切削温度的提高，切屑的颜色经历着这样一个变色过程：银白色→黄白色→金黄色→紫色→浅蓝色→深蓝色。其中，银白色切屑反映的切削温度约200℃，金黄色切屑反映的切削温度约400℃，深蓝色切屑反映的切削温度约600℃，凡是影响切削热的产生及传播的因素都影响切削温度，其主要影响因素如下：

（1）切削用量对切削温度的影响。在切削用量三要素中，对切削温度影响最大的是切削速度，其次是进给量，背吃刀量对切削温度影响最小。

随着切削速度升高，切屑底层与刀具前刀面摩擦加剧，产生的切削热来不及向切屑内部传导而大量积聚在切屑底层，使切屑温度升高。但切削热与切削温度不与切削速度成比例增加。

随着进给量增大，单位时间内切除的金属量增多，所产生的切削热增多，使切削温度上升，但切削热不与金属切除量成比例增加；同时，进给量增大，切屑变厚，切屑的热容量增大，带走的热量增多，使切削温度上升不甚明显。

背吃刀量增大，切削热成比例增加，但实际进入切削的切削刃长度也成比例增加，改善了散热条件，使切削温度升高不明显。

（2）刀具几何参数。前角增大，切削变形和摩擦减小，产生的切削热减少，切削温度降低；但前角太大，使散热条件变差，使切削温度不会进一步降低，反而会影响刀具使用。主偏角增大，使实际工作的切削刃长度减小，刀尖角减小，散热条件变差，切削温度上升。

（3）工件材料。工件材料的强度、硬度越高，切削时产生的切削热越多，切削温度越高。材料导热系数越高，切削区传出热量越多，切削温度越低。

（4）刀具磨损的影响。刀具磨损对切削温度影响很大，是影响切削温度的重要因素。当刀具磨损到一定程度时，切削力及切削温度会急剧升高。

（5）切削液。采用冷却性能好的切削液能有效降低切削温度。

1.4.4　刀具磨损及刀具耐用度

在切削过程中，刀具一方面切下切屑，另一方面其本身也被损坏。刀具的损坏形式主要有磨损和破损两类。

一把新刃磨的刀具，切削起来比较轻快，但使用一段时间后，切削起来可能会比较沉重，甚至出现振动。有时会从工件与刀具接触面处发出刺耳的尖叫声，会在加工表面上出现亮点和紊乱的刀痕，表面粗糙度明显恶化，切屑颜色变深，呈紫色或紫黑色。这是因为刀具在切削加工的过程中受到磨损。刀具的磨损是连续的、逐渐的。当磨损积累到一定的程度后，会使工件的加工精度降低，表面粗糙度增大，并导致切削力和切削温度增加，甚至产生振动，不能继续正常切削，即刀具失效，这时就要更换新的切削刃或换刀磨刀。

刀具的破损包括脆性破损（如崩刀、碎断、剥落、裂纹等）和塑性破损两种。刀具破损是非正常损坏，应尽量避免。

刀具磨损的快慢与切削条件有关。为了合理使用刀具、保证加工质量，必须熟悉刀具磨损的具体原因及磨损的形式。

1.4.4.1　刀具的磨损形式

切削时，刀具的前刀面和后刀面分别与切屑和工件相接触，由于前、后刀面的接触压力很大，接触面的温度也很高，因此，在刀具的前、后刀面上产生磨损，如图 1-16 所示。

（1）前刀面磨损。切削塑性材料时，如果切削速度和切削层公称厚度较大，则在前刀面上形成月牙洼磨损，如图 1-17（a）所示。当月牙洼发展到其前缘与切削刃之间的棱边变得很窄时，切削刃强度降低，容易导致切削刃破坏。刀具前刀面月牙洼磨损值以其最大深度 K_T 表示。

（2）后刀面磨损。切削时，工件的已加工表面

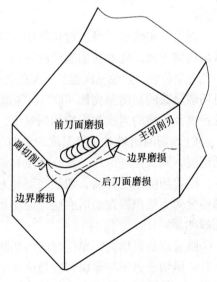

图 1-16　刀具的磨损形态

与刀具后刀面接触，相互摩擦，引起后刀面磨损。后刀面的磨损形式是磨损后角等于零的磨损棱带。切削铸铁和以较小的切削层公称厚度切削塑性材料时，主要发生这种磨损。后刀面上的磨损棱带往往不均匀，如图 1-17（b）所示。刀尖部分（C 区）强度较低，散热条件又差，磨损比较严重，其最大值为 V_C。主切削刃靠近工件待加工表面处的后面（N 区）磨成较深的沟，以 V_N 表示。在后面磨损棱带的中间部分（B 区），磨损比较均匀，其平均宽度以 V_B 表示，而且最大宽度以 V_{Bmax} 表示。

（3）前后面同时磨损或边界磨损。切削塑性材料，$h_D = 0.1 \sim 0.5\,mm$ 时，会发生前后面同时磨损，如图 1-17（c）所示。在切削铸钢件和锻件等外皮粗糙的工件时，常在主切削刃靠近工件外皮处以及副切削刃靠近刀尖处的后面上磨出较深的沟纹，这种磨损称为边界磨损，如图 1-16 所示。

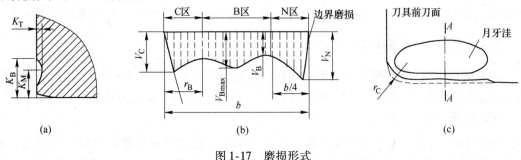

图 1-17 磨损形式

（a）前刀面磨损；（b）后刀面磨损；（c）前后刀面同时磨损

1.4.4.2 刀具磨损的原因

总的来说，刀具磨损的原因有两方面：一是相对运动引起的机械磨损；二是切削热引起的热效应磨损。

刀具正常磨损的具体原因有以下几个方面：磨粒磨损、黏结磨损、扩散磨损、相变磨损和化学磨损等。

在不同的工件材料、刀具材料和切削条件下，磨损原因和磨损强度是不同的。

（1）磨粒磨损。磨粒磨损又称为硬质点磨损，主要是由于工件材料中的杂质、硬质点（如碳化物、氮化物和氧化物等）以及积屑瘤碎片等，在刀具表面上划出一条条沟纹造成的磨损。工具钢（包括高速钢）刀具的这类磨损比较显著。硬质合金刀具由于具有很高的硬度，这类磨损相对较小。

硬质点磨损在刀具各种切削速度下都存在，但它是低速刀具（如拉刀、板牙、丝锥等）磨损的主要原因。

（2）黏结磨损。黏结磨损是在加工塑性材料时，在足够大的压力和一定的切削温度作用下，在切屑与前刀面、已加工表面和后刀面的摩擦表面上产生黏结（冷焊）现象时，又因相对运动造成黏结点撕裂而被对方带走形成的磨损。

黏结磨损程度取决于切削温度、刀具和工件材料的亲和力、刀具和工件材料硬度比、刀具表面形状与组织等因素。因此有必要降低切削温度，降低刀具表面粗糙度，改善润滑条件。

（3）扩散磨损。扩散磨损是在高温作用下，由于刀具与工件接触面间活动能量增大的合金元素相互扩散置换，引起刀具的化学成分改变，使刀具材料性能降低而造成的。扩散速度随切削温度的升高而增加，而且越增越烈。

扩散磨损是中高速切削时，硬质合金刀具磨损的主要原因，它往往和黏结磨损同时发生。

硬质合金产生扩散的温度在 $800 \sim 1000℃$，在生产中采用细颗粒硬质合金或在硬质合金中添加碳化钽（如 YW）等就能减小扩散磨损。

（4）相变磨损。相变磨损是刀具温度超过刀具材料金相组织变化的相变温度造成的。工具钢刀具在高温下属此类磨损。一般高速钢刀具的相变温度为 $600 \sim 700℃$。

（5）化学磨损。化学磨损是在一定的温度下，刀具材料与某些周围介质（如空气中的氧，切削液的各种添加剂、硫、氯等）起化学作用，在刀具表面上形成一层硬度较低的化合物，并被切屑带走，形成刀具的磨损。化学磨损主要发生于较高的切削速度条件下。

1.4.4.3　刀具磨损过程及磨钝标准

刀具磨损达到一定程度就不能继续使用，否则会降低工件的尺寸精度和加工表面质量。刀具究竟磨损到什么程度就不能再被使用了呢？这就需要有一个衡量刀具磨损的标准。

A　刀具的磨损过程

如图 1-18 所示，刀具的磨损过程分为初期磨损、正常磨损和急剧磨损 3 个阶段。初期磨损阶段磨损较快，磨损速度与刀具的刃磨质量直接相关，研磨过的刀具，初始磨损量较小。正常磨损阶段的时间较长，是刀具工作的有效期，刀具的磨损量随时间的增加也会缓慢而均匀地增加。急剧磨损阶段，由于刀具磨损急剧加速，很快变钝，此时刀具如继续工作，则不但不能保证加工质量，而且刀具材料消耗增加，甚至引起刀具损坏，很不经济。加工中应在此阶段到来之前，及时换刀。

B　刀具的磨钝标准

刀具磨损到一定的极限就不能继续使用，这个磨损极限就称为刀具的磨钝标准。

ISO 统一规定以 1/2 背吃刀量处后面上测量的磨损带宽度 V_B 作为刀具的磨钝标准；对于自动化生产中使用的精加工刀具，常以沿工件径向的刀具磨损尺寸作为衡量刀具的磨钝标准，称为刀具的径向磨损量 N_B，如图 1-19 所示。

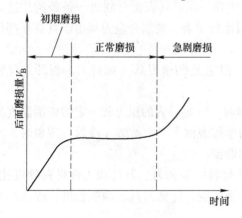

图 1-18　刀具磨损过程

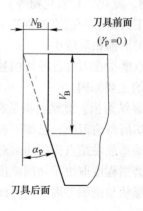

图 1-19　刀具磨钝标准

加工条件不同时所规定的磨钝标准不相同。例如，粗加工的磨钝标准值较大，精加工的磨钝标准值较小；切削难加工材料以及工艺系统刚性较低时的磨钝标准较小；由于高速钢具有较高的强度，其磨钝标准值高于相应加工条件的硬质合金刀具。常用车刀的磨钝标准见表1-7。

表1-7　常用车刀的磨钝标准

车刀类型	刀具材料	加工材料	加工性质	后刀面最大磨损限度 V_B/mm
外圆车刀、端面车刀、镗刀	高速钢	碳钢、合金钢、铸钢、有色金属	粗车	1.5~2.0
			精车	1.0
		灰铸铁、可锻铸铁	粗车	2.0~3.0
			半精车	1.5~2.0
		耐热钢、不锈钢	粗、精车	1.0
	硬质合金	碳钢、合金钢	粗车	1.0~1.4
			精车	0.4~0.6
		铸铁	粗车	0.8~1.0
			精车	0.6~0.8
		耐热钢、不锈钢	粗、精车	0.8~1.0
		钛合金	精、半精车	0.4~0.5
		淬硬钢	精车	0.8~1.0
切槽刀与切断刀	高速钢	钢、铸钢	—	0.8~1.0
		灰铸铁		1.5~2.0
	硬质合金	钢、铸钢		0.4~0.6
		灰铸铁		0.6~0.8
成型车刀	高速钢	碳钢		0.4~0.5

1.4.4.4　刀具耐用度与刀具寿命

刀具耐用度是指刀具由刃磨后开始切削一直到磨损量达到刀具磨钝标准所经历的总切削时间。刀具的耐用度用 T 表示，单位为 min。常用刀具的耐用度见表1-8。

刀具寿命是表示一把新刀从投入切削开始，到刀具报废为止总的实际切削时间。因此刀具寿命等于这把刀的刃磨次数（包括新刀开刃）乘以刀具的耐用度。

表1-8　常用刀具的耐用度参考值　　　　　　　　　　　　min

刀具类型	刀具耐用度 T	刀具类型	刀具耐用度 T
车刀、刨刀、镗刀	60	仿形车刀	120~180
硬质合金可转位车刀	30~45	组合钻床刀具	200~300
钻头	80~120	多轴钻床刀具	400~800
硬质合金面铣刀	90~180	组合机床、自动机、自动线刀具	240~480
切齿刀具	200~300		

刀具耐用度是一个表征刀具材料切削性能优劣的综合指标。在相同的切削条件下，耐用度越高，表明刀具材料的耐磨性越好。

工件材料、刀具材料、刀具几何参数、切削用量是影响刀具耐用度的主要因素，在切削用量中，切削速度 v_c 对 T 的影响最大，其次是进给量 f，背吃刀量 a_p 影响最小。所以，要提高生产率首先应选大的 a_p，然后由加工条件和加工要求选择允许最大的 f，最后根据 T 选取合理的 v_c。

1.4.5　切削液

在金属切削加工过程中，合理选用切削液，可以改善切屑、工件与刀具间的摩擦状况，降低切削力及切削温度，减小工件变形，提高加工精度和表面质量，延长刀具使用寿命。

1.4.5.1　切削液的作用

（1）冷却作用。切削液浇注到切削区域后，通过传导、对流和汽化等方式，带走大量的切削热，使切削温度降低。

（2）润滑作用。切削液渗透到切屑、工件与刀具表面之间，形成润滑性能较好的油膜，降低切削力及切削温度。

（3）清洗与排屑作用。利用一定流量和压力的切削液将黏附在机床、夹具、工件和刀具上的细小切屑或磨粒细粉带走，以防其对机床、工件及刀具造成损害。

（4）防锈作用。防锈作用是在切削液中添加防锈剂后，使切削液在金属表面形成保护膜，保护工件、刀具及机床、夹具等不受周围介质的腐蚀。

1.4.5.2　切削液的种类

金属切削加工中常用的切削液主要有水溶液、乳化液、切削油和极压切削油。

（1）水溶液。水溶液主要成分是水，冷却性能好，润滑性能差，实际使用中常加入添加剂，使其保持良好的冷却性能，同时具有良好的防锈性能和一定的润滑性能。

（2）切削油。切削油主要成分是矿物油，少数采用动、植物油或复合油，在实际使用中加入添加剂以提高其润滑和防锈性能，润滑效果好。

（3）乳化液。乳化液是用水和矿物油、乳化剂等配制而成的，呈乳白色，具有良好的冷却性能和一定的润滑性能。

（4）极压切削油和极压乳化液。极压切削油和极压乳化液是在切削油、乳化液中加入极压添加剂配制而成的，它在高温下不破坏润滑膜，具有良好的润滑效果。

1.4.5.3　切削液的选用

切削液的使用效果除取决于切削液的性能外，还与刀具材料、加工要求、工件材料、加工方法等因素有关，应综合考虑，合理选用。

（1）根据刀具材料、加工要求选用。高速钢刀具耐热性差，粗加工时，切削用量大，产生的切削热量多，容易导致刀具磨损，应选用以冷却为主的切削液；精加工时，主要是获得较好的表面质量，可选用润滑性好的切削液。硬质合金刀具耐热性好，一般不用切削液，如必要，也可用低浓度乳化液或水溶液，但应持续充分地浇注，不宜断续浇注，以免处于高温状态的硬质合金刀片在突然遇到切削液时，产生较大的内应力而出现裂纹。

（2）根据工件材料选用。加工钢等塑性材料时，需用切削液；而加工铸铁等脆性材料时，一般不用切削液；对于高强度钢、高温合金等，加工时应选用极压切削油或极压乳化液；对于铜、铝及铝合金，为了得到较好的表面质量和精度，可采用 10%~20% 乳化液、煤油或煤油与矿物油的混合液；切削铜时，不宜采用含硫的切削液。

（3）根据加工性质选用。钻孔、攻丝、铰孔、拉削等加工，其排屑方式为半封闭或封闭状态，刀具的导向、校正部分摩擦严重，在对硬度高、强度大、韧性大、冷作硬化趋势严重等难切削加工材料加工时尤为突出，宜选用乳化液、极压乳化液和极压切削液；成型刀具、齿轮刀具等，要求保持形状、尺寸精度，应采用润滑性好的极压切削液或切削油；磨削加工温度很高，且细小的磨屑会破坏工件表面质量，要求切削液具有较好的冷却和清洗性能，常用水溶液或普通乳化液；磨削不锈钢、高温合金宜用润滑性能较好的水溶液或极压切削液。

1.4.5.4 切削液的使用

只有正确合理地选用和使用切削液，才能使切削液的作用得到充分发挥。切削液的使用方法有很多，常见的方法主要有浇注法、喷雾冷却法、高压冷却法等。

（1）浇注法。浇注法是直接将具有一定流量和压力的切削液浇注到切削区域上，在实际中多用此法。

（2）喷雾冷却法。采用喷雾冷却装置，利用压缩空气使切削液雾化并高速喷向切削区，使微小的液滴接触切屑、刀具及工件产生汽化，带走大量的切削热，降低切削温度。

（3）高压冷却法。在加工深孔时，使用工作压力为 $1 \sim 10\text{MPa}$、流量为 $50 \sim 150\text{L/min}$ 的高压切削液，将碎断的切屑冲离切削区域随液流带出孔外，同时起到冷却、润滑作用。

1.5 工件材料的切削加工性

在切削加工中，有些材料容易切削，有些材料却很难切削。判断材料切削加工的难易程度、改善和提高切削加工性对提高生产率和加工质量有重要意义。

工件材料切削加工性是指在一定切削条件下，对工件材料进行切削加工的难易程度。材料加工的难易，不仅取决于材料本身，还取决于具体的切削条件。

良好的切削加工性一般包括：在相同的切削条件下刀具具有较高的耐用度；在相同的切削条件下，切削力、切削功率较小，切削温度较低；加工时，容易获得良好的表面质量；容易控制切屑的形状，容易断屑。材料切削加工性的好坏，对于顺利完成切削加工任务，保证工件的加工质量意义重大。

1.5.1 评定切削加工性的主要指标

（1）刀具耐用度指标。

1）绝对指标。在相同切削条件下加工不同材料时，刀具的耐用度较长；或在保证相同刀具耐用度的前提下，切削这种工件材料所允许的切削速度较高的材料，其加工性较好。刀具的耐用度较短或较小的材料，加工性较差。

2）相对指标。以切削 45 钢（$\sigma_\text{b} = 0.637\text{GPa}$，$170 \sim 229\text{HBS}$）时的 v_{60}（刀具耐用度为 60min 时刀具的切削速度）为基准，写作 $(v_{60})_\text{J}$，其他被切削的工件材料的 v_{60} 与之相比

的数值，记作 K_v，这个比值 K_v 称为相对加工性，即：

$$K_v = \frac{v_{60}}{(v_{60})_J}$$

根据 K_v 的大小可方便地判断出材料加工的难易程度。K_v 越大，材料加工性越好。当 $K_v > 1$ 时，该材料比 45 钢易切削；反之，该材料比 45 钢难切削。一般把 $K_v \leqslant 0.5$ 的材料称为难加工材料，如高锰钢、不锈钢等。

（2）切削力或切削温度指标。在粗加工或机床动力不足时，常用切削力或切削温度指标来评定材料的切削加工性。即相同的切削条件下，切削力大、切削温度高的材料，其切削加工性就差；反之，其切削加工性就好。对于某些导热性差的难加工材料，也常以切削温度指标来衡量。

（3）已加工表面质量指标。精加工时，用已加工表面粗糙度值来评定材料的切削加工性。对有特殊要求的零件，则以已加工表面变质层深度、残余应力和加工硬化等指标来衡量材料的切削加工性。凡是容易获得好的已加工表面质量的材料，其切削加工性较好；反之，则切削加工性较差。

（4）断屑的难易程度指标。在自动机床、组合机床及自动线上进行切削加工时，或者对如深孔钻削、盲孔钻削等断屑性能要求很高的工序，采用这种衡量指标。凡是切屑容易折断的材料，其切削加工性就好；反之，则切削加工性较差。

1.5.2　影响材料切削加工性的因素

材料的物理力学性能、化学成分、金相组织是影响材料切削加工性的主要因素。

（1）材料的物理力学性能。就材料的物理力学性能而言，材料的强度、硬度越高，切削时抗力越大，切削温度越高，刀具磨损越快，切削加工性越差；强度相同，塑性、韧性越好的材料，切削变形越大，切削力越大，切削温度越高，并且不易断屑，故切削加工性越差。材料的线膨胀系数越大，导热系数越小，加工性也越差。

（2）化学成分。就材料化学成分而言，增加钢的含碳量，强度、硬度提高，塑性、韧性下降。显然，低碳钢切削时变形大，不易获得高的表面质量；高碳钢切削抗力太大，切削困难；中碳钢介于两者之间，有较好的切削加工性。增加合金元素会改变钢的切削加工性，例如，锰、硅、镍、铬都能提高钢的强度和硬度。石墨的含量、形状、大小影响着灰铸铁的切削加工性，促进石墨化的元素能改善铸铁的切削加工性，例如，碳、硅、铝、铜、镍等；阻碍石墨化的元素能降低铸铁的切削加工性，例如，锰、磷、硫、铬、钒等。

（3）金相组织。就材料金相组织而言，钢中的珠光体有较好的切削加工性，铁素体和渗碳体则较差；托氏体和索氏体组织在精加工时能获得质量较好的加工表面，但必须适当降低切削速度；奥氏体和马氏体切削加工性很差。

1.5.3　难加工材料的切削加工性

难加工材料种类繁多，高锰钢、不锈钢是常用的难加工材料。高锰钢加工硬化严重，造成切削困难；导热性差，切削温度高，刀具易磨损；韧性大，塑性好，变形严重，不易断屑。

不锈钢中由于铬、镍含量较大，强度、韧性较好，加工硬化严重，易粘刀，断屑困难；切屑与前刀面接触长度较短，刀尖附近应力较大，易崩刃；导热性差，切削温度高，刀具耐用度低。

　　不难看出，这些材料性能相差甚大，所以加工特点也不相同。只有从材料特性去把握它的切削特点，才能通过改变切削条件来解决它们的切削问题。

1.5.4　改善材料切削加工性的方法

　　（1）调整材料的化学成分。在不影响工件的使用性能的前提下，在钢中适当添加一些化学元素，如 S、Pb 等，能使钢的切削加工性得到改善，可获得易切钢。易切钢的良好切削加工性主要表现在：切削力小、容易断屑，且刀具耐用度高，加工表面质量好。另外在铸铁中适量增加石墨成分，也能改善其切削加工性。这些方法常用在大批量生产中。

　　（2）进行适当的热处理。一般来说，将工件材料进行适当的热处理是改善材料切削加工性的主要措施。对于性质很软、塑性很高的低碳钢，加工时不易断屑、容易硬化，往往采用正火的办法，提高其强度和硬度，从而改善其切削加工性。对于硬度很高的高碳工具钢，加工时刀具极易磨损，可以采用球化退火的办法，降低其硬度，从而改善其切削加工性。

　　（3）采用新技术。采用新的切削加工技术也是解决某些难加工材料切削的有效措施。这些新的加工技术有加热切削、低温切削、振动切削等。例如，对耐热合金、淬硬钢、不锈钢等难加工材料进行加热切削，通过切削区中材料温度的增高，降低材料的抗剪切强度，减小接触面间的摩擦系数，可减小切削力。另外，加热切削能减小冲击振动，使切削过程平稳，从而提高了刀具的使用寿命。

思考题与习题

1-1　切削加工的特点有哪些？

1-2　零件表面成型方法有哪些？

1-3　何谓主运动及进给运动？试说明车削、铣削、刨削、磨削、钻削的主运动及进给运动。

1-4　切削用量包括哪些内容？

1-5　刀具材料应具备什么性能？

1-6　常用刀具材料主要有哪些种类？

1-7　刀具的切削部分由哪几部分组成？

1-8　刀具磨损形式有哪几种？

1-9　何谓刀具耐用度和刀具寿命？二者有何区别？

1-10　刀具的五个基本角度分别在什么平面内测量？

1-11　刀具标注角度参考系建立的条件是什么？

1-12　简述切屑的种类及特征。

1-13　简述切削用量对切削力及切削温度的影响。

1-14　简述刀具角度对切削力及切削温度的影响。

1-15　简述切削液的作用及分类。

1-16　什么是刀具的耐用度？

1-17　解释下列机床型号的含义：CK7520、XK5040、C6140、X6132、Z3040。

1-18　积屑瘤对加工性能有何影响？如何控制？

1-19　切削用量在粗、精加工时应如何选择？

2 机械加工工艺过程及工艺规程制订

2.1 机械制造过程概述

2.1.1 机械制造一般过程

社会生产的各行各业使用着各种各样的机器、机械、仪器和工具。它们的品种、数量和性能极大地影响着这些行业的生产能力、质量水平及经济效益等。这些机器、机械、仪器和工具统称为机械装备，它们的大部分构件都是一些具有一定形状和尺寸的金属零件。能够生产这些零件并将其装配成机械装备的工业，称为机械制造工业。显然，机械制造工业的主要任务，就是向国民经济的各行各业提供先进的机械装备。因此，机械制造工业是国民经济发展的重要基础和有力支柱，其规模和水平是反映国家经济实力和科学技术水平的重要标志。

任何机械或部件都是由许多零件按照一定的设计要求制造和装配而成。机械制造一般过程是：金属材料 $\xrightarrow{\text{铸、锻、焊等}}$ 毛坯 $\xrightarrow[\text{热处理等}]{\text{机械加工}}$ 零件 $\xrightarrow{\text{装配}}$ 机器。

在实际生产中，由于零件的结构形状、几何精度、技术条件和生产数量等要求不同，一个毛坯往往要经过一定的加工过程才能变成成品零件。因此，机械加工工艺人员必须从工厂现有的生产条件和零件的生产数量出发，根据零件的具体要求，在保证"质量、效率、经济性"要求的前提下，对零件上的各加工表面选择适宜的加工方法，合理地安排加工顺序，科学地拟定加工工艺过程，这样才能获得合格的机械零件。

2.1.2 生产过程与工艺过程

生产过程是指将原材料转变为产品的全过程。机械制造工厂的产品，可以是整台机器、某一部件或是某一零件。生产过程包括产品设计、生产准备、制造和装配等一系列相互关联的劳动过程。

工艺过程指的是在生产过程中，直接改变生产对象的形状、尺寸、相对位置和性质（力学性质、物理性能、化学性能），使其成为成品（或半成品）的过程。机械制造工艺过程又可分为毛坯制造工艺过程、机械加工工艺过程、机械装配工艺过程。

那些在生产过程中与原材料改变为成品间接有关的过程，如生产准备、运输、保管、机床维修和工艺装备制造修理等，称为辅助过程。

2.1.3 机械加工工艺过程组成

机械加工工艺过程是由一个或若干个顺序排列的工序组成的。一个（一组）工人，在一台机床（或一个工作地）上对一个（或几个）工件进行加工所连续完成的那一部分工艺过程称为工序。工序是工艺过程的基本组成部分，划分工序的重要依据是设备（工作地）是否改变。工序又可细分为安装、工位、工步和走刀。

（1）安装。工件在一次装夹中所完成的那部分工艺过程称为安装。工件在一道工序可能有一次或几次安装。

（2）工位。为了完成一定的工序内容，一次装夹工件后，工件与夹具或设备的可动部分一起相对刀具或设备的固定部分所占据的每一个位置称为一个工位。为提高生产率、减少工件装夹次数，常采用回转工作台、回转夹具或移位夹具，使工件在一次装夹后能在机床上依次占据不同的加工位置进行多次加工。如图2-1所示是一个4工位钻孔加工的例子。

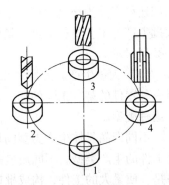

图2-1 多工位钻孔
1—装卸工件；2—钻孔；
3—扩孔；4—铰孔

（3）工步。一次安装中，在不改变加工表面、切削刀具的情况下所完成的那部分工艺过程称为工步。工件在一次安装中，可以有一个工步也可以有多个工步；加工表面可以是一个，也可以是复合刀具同时加工的几个。用同一刀具对零件上完全相同的几个表面顺次进行加工（如顺次钻法兰盘上的几个相同的孔），且切削用量不变的加工也视为一个工步。

（4）走刀。在一个工步中，被切削表面需要分几次切除多余的金属层，刀具每切除一层金属层即称为一次走刀。一个工步可以有一次走刀或几次走刀。

2.1.4 生产纲领与生产类型

2.1.4.1 生产纲领

企业在计划期内应当生产的产品数量和进度计划称为生产纲领。机器产品中某零件的年生产纲领应将备品及废品也记入在内，并可按下式计算：

$$N = Qn(1 + \alpha) \cdot (1 + \beta)$$

式中　N——零件的年生产纲领，件/年；

　　　Q——机器产品的年产量，台/年；

　　　n——每台机器产品中包括的该零件数量，件/台；

　　　α——该零件的备品百分率，%；

　　　β——该零件的废品百分率，%。

一次投入或产出的同一产品（或零件）的数量称为生产批量。

2.1.4.2 生产类型

根据零件的生产纲领或生产批量生产可以划分成几种不同的类型。生产类型是企业（或车间、工段、班组、工作地）生产专业化程度的分类，一般分为大量生产、成批生产和单件生产三种类型。

（1）单件生产。单件生产的基本特点是生产的产品品种繁多，产品只制造一个或几个，而且很少再重复生产。重型机器、非标准专用设备产品及设备修理、产品试制时的加工通常属于这种类型。

（2）成批生产。成批生产的基本特点是生产某几种产品，每种产品均有一定数量，各种产品是分期分批地轮番投产。机床、工程机械等许多标准通用产品的生产均属于这种类型。

成批生产时，每批投入生产的同一产品的数量称为投产批量。根据批量的大小，成批生产还可以分为小批生产、中批生产和大批生产。小批生产的工艺特征接近单件生产，而大批生产的工艺特征接近大量生产，故又经常把单件与小批生产或大批与大量生产作为同一类型讨论。

（3）大量生产。大量生产的基本特点是产量大、品种少，大多数工作地长期地重复进行一种零件的某一工序的加工。轴承、自行车、缝纫机、汽车、拖拉机等产品的制造即属于这种类型。

不同产品具体生产类型的划分可以参考表 2-1。不能简单以加工工件的数量来确定加工工件的生产类型。不同质量的工件，其认定为不同生产类型的数量是有差别的，总的趋势是：质量大的工件，构成批量或大量生产的数量相对较小。

表 2-1　不同产品生产类型的划分

生产类型	同种零件生产纲领/件·年$^{-1}$		
	轻型机械产品 （零件重小于100kg）	中型机械产品 （零件重 100 ~ 200kg）	重型机械产品 （零件重大于于200kg）
单件生产	100 以下	20 以下	5 以下
小批生产	100 ~ 500	20 ~ 200	5 ~ 100
中批生产	500 ~ 5000	200 ~ 500	100 ~ 300
大批生产	5000 ~ 50000	500 ~ 5000	300 ~ 1000
大量生产	50000 以上	5000 以上	1000 以上

对不同生产类型，为获得最佳技术经济效果，其生产组织、车间布置、毛坯制造方法、工夹具使用、加工方法及对工人技术要求等各个方面均不相同，即具有不同的工艺特征（见表 2-2）。例如，大批大量生产采用高生产率的工艺及高效专用自动化设备，而单件小批生产则采用通用设备及工艺装备。

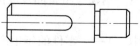

图 2-2　小轴

因此对于同一零件，由于生产类型不同，其工艺过程也不会相同。如图 2-2 所示小轴，其加工工艺对比见表 2-3。

表 2-2　各种生产类型的工艺特征

特　征	类　型		
	单件生产	成批生产	大量生产
零件生产形式	事先不决定是否重复生产	周期地成批生产	长时间连续生产
毛坯制造方式及加工余量	铸件用木模手工造型，锻件用自由锻；毛坯精度低，加工余量大	部分铸件用金属模，部分锻件用模锻，加工余量中等	铸件广泛采用金属模机器造型，锻件广泛采用模锻以及其他高生产率的毛坯制造方法；毛坯精度高，加工余量小
机床设备及布局	采用通用机床，按机群式布置	采用通用机床及部分高生产率专用机床，按零件类别分工段安排	广泛采用高生产率专用机床及自动机床，按流水线排列或采用自动线

特　征	类　　型		
	单件生产	成批生产	大量生产
夹　具	多用通用夹具，很少用专用夹具，靠划线和试切法来保证尺寸精度	用专用夹具，部分靠划线和试切法来保证加工精度	广泛采用高生产率夹具，靠夹具及调整法来保证加工精度
刀具及量具	采用通用刀具及万能量具	采用专用刀具及万能量具	广泛采用高效专用刀具及量具
工人技术要求	熟练	中等熟练	对操作工人要求一般
工艺文件	只编制简单工艺过程卡	编制较详细的工艺卡	编制详细工艺卡或工序卡
发展趋势	箱体类复杂零件采用加工中心加工	采用成组技术，由数控机床或柔性制造系统等进行加工	在计算机控制的自动化制造系统中加工，并可能实现在线故障诊断、自动报警和加工误差自动补偿

表 2-3　不同生产类型加工工艺对比

2.1.5　工件装夹方法及尺寸精度获得方法

2.1.5.1　工件的装夹方法

加工中，需要使工件相对于刀具及机床保持一个正确的位置。使工件在机床上或夹具中占据正确位置的过程称为定位。在工件定位后将其固定，使其在加工过程中保持定位位置不便的操作称为夹紧。装夹是定位与夹紧过程的总和。工件的装夹方法有两种：

（1）找正装夹法。这是一种通过找正来进行定位，然后予以夹紧的装夹方法。工件的找正有两种方法。

1）直接找正装夹：即用划针、直尺、千分尺等对工件被加工表面（毛坯表面或已加工表面）进行找正，以保证这些表面与机床运动和机床工作台支承面间有正确的相对位置关系的方法。如图2-3所示，在车床上用四爪卡盘装夹工件过程中，采用百分表进行内孔表面的找正。

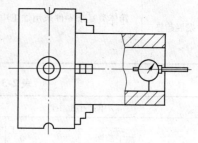

图2-3　直接找正装夹

2）划线找正装夹：在工件定位之前先经划线工序，然后按工件上划出的线进行找正的方法，如图2-4所示。划线时要求：①使工件各表面都有足够的加工余量；②使工件加工表面与工件不加工表面保持正确的相对位置关系；③使工件找正定位准确迅速方便。

找正装夹法主要用于单件、小批生产中加工尺寸大、工件形状复杂或加工精度要求很高的场合。

（2）专用夹具装夹。专用夹具装夹通过夹具上的定位元件与工件上的定位基面相接触或相配合，使工件能被方便迅速地定位，然后进行夹紧的方法。这种方法装夹快捷、定位精度稳定，广泛用于成批生产和大量生产。图2-5所示为钻削加工中用夹具对工件进行装夹的加工实例。钻头通过钻套3引导，在圆形的工件表面加工出孔。

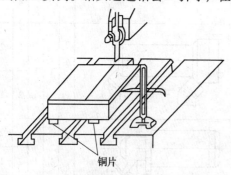

图2-4　划线找正装夹

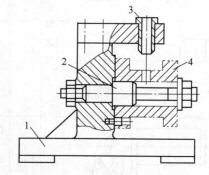

图2-5　夹具装夹找正

1—夹具体；2—定位销；3—钻套；4—工件

2.1.5.2　工件尺寸精度获得方法

（1）试切法。试切法是通过试切—测量—调整—再试切，反复进行，直至被加工尺寸达到要求为止的加工方法。该方法加工效率低，要求工人有较高技术水平，常用于单件小批生产中。

（2）调整法。调整法是先调整好刀具和工件在机床上的相对位置，并在一批零件的加工过程中保持这个位置不变，以保证工件被加工尺寸的方法。该方法主要用于成批生产和大量生产。

（3）定尺寸刀具法。定尺寸刀具法是用刀具的相应尺寸来保证工件被加工部位尺寸的方法，如钻孔、铰孔、拉孔、攻丝、铣槽等。这种加工方法所得到的精度与刀具的制造精度关系很大。

（4）自动控制法。自动控制法是用测量装置、进给装置和控制系统组成一个自动加工的系统，使之在加工过程中的测量、补偿调整和切削加工自动完成以保证加工尺寸的方法，如具有主动测量的自动机床加工和数控机床加工等。

2.1.6 机床夹具与工件定位

2.1.6.1 机床夹具

夹具是一种装夹工件的工艺装备，它广泛地应用于机械制造的切削加工、热处理、装配、焊接和检测等工艺过程中。

在金属切削机床上使用的夹具统称为机床夹具。在现代生产过程中，机床夹具是非常重要的工艺装备，它直接影响工件的加工精度、劳动生产率和制造成本等。

A　机床夹具的功能

在机床上用夹具装夹工件时，它的主要功能是实现工件定位和夹紧，使工件加工时相对于机床、刀具有正确的位置，以保证工件的加工精度。某些机床夹具还兼有导向或对刀功能，如钻床夹具中的钻套引导刀具进行孔加工；铣床夹具中的对刀装置，它能迅速地调整铣刀相对于夹具的正确加工位置。

B　机床夹具的分类

（1）按夹具的通用特性分类。这是一种基本的分类方法，主要反映夹具在不同生产类型中的通用特性，故也是选择夹具的主要依据。

1）通用夹具。通用夹具已经标准化，一般作为通用机床的附件提供，使用时无须调整或稍加调整就能适应多种工件的装夹，如三爪自定心卡盘、机床用平口虎钳、万能分度头、磁力工作台等。这些夹具已作为机床附件由专门工厂制造供应，只需选购即可。这类夹具通用性强，广泛应用于单件小批量生产中。

2）专用夹具。专为某一工件的某道工序设计制造的夹具，称为专用夹具。专用夹具设计制造周期较长、成本较高，当产品变更时无法使用，一般在批量生产中使用。使用专用夹具可起到以下主要作用：保证加工精度，提高劳动生产率，扩大机床的工艺范围，降低对工人的技术要求和减轻工人的劳动强度。

3）可调夹具。可调夹具是某些元件可调整或可更换，以适应多种工件加工的夹具。它又分为通用可调夹具和成组夹具两类。

4）组合夹具。采用标准的组合夹具元件、部件，专为某一工件的某道工序组装的夹具，称为组合夹具。使用时组合夹具可以按工件的工艺要求组装成所需的夹具，用过之后可方便地拆开、清洗后存放，待组装新的夹具。因此，组合夹具具有缩短生产准备周期、减少专用夹具品种、减少存放夹具的库房面积等优点，很适合新产品试制或单件小批量生产。

（2）按夹具使用的机床分类。这是专用夹具设计所用的分类方法，如车床夹具、铣床夹具、钻床夹具、冲床夹具、齿轮机床夹具、数控机床夹具、自动机床夹具以及其他机床夹具等。

（3）按夹紧的动力源分类。夹具按夹紧的动力源可分为手动夹具、气动夹具、液压夹具、气液增力夹具、电磁夹具以及真空夹具等。

C　机床夹具的基本组成部分

虽然各类机床夹具结构不同，但按其主要功能加以分析，机床夹具一般是由定位元件、夹紧装置、夹具体、其他装置或元件组成。

（1）定位元件。定位元件是夹具的主要功能元件之一。它的作用是使一批工件在夹具中占据正确的位置。

（2）夹紧装置。夹紧装置也是夹具的主要功能元件之一，它的作用是将工件压紧夹牢，保证工件在夹紧过程中不脱离已经占据的正确位置。

（3）夹具体。夹具体是夹具的基础件，通过它将夹具其他元件连接起来构成一个整体。

（4）其他装置或元件。除了定位元件、夹紧装置和夹具体之外，各种夹具根据需要还有一些其他装置或元件，如分度装置、对刀元件、连接元件、导向元件等。

2.1.6.2　工件定位

A　工件定位的基本原理

加工前必须使工件相对于刀具和机床的切削运动占有正确的位置，即工件必须定位。工件在夹具中定位还可以保证同一批工件在夹具中逐个装夹时都占有同一的正确加工位置。

工件的定位问题可以转化为在空间直角坐标系中决定刚体坐标位置的问题来讨论。一个刚体在空间可能具有的运动称为自由度。由运动学可知，刚体在空间可以有六种独立运动，即具有六个自由度。将刚体置于三维直角坐标系中（见图2-6a），这六个自由度是：沿 X 轴、Y 轴、Z 轴的平移运动（见图2-6b），分别用 $\vec{X}$、$\vec{Y}$、$\vec{Z}$ 表示；绕 X 轴、Y 轴、Z 轴的转动（见图2-6c），分别用 $\hat{X}$、$\hat{Y}$、$\hat{Z}$ 表示。若要消除刚体的自由度，就必须对刚体采取措施。六个自由度都被限制了的刚体，其空间位置即被确定。

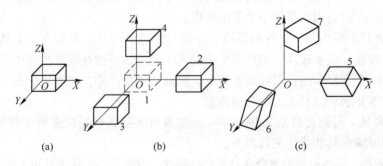

图2-6　工件的六个自由度

在分析工件定位问题时，可以将具体的定位元件转化为定位支承点，一个支承点限制工件的一个自由度。用空间上合理分布的六个支承点限制工件的六个自由度，使工件在夹具中的位置完全确定，这就是常说的"六点定位原理"，或称"工件定位原理"。

图2-7 表示了一个四棱柱在空间坐标系中的情形。如果在 XOY 平面上设置三个不共线的支承点（如图中1、2、3），工件靠在这三个支承点上，就限制了工件 $\hat{X}$、$\hat{Y}$、$\vec{Z}$ 三个自由度；在 XOZ 平面上设置两个支承点4、5（该两个支承点的连线平行于 XOY 平面），工件靠在这两个支承点上，可限制 $\hat{Z}$、$\vec{Y}$ 两个自由度；在 YOZ 平面上设置一个支承点6，工件靠向它便限制了 $\vec{X}$ 自由度。由此可见，装夹工件时只要紧靠夹具上（或机床工作台上）

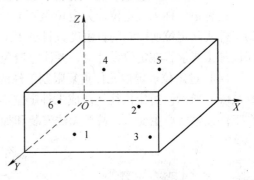

图2-7 平面几何体的定位

的这六个支承点，它的六个自由度便被限制，工件便获得一个完全确定的位置。

对其他形状的工件也可作类似的分析。如图 2-8（a）所示为圆环状工件定位的分析情况。端面紧靠支承点1、2、3可限制 $\vec{X}$、$\hat{Z}$、$\hat{Y}$ 三个自由度；内孔紧靠支承点4、5可限制 $\vec{X}$、$\hat{Z}$ 两个自由度；键槽侧面紧靠支承点6可限制 $\hat{Y}$ 自由度。

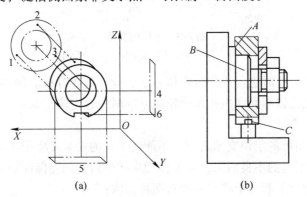

(a)　　　　　　　　　(b)

图2-8 圆环工件的定位

（a）定位分析；（b）定位元件

B 工件定位的类型

（1）完全定位。工件的六个自由度完全被限制，称为完全定位。当工件在 X、Y、Z 三个坐标方向均有尺寸或位置精度要求时，一般采用这种定位方式。

（2）不完全定位。有些工件，根据加工要求，不需要限制其全部自由度，一般只限制那些对加工精度有影响的自由度即可，这样可以简化夹具结构。如图2-9（a）所示，没有限制 $\hat{Y}$，亦可满足加工要求。由此可见，在保证加工精度要求的前提下，所限制的自由度数目少于六个就能满足定位要求，这种定位称为不完全定位。不完全定位是允许的。例如：磨削连杆顶面和底面时，可采用不完全定位方式，只需限制工件的三个自由度。

在考虑定位方案时，对于不必限制的自由度，一般不限制，否则会使夹具结构复杂；但在使用具体定位元件时，可能限制了不必限制的自由度，也不必人为地消除，否则，不但不能简化夹具结构，反而使夹具结构复杂化，增加设计困难，甚至无法实现。在实际使用中，为减小夹紧力，使加工更加稳定，也可限制某些不影响加工精度的自由度。

（3）欠定位。根据工件工序加工要求，应该限制的自由度没有限制，造成工件定位不足，这种定位称为欠定位。欠定位是不允许的。如图2-9（b）所示。欠定位亦可以表述为工件实际定位所限制的自由度数目少于工件在本工序加工所必须限制的自由度数，无法保证加工要求，在定位设计时，要注意避免。

（4）过定位。定位元件重复限制工件的同一个或几个自由度的定位称为过定位，如图2-9（c）所示。过定位往往造成工件定位不确定，降低加工精度；或者使工件或定位元件在工件夹紧后产生变形，甚至无法安装和加工。

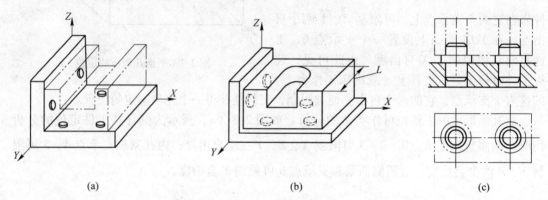

（a）　　　　　　　　　　　　　　　（b）　　　　　　　　　　　　（c）

图2-9　定位的类型
（a）不完全定位；（b）欠定位；（c）过定位

但在夹具设计中，有时也可采用过定位方案，应作具体分析。例如，在滚齿机或插齿机上加工齿轮时，工件以端面和内孔作为定位基准时的过定位情况就是允许的。过定位必须解决两个问题：

1）重复限制自由度的定位支承之间，不能使工件的安装发生干涉。

2）因过定位所引起的不良后果，在采取相应措施后，仍能保证加工要求。

消除或减小过定位引起的干涉，一般有两种方法：

1）提高定位基准之间及定位元件工作表面之间的位置精度。

2）改变定位元件的结构，使定位元件在重复限制自由度的部分不起定位作用。

2.2　机械加工工艺规程简介

工艺规程是规定产品或零部件制造工艺过程和操作方法等的工艺文件。零件机械加工工艺规程包括的内容有：工艺路线，各工序的具体加工内容、要求及说明，切削用量，时间定额及使用的机床设备与工艺装备等。其中工艺路线是指产品或零部件在生产过程中，由毛坯准备到成品包装入库，经过企业各部门或工序的先后顺序。工艺装备（工装）是产品制造过程中所用的各种工具的总称，包括刀具、夹具、模具、量具、检具、辅具、钳工工具和工位器具等。

2.2.1　机械加工工艺规程的作用

工艺规程的作用是：

（1）工艺规程是指导生产的主要技术文件。合理的工艺规程是在总结生产实践经验的基础上，依据工艺理论和必要的工艺实验而拟定的，是保证产品质量和生产经济性的指导性文件。因此，生产中应严格的执行既定的工艺规程。

（2）工艺规程是生产准备和生产管理的基本依据。工夹量具的设计、制造或采购，原材料、半成品及毛坯的准备，劳动力及机床设备的组织安排，生产成本的核算等，都要以工艺规程为基本依据。

（3）工艺规程是新建扩建工厂或车间时的基本资料。只有依据工艺规程和生产纲领才能确定生产所需机床的类型和数量，机床布置，车间面积及工人工种、等级及数量等。

（4）工艺规程还是工艺技术交流的主要文件形式。经济合理的工艺规程是在一定的技术水平及具体的生产条件下制订的，是相对的，是有时间、地点和条件的。随着生产的发展和技术的进步，生产中出现了新问题时，就要以新的工艺规程为依据组织生产。

因此，工艺规程是机械制造企业最主要的技术文件之一。本章主要介绍工艺规程的编制方法及若干原则和规律。

2.2.2 机械加工工艺规程的格式

常用机械加工工艺规程格式有：

（1）机械加工工艺过程卡片。见表2-4，它是以工序为单位简要说明零部件完整工艺过程的一种工艺文件。卡片上一般应注明产品的名称与型号，零件的名称与图号，毛坯的种类与材料，工序的序号、名称及内容，完成各工序的车间，所用的机床、工艺装备和工时定额等。

表 2-4 机械加工工艺过程卡

（工厂名）		产品图号		零（部）件图号			第 页	
		产品名称		零（部）件名称			共 页	
机械加工工艺过程卡片		毛坯外形尺寸		每料可制件数		数量		
毛坯种类		材料牌号		重量		备注		
工序号	工序名称	工序内容	车间	工段	设备	工艺装备	工时/h	
							准终	单件
更改内容								
编 制		校 核		批 准		会签（日期）		

（2）机械加工工艺卡片。见表2-5，它是按产品或零部件的某一工艺阶段编制的一种工艺文件。它以工序为单元，详细说明产品在某一工艺阶段中的工序号、工序名称、工序内容、工艺参数、操作要求以及采用的设备和工艺装备等。

表 2-5　机械加工工艺卡

（工厂名）	产品型号		零（部）件型号				第　页		
	产品名称		零（部）件名称				共　页		
机械加工工艺卡片	毛坯外形尺寸		每料可制件数				数量		
毛坯种类	材料牌号		重量				备注		

工序	安装	工步	工序内容	切削用量				工艺装备		工时/h	
				最大切深/mm	切速/m·min⁻¹	转速/r·min⁻¹	进给量/mm·r⁻¹	设备名称	刀具夹具量具	准终	单件

更改内容	

编　制		校　核		批　准		会签（日期）	

（3）机械加工工序卡片。见表 2-6，它是在工艺卡片的基础上，按每道工序所编制的一种工艺文件。卡片上详细地说明了工序的内容和进行步骤，绘有工序简图，注明了该工序的定位基准和工件的装夹方式、加工表面及其工序尺寸和公差、加工表面的粗糙度和技术要求、刀具的类型及其位置、进刀方向和切削用量等。

表 2-6　机械加工工序卡

（工厂名）	产品名称及型号	零件名称	零件图号	工序名称	工序号	第　页
						共　页
机械加工工序卡片	车间	工段	材料名称	材料牌号		机械性能
（工序图）	同时加工件数	每料件数	技术等级	单位时间/min		准终时间/min
	设备名称	设备编号	夹具名称	夹具编号		冷却液
	更改内容					

工步号	工步内容	计算数据			走刀次数	切削用量				工时定额			刀具及辅具				
		直径或长度	走刀长度	单边余量		切深/mm	进给量/mm·r⁻¹	转速/r·min⁻¹	切速/m·min⁻¹	基本时间	辅助时间	布置时间	工具号	名称	规格	编号	数量

编写		校核		批准		会签（日期）	

其他类型的工艺规程格式还有对自动、半自动机床或某些齿轮加工机床调整用的调整卡片;对检验工序还有检验工序卡片等。

另外,为成组加工技术应用的还有典型工艺过程卡片、典型工艺卡片和典型工序卡片。

2.2.3 制订机械加工工艺规程的原则和步骤

2.2.3.1 制订机械加工工艺规程的原则

机械加工工艺规程的制定原则是:在制定工艺规程时要充分考虑和采取措施保证产品质量,并能以最经济的方法获得要求的生产率和年生产纲领,同时还要考虑有良好的生产劳动条件和便于组织生产。

2.2.3.2 制订机械加工工艺规程的步骤

机械加工工艺规程的制定工作主要包括准备、工艺过程拟定、工序设计三个阶段。每一工作阶段包括的工作内容和步骤如图 2-10 所示。

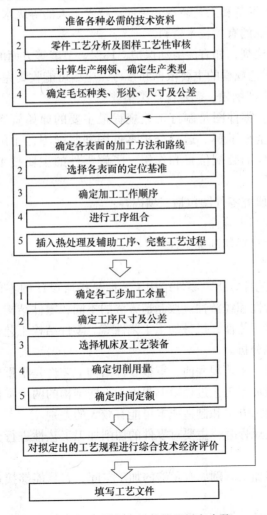

图 2-10 机械加工工艺规程拟定步骤

　　首先在准备阶段工作基础上，拟定以工序为单位的加工工艺过程，再对每工序的详细内容给予确定。由于该工作前后阶段的内容确定有相互影响和联系，所以对某些局部需要反复修改。最后对制定出的工艺规程进行综合分析评价，看是否满足生产率和生产节拍的要求，是否能做到机床负荷大致均衡，以及经济性如何等。如果这一分析评价内容不能通过，则需要重新制定工艺规程。也可预先同时编制出几个工艺规程进行分析对比。对最终确定的规程内容需要填入工艺卡片，形成文件。

2.3　制订机械加工工艺规程的内容和步骤

2.3.1　制订机械加工工艺规程的准备

　　（1）原始资料准备。为编制工艺规程，需准备下列资料：

　　1）产品的零件图和装配图。

　　2）产品验收的质量标准和交货状态。

　　3）现有的生产条件和资料，包括毛坯的生产条件和协作关系、工艺装备及专用设备的制造能力、机械加工设备和工艺装备的条件、技术工人的等级水平等。

　　4）国内外同类产品的有关技术资料。

　　5）有关的文件与法规，如有关劳动保护、环保、节能等方面的文件和法规。

　　原始资料是编制工艺规程的主要依据和参考，应尽可能收集完整。

　　（2）计算产品的生产纲领，确定生产类型。

　　（3）分析零件图。零件图是制订工艺规程最主要的原始资料。要编制零件的工艺规程，首先要对零件全面了解。通过分析零件图和装配图，了解产品的性能、用途和工作条件等，明确零件的装配位置和作用，了解零件的主要技术要求，找出生产的关键技术问题。

　　1）研究零件图。研究零件图包括三项内容：

　　①零件图的完整性和正确性。

　　②零件材料性能及材料切削加工性。

　　③零件的技术要求。

　　2）零件的结构工艺性分析。零件结构工艺性是指所设计的零件在能够满足使用要求的前提下，制造的可行性和经济性。按制造方法的不同，零件结构工艺性还分为铸造工艺性、锻造工艺性、焊接工艺性、机械加工工艺性等。零件结构工艺性涉及面很广，具有综合性，必须全面综合地分析。

　　在制定零件机械加工工艺规程前，审核零件结构工艺性是很重要的一项工作。零件结构的加工工艺性对机械加工工艺过程影响很大，不同结构的两个零件尽管都能满足相同的使用要求，但它们的加工方法和制造成本可能有较大的差别。

　　在制订机加工工艺规程时，主要对零件的切削加工工艺性进行分析。对零件结构切削加工工艺性有以下要求：

　　①设计结构要能够加工。例如有足够的加工空间；刀具能够接近加工部位；留有必要的退刀槽和越程槽等。

　　②便于保证加工质量。例如孔端表面最好与钻头钻入钻出方向垂直；精加工孔表面在

圆周方向上要连续无间断；加工部位刚性要好等。

③尽量减少加工面积。例如尽量使用形状简单的表面；对大的安装平面或长孔，通过合理合并或分拆零件减少加工面积等。

④要能提高生产效率。例如结构中的几个加工面尽量安排在同一平面上或位于同一轴线；轴上作用相同的结构要素要尽量一致（如退刀槽）或加工方向要一致（如键槽），要便于多刀、多件加工或使用高生产率加工方法或刀具等。

⑤零件结构要便于安装夹紧，等等。

表2-7是零件结构工艺性的对比示例。

表2-7 结构工艺性对比示例

序号	结构工艺性不好	结构工艺性好	说 明
1	 (a)	 (b)	在结构（a）中，件2上的凹槽 a 不便于加工和测量。宜将凹槽 a 改在件1上，如结构（b）所示
2	 (a)	 (b)	键槽的尺寸、方位相同，则可在一次装夹中加工出全部键槽，提高了生产率
3	 (a)	 (b)	结构（a）的孔与壁的距离太近，不便引进刀具，加工时与刀具的钻套发生干涉
4	 (a)	 (b)	箱体类零件的外表面比内表面容易加工，应以外表面连接表面代替内表面连接表面

序号	结构工艺性不好	结构工艺性好	说　明
5	 (a)	 (b)	结构（b）的三个凸台表面，可在一次走刀中完成
6	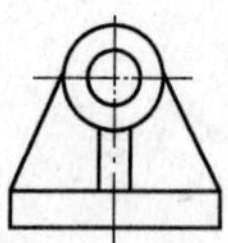 (a)	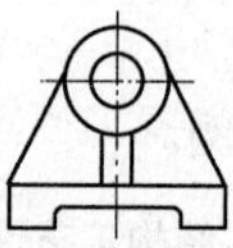 (b)	结构（b）的底面的加工劳动量较小
7	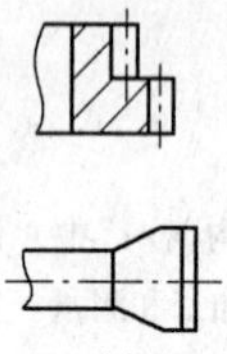 (a)	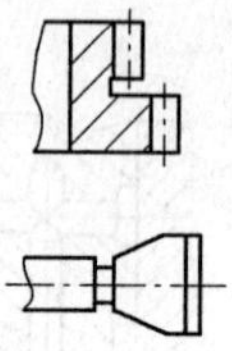 (b)	结构（b）有退刀槽，提高了工件的可加工性，减少了夹具（砂轮）的磨损
8	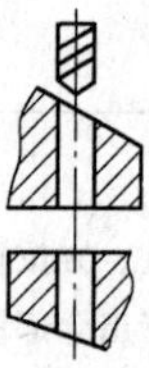 (a)	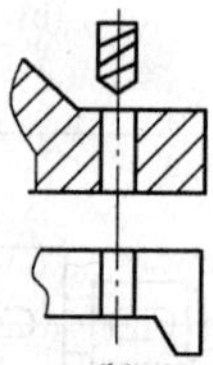 (b)	在结构（a）上的孔加工时，容易将钻头引偏，甚至使钻头折断
9	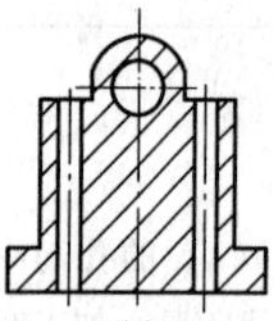 (a)	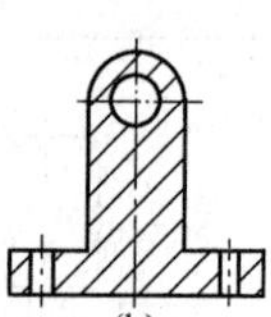 (b)	结构（b）避免了深孔加工，并节约了零件的材料

2.3.2　毛坯的选择

　　毛坯是指根据零件（或产品）所要求的形状、工艺尺寸等制成的供进一步加工用的生产对象。毛坯种类、形状、尺寸及精度对机械加工工艺过程、产品质量、材料消耗和生产成本有着直接影响。

　　毛坯的选择主要是确定毛坯的种类、制造方法及制造精度。

　　在已知零件图及生产纲领之后，即需进行如下工作：

　　（1）确定毛坯种类。机械产品及零件常用毛坯种类有铸件、锻件、焊接件、冲压件以及粉末冶金件和工程塑料等。根据零件对材料组织和性能的要求、零件结构及外形尺寸、零件生产纲领及现有生产条件，可参考表 2-8 确定毛坯种类。

表 2-8 机械制造业常用的毛坯

毛坯种类	毛坯制造方法	材 料	形状复杂性	公差等级（IT）	特点及适应的生产类型	
型材	热轧	钢、有色金属（棒、管、板、异形等）	简单	11～12	常用作轴、套类零件及焊接毛坯分件，冷轧坯尺寸精度高但价格贵，多用于自动切割机	
	冷轧（拉）			9～10		
铸件	木模手工造型	铸铁、铸钢和有色金属	复杂	12～14	单件小批生产	铸造毛坯可获得复杂形状，其中灰铸铁因其成本低廉、耐磨性和吸振性好而广泛用于机架、箱体类零件毛坯
	木模机器造型			≈12	成批生产	
	金属模机器造型			≈12	大批大量生产	
	离心铸造	有色金属、部分有色金属	回转体	12～14	成批或大批大量生产	
	压铸	有色金属	可复杂	9～10	大批大量生产	
	熔模铸造	铸钢、铸铁	复杂	10～11	成批或大批大量生产	
	失蜡铸造	铸铁、有色金属		9～10	大批大量生产	
锻件	自由锻造	钢	简单	12～14	单件小批生产	金相组织纤维化且走向合理，零件机械强度高
	模锻		较复杂	11～12	大批大量生产	
	精密模锻			10～11		
冲压件	板料冲压	钢、有色金属	较复杂	8～9	适用大批大量生产	
粉末冶金件	粉末冶金	铁、铜、铝基材料	较复杂	7～8	机械加工余量极小或无机械加工量，适用于大批大量生产	
	粉末冶金热模锻			6～7		
焊接件	普通焊接	铁、铜、铝基材料	较复杂	12～13	用于单件或成批生产，因其生产周期短、不需要准备模具、刚性好及材料省而常用以代替铸件	
	精密焊接			10～11		
工程塑料	注射成型	工程塑料	复杂	9～10	适用于大批大量生产	
	吹塑成型					
	精密模压					

在决定毛坯制造方法时一般应考虑以下情况：

1）生产规模——产品年产量和批量。生产规模大则应采用精度高和生产率高的毛坯制造方法。例如，对于大批大量生产，经常采用金属模进行毛坯的制造；而对于单件生产，一般采用砂型铸造或消失模铸造。

2）工件结构形状和尺寸大小。它决定了某种毛坯制造方法的可行性和经济性。例如尺寸较大的轧辊，一般不采取模锻，而是采用铸造；结构复杂的零件一般采用铸造的形式等。

3）工件的材料及力学性能要求。某些情况下，根据工件的材料就可以确定毛坯的制造方法。例如材料为铸铁、铸钢、铸造有色金属合金等，自然选择铸造毛坯。

毛坯的制造方法不同，将影响其力学性能。例如锻制轴的力学性能要高于热轧型材圆轴；金属型浇铸的毛坯强度要高于砂型浇铸的，离心浇铸和压铸则强度更高。

（2）确定毛坯的形状。从减少机械加工工作量和节约金属材料出发，毛坯应尽可能接近零件形状。最终确定的毛坯形状除取决于零件形状、各加工表面总余量和毛坯种类外，还要考虑：

1）是否需要制出工艺凸台以利于工件的装夹，如图 2-11（a）中所示的 B 凸台；

2）是一个零件制成一个毛坯还是多个零件合制成一个毛坯，如图 2-11（b）、（c）所示。其中图 2-11（b）为将上下两半体分成两个单独的工件进行制作，而图 2-11（c）为将连杆和连杆盖制成一个毛坯进行制作；

3）哪些表面不要求制出（如孔、槽、凹坑等）；

4）铸件分型面、拔模斜度及铸造圆角；锻件敷料、分模面、模锻斜度及圆角半径等。

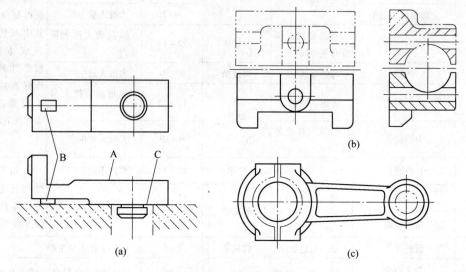

图 2-11　毛坯的形状

（3）绘制毛坯零件综合图，以反映确定的毛坯的结构特征及各项技术指标。

2.3.3　工艺路线的拟订

机械加工工艺路线的拟订是制订工艺过程的总体布局，其主要任务是选择各个表面的加工方法和加工方案，确定各个表面的加工顺序以及整个工艺过程中的工序数目和各工序内容，选择设备和工艺装备等。

拟订工艺路线之初，需找出所有要加工的零件表面并逐一确定各表面的加工获得过程，加工获得过程中的每一步骤相当于一个工步；然后将所有工步内容按一定原则排列成先后进行的序列，即确定加工的先后顺序；再确定该序列中哪些相邻工步可以合并为一个工序，即进行工序组合，形成以工序为单位的机械加工工序序列；最后再将需要的辅助工序、热处理工序等插入上述序列之中，就得到了要求的机械加工工艺路线。这一过程可用图 2-12 给予示意性说明。

要注意，在确定加工先后顺序和进行工序组合时，首先需要明确各次加工的定位基准及装夹方法。所以定位基准选择是拟定工艺路线的重要内容之一。

2.3.3.1　表面加工方法及加工方案的确定

每一零件都是由一些简单的几何表面如外圆、孔、平面或成型表面等组成的。根据要

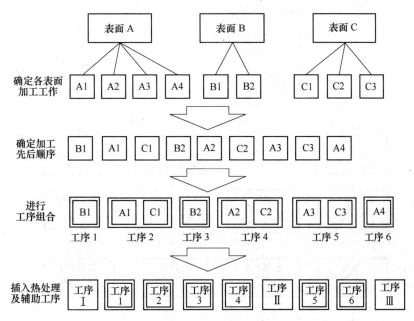

图 2-12 加工工艺路线拟订过程

求的加工精度和粗糙度以及零件的结构特点，把每一表面的加工方法和加工方案确定下来，也就确定了该零件的全部加工工作内容。

不同的加工方法（如车、磨、刨、铣、钻、镗等），其用途各不相同，所能达到的精度和表面粗糙度也不一样；对于同一种表面，也可选用不同的加工方法，但加工质量、加工时间和所花费的费用却不相同。即使是同一种加工方法，在不同的加工条件下所得到的精度和表面粗糙度也不一样。这是因为在加工过程中，各种因素会对精度和粗糙度产生影响，如工人的技术水平高低、切削用量的选择、刀具的刃磨质量的差别、机床调整质量的不同等。

各种加工方法的加工精度和加工成本之间存在着必然联系。当零件加工精度要求很高时，零件成本将会很高；到一定程度后，再提高成本，其精度也不能再提高了，存在着一个极限的加工精度；相反，虽然精度要求很低，但成本也不能无限降低。因此，对于各种加工方法应根据其成本状况确定其所适合的加工精度，使加工方法与加工精度及加工成本相适应。

经济精度（粗糙度）是指在正常加工条件下（采用符合质量标准的设备、工艺装备和标准技术等级的工人，不延长加工时间）所能保证的加工精度（粗糙度）。各种加工方法的加工经济精度和与之相应的经济粗糙度，是确定表面加工方法的依据。

某一表面加工方法的确定，主要由该表面要求的加工精度及粗糙度确定。一般是先由零件图上给定的某表面的加工要求，按加工经济精度确定应使用的最终加工方法。如该表面精度（粗糙度）要求较高，显然不可能直接由毛坯一次加工至要求，而是在进行最终加工之前采用成本更低、效率更高的方法进行准备加工。这时则要根据准备加工应具有的加工精度按加工经济精度确定倒数第二次加工的方法。以此类推，即可由最终加工反推至第一次加工而形成一个获得该表面的加工方案。

外圆、孔、平面的加工方法如图 2-13 ~ 图 2-15 所示。由图可知，获得同一精度及表面粗糙度，其加工方法往往有多种。

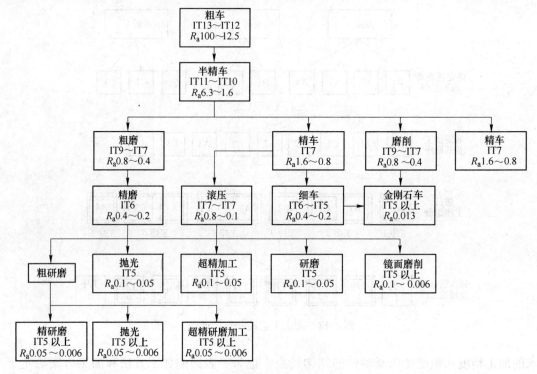

图 2-13　外圆加工常用方法

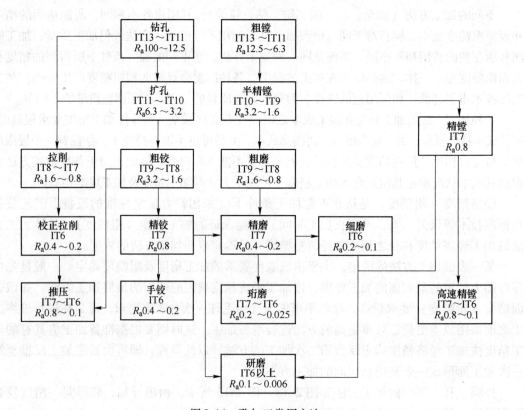

图 2-14　孔加工常用方法

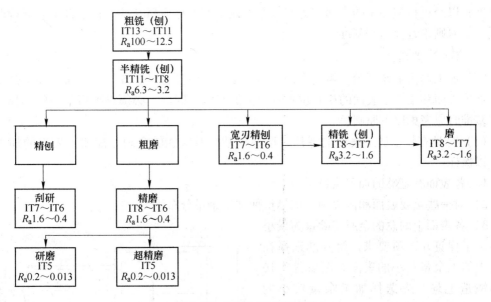

图 2-15 平面加工常用方法

加工方法选择的原则是：

（1）加工方法要与加工表面的精度和表面粗糙度要求相适应；

（2）加工方法要能保证加工表面的几何形状精度和表面相互位置精度要求；

（3）加工方法要与零件的结构、加工表面的特点和材料等因素相适应；

（4）加工方法要与生产类型相适应；

（5）加工方法要与工厂现有生产条件相适应。

机床是机械加工的主要设备，对于保证加工质量具有重要意义。在加工方案确定后，还要合理选择机床，保证在机床上加工时形位精度的平均经济精度能够满足工件加工要求。机床的详细数据可查阅有关手册。

2.3.3.2　基准及定位基准选择

拟订机械加工工艺规程时，正确选择定位基准对保证零件表面间的位置要求以及安排加工顺序都有很大影响。

A　基准及其分类

基准是确定用在生产对象上的几何要素间的几何关系所依据的那些点、线、面。其按使用作用不同可分为设计基准和工艺基准两大类。

（1）设计基准：是设计图样上所采用的基准，即各设计尺寸的标注起点。

（2）工艺基准：即在工艺过程中用作定位的基准。它又可以进一步分为定位基准、工序基准、测量基准和装配基准。

有时候，作为基准的点或线并不以实体形式具体存在，而是由某一具体表面来体现，这一具体表面则称为基面。例如齿轮内孔中心线是以内孔表面具体体现的，该内孔表面即是基面。当以内孔中心线作为装配基准或定位基准时，内孔表面就是装配基面或定位基面。

定位基准还有粗基准和精基准之分。以毛坯上未经加工表面作为定位基准或基面称为粗基准；以经过机械加工的表面作为定位基准或基面的称为精基准。在拟订工艺规程时应遵循一定原则来选择这些基准。

　　B　粗基准的选择

　　零件加工均由毛坯开始，粗基准是必须采用的，而且对以后各加工表面的加工余量分配、加工表面和不加工表面的相对位置有较大的影响，因此，必须重视粗基准的选择。选择粗基准时应考虑以下原则：

　　（1）对具有较多加工表面的零件，选择粗基准时应能够合理分配加工表面的加工余量，以保证：

　　1）各表面有足够的加工余量；

　　2）对一些重要表面和内表面，应尽量使加工余量分布均匀；

　　3）各表面上的总的金属切除量为最小。

　　为了保证1）项要求，粗基准选择在毛坯上加工余量最小的表面。例如图2-16所示锻造毛坯，应选择加工余量较小的 $\phi55mm$ 表面为粗基准。如以 $\phi108mm$ 为粗基准，当毛坯外圆面存在3mm偏心时，则在加工 $\phi50mm$ 外圆面时，会在一边出现余量不足而使工件报废。

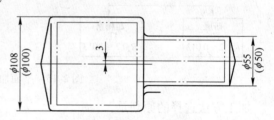

图2-16　锻造毛坯粗基准选择

　　为了保证2）项要求，应选择那些重要表面作粗基准。如车床床身加工就是一个典型例子。由于导轨面是床身主要工作表面，要求精度高且耐磨。为在加工导轨面时余量均匀且尽量小，应选择导轨面为粗基准先加工出床身底平面，将大部分余量去除，并使加工面和毛坯导轨面基本平行，而后再以底平面为精基准加工导轨面，如图2-17（a）所示。图2-17（b）所示则不合理，可能造成导轨面加工余量不均匀。

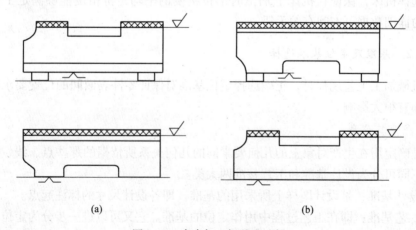

(a)　　　　　　　　　　　　　　(b)

图2-17　床身加工粗基准选择
（a）合理；（b）不合理

　　为了保证3）项要求，应选择工件上那些加工面较大、形状比较复杂、加工劳动量较大的表面为粗基准。仍以图2-17为例，当选择导轨面为粗基准加工床身底平面时，由于加工面面积小且简单，即使切去较大余量，其金属切除量并不大。加之以后导轨面的加工余量又较小，故工件上总的金属切除量为最小。

（2）对于具有不加工表面的工件，为保证不加工表面和加工表面之间的相对位置要求，一般应选择不加工表面为粗基准。如图 2-18 所示，为保证加工后轮缘壁或罩体壁的壁厚均匀，均应以不加工表面 A 为粗基准镗或车内孔，以保证加工后零件壁厚均匀。

（3）选择粗基准时，应能使定位准确，夹紧可靠，以及夹具结构简单、操作方便。为此，应尽量选用平整、光洁和足够大的尺寸，以及没有浇冒口、飞边等缺陷的表面为粗基准。

（4）一个工序尺寸方向上的粗基准只能使

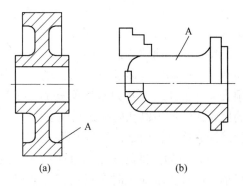

图 2-18 工件以不加工面为基准
(a) 轮坯；(b) 罩体

用一次，因为粗基准是毛坯表面，在两次以上的安装中重复使用同一基准，会引起两加工表面间出现较大的位置误差。

上述粗基准选择的原则，每一条只说明一个方面的问题，实际应用时常会相互矛盾。这就要求全面考虑，灵活运用，保证主要的要求。当运用上述原则对毛坯划线时，还可以通过"借料"的办法，兼顾上述原则。

C 精基准的选择

精基准的选择主要考虑的问题是如何保证加工精度和安装准确、方便。因此选择精基准时应遵循以下原则：

（1）基准重合的原则。即应尽量选择零件上的设计基准作为精基准，这样可以减少由于基准不重合而产生的定位误差。例如图 2-19 所示车床床头箱，箱体上主轴孔的中心高 $H_1 = 205 \pm 0.1$mm，这一设计尺寸的设计基准是底面 M。在选择精基准时，若镗主轴孔工序以底面 M 为定位基准，则定位基准和设计基准重合，可以直接保证尺寸 H_1。若以顶面 N 为定位基准，则定位基准与设计基准不重合。这时能直接保证尺寸 H，而设计尺寸 H_1 是间接保证的，即只有当 H 和 H_2

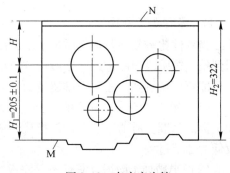

图 2-19 车床床头箱

两个尺寸加工好后才能确定 H_1，所以 H_1 的精度取决于 H 和 H_2 的加工精度。尺寸 H_2 的误差即为设计基准 M 与定位误差 N 不重合而产生的误差，它将影响设计尺寸 H_1 达到精度要求。

（2）基准统一的原则。即应尽可能使多个表面加工时都采用统一的定位基准为精基准。这样便于保证各加工表面间的相互位置精度，避免基准变换所产生的误差，并简化夹具设计和降低制造成本。例如图 2-20 所示活塞的加工，通常以止口作为统一的定位基准，精加工活塞外圆、顶面及横销孔等表面。夹具形式可以统一，而且改变产品时，只需更换夹具上的定位元件即可。轴类零件的顶尖孔、箱体零件上的定位孔等，都是经常使用的统一的定位基准。使用它们有利于保证轴各外圆表面的同轴度和各端面对轴线的垂直度以及箱体各加工表面间的位置精度。

（3）互为基准的原则。当两个加工表面加工精度及相互位置精度要求较高时，可以用 A 面为精基准加工 B 面，然后再以 B 面为精基准加工 A 面。这样反复加工，不断逐步提高定位基准的精度，进而达到高的加工要求。例如车床主轴的主轴颈与前端锥孔的同轴度以及它们自身的圆度等要求很高，常用主轴颈表面和锥孔表面互为基准反复加工来达到要求。再如高精度的齿轮为保证齿圈和内孔的同轴度要求，先以内孔为基准切齿，齿面淬火后以齿面定位磨削内孔，最后再以内孔为基准磨齿。

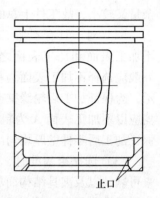

止口

图 2-20　活塞的止口

（4）自为基准的原则。有些精加工或光整加工工序的余量很小，而且要求加工时余量均匀。如以其他表面为精基准，因定位误差过大而难以保证要求。因此加工时应尽量选择加工表面自身作为精基准。而该表面与其他表面之间的位置精度则由前工序保证。例如，在导轨磨床磨削床身导轨面时，就是以导轨面本身为精基准来找正定位的。又如，采用浮动铰刀铰孔、用圆拉刀拉孔以及无心磨床磨削外圆表面等，都是以加工表面本身作为精基准的例子。

另外，选择精基准时也应考虑要便于工件安装加工，并能使夹具结构简单。

需要指出，前述轴类零件的中心孔、活塞上的定位止口、箱体上的定位孔等定位基面或表面，并不是零件上的工作表面。这种为满足工艺需要而在工件上专门设计的定位基准称为辅助基准。

2.3.3.3　加工阶段的划分及其作用

A　零件加工阶段的划分

当零件比较复杂及加工质量要求较高时，常把工艺路线分成几个加工阶段。加工时由粗到精，按阶段顺序进行。一般可分成粗加工、半精加工、精加工三个阶段。如果零件加工精度要求特别高，还要安排超精加工或光整加工阶段。

（1）粗加工阶段。其目的主要是高效率地去除各加工表面上的大部分余量，并为半精加工提供基准。所谓粗加工，是指从坯料上切除较多余量，所能达到的精度和粗糙度都比较低的加工过程。

（2）半精加工阶段。其任务是完成次要表面的加工，并为主要表面的精加工作准备。

（3）精加工阶段。其任务是完成主要表面的精加工，保证主要表面达到零件图规定的加工质量和技术要求。所谓精加工是从工件上切除较少余量，所得精度及光洁度都比较高的加工过程。

（4）超精、光整加工阶段。对某些主要表面进行光整加工，即在精加工后，从工件上不切除或切除极薄金属层，用以提高工件表面粗糙度或强化其表面的加工过程。该加工阶段对于一些精度要求很高的零件才存在。对一些精度要求极高的零件，甚至进行超精密加工，即按照超稳定、超微量切除的原则，实现加工尺寸误差和形状误差在 $0.1\mu m$ 以下的加工技术。超精、光整加工一般不能用来提高位置精度。

B　划分加工阶段的作用

（1）保证加工质量。粗加工时产生的切削力大，切削热多，加之工件被切除较厚一层金属后内应力重新分布，加工时需要的夹紧力大，都使工件产生较大的加工变形。如在此之后直接进行精加工，则不能保证要求的加工精度。精加工放在最后进行还能减少主要表面上的磕碰和划伤。

（2）合理使用设备。粗加工在功率大、精度低、生产率高的机床上进行，以充分发挥设备潜力、提高生产率；而精加工可以在精度较高的机床上进行，有利于长期保持设备精度，也有利于稳定加工精度和合理的配备工人技术等级。

（3）便于及时发现和处理毛坯缺陷。通过粗加工可以及时发现毛坯缺陷，如气孔、砂眼、余量不足等，及时决定修补或报废，以免继续加工造成浪费。

（4）便于安排热处理工序。在加工工艺过程的适当位置插入必要的热处理工序，自然而然地将机械加工工艺过程划分为几个加工阶段。例如粗加工后插入调质处理、淬火前安排粗加工和半精加工工序等。

在安排零件加工过程时，一般应遵循划分加工阶段这一原则，但这不能绝对化，例如对一些形状简单、毛坯质量高、加工余量小、加工质量要求低而刚性又较好的零件，可不必划分加工阶段。对于一些装夹吊运很费工时的重型零件往往也不划分加工阶段。

2.3.3.4 加工顺序的安排

在初步划分加工阶段后，还要对每一阶段内的加工工作列出先后顺序，甚至对阶段间的加工工作进行若干调整。机械加工顺序的安排，主要考虑如下几个原则：

（1）先基面后其他。加工一开始总是先把精基准加工出来，然后以精基准基面定位加工其他表面。在进行精加工阶段前，一般还需要把精基准再修一下，以保证足够的定位精度。

（2）先粗后精。即先安排粗加工，中间安排半精加工，最后安排精加工和光整加工。加工阶段的划分即反映了这一原则。

（3）先主后次。即先安排主要表面的加工，后安排次要表面的加工。这里的主要表面是指装配基面、工作表面等；次要表面则是指键槽、紧固用光孔和螺纹孔以及连接螺纹等。由于主要表面加工步骤多，要求高，故应放在前阶段进行；而次要表面加工工作量小，又常和主要表面有位置精度要求，故一般放在主要表面半精加工之后、精加工之前，也有放在最后进行加工的。

（4）先面后孔。对于箱体、机架类零件，由于平面所占轮廓尺寸较大，用平面定位安装比较平稳，因此应先加工平面，然后以平面为基准加工各孔。对于在一平面上有孔要加工的情况，先加工平面后有利于孔的找正和试切。

2.3.3.5 工序的组合及热处理工序和辅助工序的安排

A 工序的组合

经过上述过程把零件各表面加工工步排列出先后顺序之后，尚需确定在这一序列中哪几个相邻工步可以合并为一个工序，哪些工步单独为一个工序，以把该序列变成为以工序为单位排列的工艺过程。

是否可把几个工步合为一个工序，主要取决于：

（1）这几个相邻工步是否是在同种机床上进行的，对成批以上的生产来讲，几次加工能否在同一夹具上完成。否则不能安排在工序内完成。

（2）这几个相邻工步加工的表面间是否有较高的位置精度要求。如果有，则应考虑安排在一个工序内，在一次安装中完成各相关表面的加工。这样避免了多次安装带来的位置误差，可以满足较高的技术要求。例如大型齿轮内孔、外圆及作定位基面的一个端面的加工一般要安排在一道工序内完成。

（3）是采用工序集中还是采用工序分散的原则安排工艺过程。工序集中是零件加工集中在少数几个工序中完成，每一工序中的加工内容较多。而工序分散则相反，整个工艺过程工序数目多，而每道工序的加工内容比较少。

工序集中的特点是：

1）减少工件的安装次数，既有利于保证加工表面之间的位置精度，又可缩短装卸工件的辅助时间；

2）减少机床数量、操作工人人数和车间面积；

3）减少工序数目，缩短工艺路线，简化生产计划组织工作。同时，由于减少了工序间制品数量和缩短制造周期，有较好的经济效益。

工序分散的特点是：

1）机床及工艺装备比较简单、调整方便，可以使用技术等级较低的技术工人；

2）可以采用最合理的切削用量，机动时间短；

3）使用机床数量及操作工人数多，生产面积大，生产流动资金占用多。

工序集中和工序分散各有特点，必须根据生产类型、零件结构特点和技术要求、机床设备等条件进行综合分析决定。在单件小批生产和重型零件加工中，一般采用工序集中原则。在大批大量生产中，既可采用多刀、多轴高效率自动化机床将工序集中，也可将工序分散后组织流水线生产。由于工序集中的优点较多，以及近年加工中心机床等的技术发展，现代化生产的发展趋于工序集中。

B　热处理工序的安排

热处理工序的安排主要是根据工件的材料和热处理目的进行。热处理工艺包括预备热处理和最终热处理。

常用的热处理工序及其安排为：

（1）预备热处理。以改善材料切削加工性能、消除内应力为目的，为最终热处理做好组织准备。它包括退火、正火、时效和调质等，一般安排在粗加工前后进行。

（2）最终热处理。常用的有淬火、表面淬火，渗碳淬火和渗氮处理等，以提高零件的硬度和耐磨性为主要目的。一般要安排在半精加工之后、精加工之前进行。由于氮化层很薄，故氮化处理安排在精加工之后、光整加工之前进行。

C　辅助工序的安排

（1）检验工序是保证产品质量和防止产生废品的重要措施。在每个工序中，操作者都必须自行检验。在操作者自检的基础上，在下列场合还要安排独立检验工序：粗加工全部结束后，精加工之前；送往其他车间加工的前后（特别是热处理工序的前后）；重要工序的前后；最终加工之后等。

（2）其他工序的安排。在工序过程中，还可根据需要在一些工序的后面安排去毛刺、去磁、清洗等工序。

2.3.4　工序内容拟订

工艺路线确定后，还要确定各工序的具体内容，包括确定加工余量及工序尺寸、设备与工艺装备、切削用量与时间定额等。

2.3.4.1　加工余量

加工余量是指加工时从加工表面上切除的金属层的总厚度，即毛坯尺寸与零件图的设计尺寸之差称为加工余量，也称为毛坯余量。而在某一工序所切除的金属层厚度，即相邻两工序的工序尺寸之差称为工序余量。加工余量是各工序余量之和。

由于毛坯尺寸和各工序尺寸都存在一定的公差，因此加工余量和工序余量都在一定的尺寸范围内变化。这就有基本余量、最大余量和最小余量之分。通常所说的余量是指基本余量，是取相邻工序的基本尺寸计算而来的。

加工余量的大小，对零件的加工质量和生产率以及经济性均有较大的影响。余量过大将增加材料、动力、刀具和劳动量的消耗，并使切削力增大而引起工件的较大变形，反之余量过小则不能保证零件的加工质量。确定加工余量的基本原则是在保证加工质量的前提下尽量减少加工余量。一般地，确定合理的加工余量的方法有以下几种：

（1）经验估计法。此法是根据工艺人员的经验就具体情况确定加工余量的方法。这一方法要求工艺人员有多年的经验积累，而且确定不够准确，为确保余量足够，一般估计值总是偏大。该方法多用于单件小批生产。

（2）查表修正法。该法是以工厂生产实践和工艺试验而积累的有关加工余量的资料数据为基础，并结合实际情况进行适当修正来确定加工余量的方法。这一方法应用较广泛。

（3）分析计算法。此法根据一定的试验资料，对影响加工余量的前述各项因素进行分析并确定其数值，经计算来确定加工余量的方法。这种方法确定加工余量最经济合理，但需要全面的试验资料，计算也比较复杂，实际应用较少。

加工总余量可在确定各加工余量后计算得出，也可先确定毛坯精度等级后查表确定总余量。第一道粗加工余量由总余量和已确定的其他工序余量推算得出。

2.3.4.2　工序尺寸及其公差的确定

当工序尺寸本身是独立的、与其他尺寸无关联时，可以零件要求的最终尺寸和已确定的各工序余量逐步向前推算得出，如图 2-21 所示。最终工序尺寸及公差即是零件图规定的尺寸及公差。而其余各工序尺寸及公差可根据加工经济精度选取，并按"入体原则"（对于外表面，最大极限尺寸就是基本尺寸；对于内表面，最小极限尺寸就是基本尺寸）标注。但毛坯尺寸公差及公差带位置需查表确定。

例如某箱体孔要求加工至 $\phi100^{+0.035}$ mm，粗糙度为 $R_a = 0.8\mu m$，确定的加工方案为：铸出毛坯孔→粗镗→半精镗→精镗→用浮动镗刀块铰孔。其各工序的工序尺寸及公差的确定见表 2-9。

当工序尺寸不是独立的，而是与其他尺寸有关联时，可以利用工艺尺寸链原理计算其大小及上下偏差。

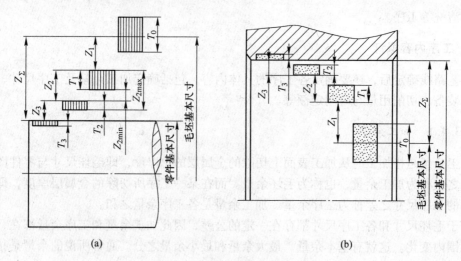

图 2-21　工序尺寸及公差的确定

(a) 轴加工；(b) 孔加工

表 2-9　各工序的工序尺寸及公差的确定　　　　　　　　　　　　　　mm

工　序	工序加工余量	基本工序尺寸	工序加工精度等级及工序尺寸公差	工序尺寸及公差
铰	0.1	100	H7 ($^{+0.35}_{0}$)	$\phi 100$ ($^{+0.35}_{0}$)
精镗	0.5	100 − 0.1 = 99.9	H8 ($^{+0.054}_{0}$)	$\phi 99.9$ ($^{+0.054}_{0}$)
半精镗	2.4	99.9 − 0.5 = 99.4	H10 ($^{+0.14}_{0}$)	$\phi 99.4$ ($^{+0.14}_{0}$)
粗镗	5	99.4 − 2.4 = 97	H13 ($^{+0.54}_{0}$)	$\phi 97$ ($^{+0.54}_{0}$)
毛坯	总余量 8	97 − 5 = 92	$^{+2}_{-1}$	$\phi 92^{+2}_{-1}$
数据确定方法	查表确定	第一项为图样规定尺寸，其余计算得到	第一项为图样规定尺寸，毛坯公差查表，其余按经济加工精度及入体原则定	

2.3.4.3　机床及工艺装备选择

一般情况下，单件或小批生产选用通用机床及通用工艺装备（刀具、量具、夹具、辅具）；成批生产时选用通用机床及专用工艺装备；大批大量生产时选用专用机床及专用工艺装备。

选择机床的基本原则是：

（1）机床的加工尺寸范围应与零件的外廓尺寸相适应；

（2）机床的精度应与工序要求的精度相适应；

（3）机床的生产率应与零件的生产类型相适应；

（4）与现有的机床条件相适应。

刀具的选择主要取决于工序采用的加工方法、加工表面的尺寸、工件材料、所要求的精度及粗糙度、生产率及经济性等。

量具主要根据生产类型及所要求检验的尺寸与精度来选择。

2.3.4.4　切削用量的确定

在机床、刀具及工件、夹具确定的情况下，切削用量的选择，直接影响加工质量、生产率和成本。

切削用量的选择与下列因素有关：生产率、加工质量（主要是表面粗糙度）、切削力所引起的机床-夹具-工件-刀具系统的弹性变形以及该系统的切削振动、刀具耐用度、机床功率等。

选取背吃刀量时，应尽量能一次切除全部工序（或工步）余量。如加工余量过大，一次切除确有困难，则再酌情分几次切除，各次切削深度应依次递减。

粗加工时限制进给量的主要是机床-工件-刀具系统的变形和振动，这时应按切削深度、工件材料及该系统的刚度选取，精加工时限制进给量的主要是表面粗糙度，这时应按表面粗糙度选择进给量大小。

切削速度的选择应既能发挥刀具的效能，又能发挥机床的效能，并保证加工质量和降低加工成本。确定时可按公式进行计算，也可查表确定。

各加工阶段常用的切削用量选择方法如下：

（1）粗加工。粗加工时，以金属切除为主要目的，对加工质量要求不高，应充分发挥机床、刀具的性能，提高金属切除的效率。从切削用量三要素对切削温度的影响上看，切削速度对切削温度影响最大，其次是进给量。切削温度过高，会造成刀具磨损加快，使刀具可用于正常切削的时间缩短，影响加工效率。由此可见，为保证金属切除效率，切削用量的选择应是：首先选择尽可能大的背吃刀量，再选择较大的进给量，最后选择合适的切削速度。

（2）精加工。精加工的主要目的是保证加工质量，即获得工件要求的加工精度和表面质量。此时，应尽量避免某些物理现象对加工质量造成不利影响。切削用量的选择应是：较小的背吃刀量和进给量，较高的切削速度（适用硬质合金刀具）或较低的切削速度（适用高速钢刀具）。

2.3.4.5 时间定额的确定

时间定额是在一定生产条件下，生产一件产品或完成一道工序所消耗的时间。时间定额是企业经济核算和计算产品成本的依据，也是新建、扩建工厂（或车间）决定人员和设备数量的计算依据。合理确定时间定额能提高劳动生产率和企业管理水平，获得更大经济效益。时间定额不能定得过高或过低，应具有平均先进水平。一般企业平均定额完成率不得高于130%。

完成零件加工一个工序的时间定额称为单件时间定额。它由下列各部分组成：

（1）作业时间。作业时间是直接用于制造产品或零部件所消耗的时间，可分为基本时间和辅助时间两部分。

1）基本时间：直接改变生产对象的尺寸、形状、相对位置，表面状态或材料性质等工艺过程所消耗的时间，如机械加工中切去金属层（包括刀具切入切出）所消耗的时间。

2）辅助时间：是为实现工艺过程所必须进行的各种辅助动作所消耗的时间，其中包括装卸工件、改变切削用量、试切和测量零件尺寸等辅助动作所耗费的时间。

（2）布置工作地时间。布置工作地时间是为加工正常进行、工人照管工作地（如更换刀具、润滑机床、清理切屑、收拾工具等）所消耗的时间。

（3）休息与生理需要时间。休息与生理需要时间是工人在工作班内为恢复体力和满足生理上的需要所消耗的时间。

（4）准备与终结时间。准备与终结时间是工人为了生产一批产品或零件部件，进行准备和结束工作所消耗的时间，包括熟悉工作和图样、领取工艺文件及工装、调整机床及物品的整理归还等。

时间定额的确定方法有经验估计法、统计分析法、类推比较法和技术定额法几种。其中技术定额法又分为分析研究法和时间计算法两种。时间计算法是目前成批及大量生产广泛应用的科学方法。它以手册上给出的计算方法确定各类加工方法的基本时间。辅助时间的确定，对大批大量生产，可将辅助动作分解，再分别查表计算予以综合；对成批生产则可根据以往统计资料予以确定。

2.4　典型轴类零件加工工艺分析

2.4.1　轴类零件的功用与结构特点

轴类零件是机器中的主要零件之一，它通常被用于支承传动零件（齿轮、带轮等）、承受载荷、传递转矩以及保证装在轴上零件的回转精度。轴是旋转体零件，其长度大于直径。加工表面通常有内外圆柱面、圆锥面、螺纹、花键、横孔、沟槽等。图2-22所示为几种结构形状的轴类零件。其中（a）~（e）为较常见的轴结构，（f）~（i）为具有特殊结构的轴。

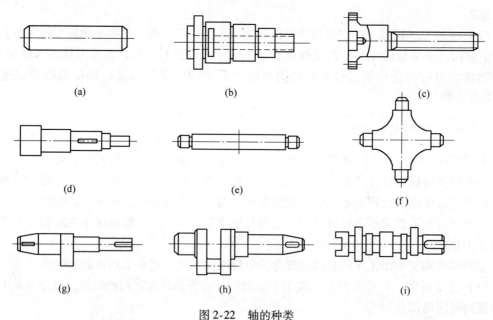

图 2-22　轴的种类

（a）光轴；（b）空心轴；（c）半轴；（d）阶梯轴；（e）花键轴；
（f）十字轴；（g）偏心轴；（h）曲轴；（i）凸轮轴

轴类零件分类方式较多，若按承受载荷类型，可分为芯轴（只承受弯矩）、传动轴（只承受扭矩）和转轴（同时承受弯矩和扭矩）；若按其结构形状的特点，可分为光轴、阶梯轴、空心轴和异形轴（包括曲轴、凸轮轴和偏心轴等）；若按轴的长度和直径的比例来分，又可分为刚性轴（$L/d \leqslant 12$）和挠性轴（$L/d > 12$）；等等。

2.4.2　轴类零件主要技术要求

（1）尺寸精度。轴颈是轴类零件的主要表面，它影响轴的回转精度及工作状态。轴颈的直径精度根据其使用要求通常为 IT9～IT6，精密轴颈可达 IT5。

（2）几何形状精度。轴颈的几何形状精度（圆度、圆柱度），一般应限制在直径公差范围内。对几何形状精度要求较高时，可在零件图上另行规定其允许的公差。

（3）位置精度。位置精度主要是指装配传动件的配合轴颈相对于装配轴承的支承轴颈的同轴度，通常是用配合轴颈对支承轴颈的径向圆跳动来表示的。根据使用要求，规定高精度轴位置精度为 0.001～0.005mm，而一般精度轴为 0.01～0.03mm。

此外还有内外圆柱面的同轴度和轴向定位端面与轴心线的垂直度要求等。

（4）表面粗糙度。根据零件的表面工作部位的不同，可有不同的表面粗糙度值。

2.4.3　轴类零件的材料和毛坯

合理选用材料和规定热处理的技术要求，对提高轴类零件的强度和使用寿命有重要意义，同时，对轴的加工过程有极大的影响。

2.4.3.1　轴类零件的材料

一般轴类零件常用 45 钢，根据不同的工作条件采用不同的热处理规范（如正火、调质、淬火等），以获得一定的强度、韧性和耐磨性。

对中等精度而转速较高的轴类零件，可选用 40Cr 等合金钢。这类钢经调质和表面淬火处理后，具有较高的综合力学性能。精度较高的轴，有时还用轴承钢 GCrl5 和弹簧钢 65Mn 等材料，它们通过调质和表面淬火处理后，具有更高耐磨性和抗疲劳性能。

对于高转速、重载荷等条件下工作的轴，可选用 20CrMnTi、20Mn2B、20Cr 等低碳合金钢或 38CrMoAL 中碳合金渗氮钢。低碳合金钢经渗碳淬火处理后，具有很高的表面硬度、抗冲击韧性和心部强度，但缺点是热处理变形较大；对于渗氮钢，由于渗氮温度比淬火低，因此调质和表面渗氮后，变形很小而硬度却较高，具有很好的耐磨性和耐疲劳强度。

2.4.3.2　轴类零件的毛坯

轴类零件的毛坯最常用的是圆棒料和锻件，除光轴、直径相差不大的阶梯轴可使用热轧棒料或冷拉棒料外，一般比较重要的轴大都采用锻件。锻造毛坯有较好的力学性能，又能节约材料、减少机械加工量。

根据生产规模的大小，毛坯的锻造方式有自由锻和模锻两种。自由锻设备简单、容易投产，但所锻毛坯精度较差、加工余量大且不易锻造形状复杂的毛坯，所以多用于中小批生产；模锻的毛坯制造精度高、加工余量小、生产率高，可以锻造形状复杂的毛坯，但模锻需昂贵的设备和专用锻模，所以只适用于大批量生产。

2.4.4　轴类零件的热处理

轴的性能除与所选钢材的种类有关外，还与热处理有关。轴的锻造毛坯在机械加工之前，一般需进行正火（低碳钢和低合金钢）或退火处理（高碳钢和合金钢），使钢材的晶粒细化（或球化），以消除锻造后的残余应力，改善切削加工性能。

　　凡要求局部表面淬火以提高耐磨性的轴，须在淬火前安排调质处理。当毛坯余量较大时（如锻件），调质放在粗车之后、半精车之前，以便使粗车产生的内应力得以在调质时消除；当毛坯余量较小时（如棒料），调质可放在粗车之前进行。

　　淬火及表面淬火等热处理，能够提高材料硬度，但使材料切削加工性变差，应安排在半精加工之后进行，其后安排磨削加工。

　　对于精度要求高或刚性差的轴类零件，在工艺过程中还需安排时效处理。

2.4.5　轴类零件加工工艺举例

　　下面以减速器传动轴为例，说明轴类零件的加工工艺。

　　图 2-23 所示为某减速器传动轴，从结构上看是一个典型的阶梯轴，材料为 45 钢，调质处理 220~350HBS，中小批生产。

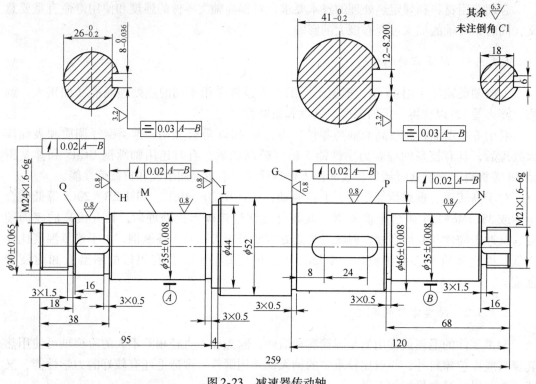

图 2-23　减速器传动轴

　　（1）零件图分析。

　　1）轴 M 和 N 为轴承段，其尺寸为 $\phi35\text{mm} \pm 0.008\text{mm}$，是其他表面的基准，为主要表面，各项精度要求均较高。

　　2）配合轴颈 Q 和 P 是安装传动零件的轴段，与基准轴段的径向圆跳动公差为 0.02mm，公差等级为 IT6。

　　3）轴肩 H、G 和端面 I 为轴向定位面，其要求较高，与基准轴段的圆跳动公差为 0.02mm，也是较重要的表面。

（2）毛坯选择。对于一般阶梯轴，常常选用45钢棒料或锻件，对于精度要求较高的可选用40Cr，高速重载的可选20Cr、20CrMnTi或38CrMoAlA氮化钢等。该轴采用45钢热轧圆钢。

（3）拟订工艺路线。

1）确定加工方案。轴类零件在进行外圆加工时，先粗加工，再进行半精加工和精加工，主要表面的精加工放在最后进行。外圆加工主要采用车削和磨削的形式进行。由于该轴的Q、M、P、N等轴段精度较高，应采取磨削加工。

2）加工阶段划分。

①粗加工：粗车各外圆、钻中心孔。

②半精加工：半精车外圆、台肩和中心孔等。

③精加工：磨Q、M、P、N等。

3）选择定位基准。设计基准为M、N两轴段的中心连线，加工时以左右端面钻中心孔定位。工件定位方式，粗加工时为一夹一顶，精加工时用双顶尖。

4）热处理。该轴需进行调质处理，并应放在粗加工后，半精加工前进行。

5）加工工序安排。先粗后精、先主后次。

通过以上分析，得出该减速器传动轴的加工工艺路线为：下料→粗车外圆、端面及螺纹→调质→精车外圆、端面及螺纹→铣键槽→磨外圆。

（4）确定工序尺寸。

1）毛坯：$\phi 65\text{mm} \times 265\text{mm}$。

2）粗车：按图纸尺寸留2mm余量。

3）半精车：螺纹大径及$\phi 52\text{mm}$台阶车到图纸规定尺寸，其余台阶留0.5mm余量。

4）铣加工：止动垫圈槽加工到图纸规定尺寸，其余键槽留0.25mm余量。

5）精加工：各部加工到图纸要求。

（5）工装设备选择。车床选择CA6140；铣床选择X52；磨床选择M1432A。

（6）加工工艺。加工工艺见表2-10。

表2-10 减速器传动轴加工工艺

工序号	工序	工 序 内 容	设 备
1	下料	热轧圆钢$\phi 65\text{mm} \times 265\text{mm}$	锯床
2	车	三爪卡盘夹工件，车端面，钻中心孔，并粗车P、N及螺纹段台阶，留2mm余量；调头装夹，粗车另一端面，总长259mm，钻中心孔，粗车另四个台阶，留2mm余量	CA6140
3	热处理	调质处理，220～350HBS	
4	钳工	修研两中心孔	
5	车	双顶尖装夹，半精车三个台阶，螺纹段加工至$21^{-0.1}_{-0.2}\text{mm}$，P、N两台阶留0.5mm余量，车槽及倒角；调头，半精车余下的五个台阶，$\phi 44\text{mm}$及$\phi 52\text{mm}$台阶加工至图纸规定尺寸，螺纹轴段加工至$24^{-0.1}_{-0.2}\text{mm}$，其余留0.5mm余量，车槽及倒角	CA6140
6	车	双顶尖装夹，车两端螺纹	CA6140
7	钳工	划线	
8	铣	铣键槽及止动垫圈槽，留0.25mm余量	X52
9	钳工	修研两中心孔	
10	磨	磨外圆Q、M及端面H、I；调头磨外圆N、P及台肩G	M1432
11	检验		

思考题与习题

2-1　什么是生产过程? 什么是工艺过程?

2-2　何为工序? 何为工步? 二者有何关系?

2-3　生产类型有哪几种? 各有何特点?

2-4　机械加工工艺规程有何作用?

2-5　常见工艺规程文件有哪些?

2-6　工件在夹具中定位、夹紧的任务是什么?

2-7　任意分布的六个点都可以限制工件六个自由度, 即完全定位, 这种说法对吗? 为什么?

2-8　什么是欠定位? 为什么不能采用欠定位?

2-9　什么是加工余量? 为什么要有加工余量?

2-10　简述安排机械加工工序顺序的主要原则。

2-11　如何划分生产类型? 各生产类型的工艺特征是什么?

2-12　基准按其作用可以分为哪两大类? 工艺基准可以进一步分为哪几种?

2-13　简述粗基准和精基准的选择原则。

2-14　何为工序集中? 何为工序分散? 决定工序集中和工序分散的主要因素是什么?

2-15　试根据图 2-24, 制定出花键轴的加工工艺规程。

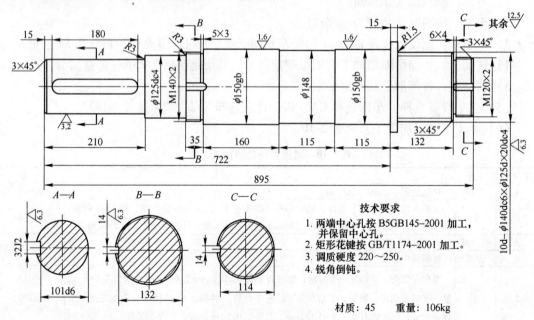

技术要求

1. 两端中心孔按 B5GB145-2001 加工, 并保留中心孔。
2. 矩形花键按 GB/T1174-2001 加工。
3. 调质硬度 220~250。
4. 锐角倒钝。

材质: 45　　重量: 106kg

图 2-24　花键轴

3 材料成型方法

3.1 铸造

3.1.1 铸造的实质及特点

铸造是制造机器零件毛坯或成品的一种工艺方法。铸造的实质是熔炼金属，制造铸型，将熔融金属浇入铸型，凝固冷却后获得一定形状和性能的铸件。

铸造的基本过程为：根据零件的要求，准备一定的铸型；把金属液体浇满铸型的型腔；金属液体在型腔内凝固成型，获得一定形状和大小的工件，如图 3-1 所示。

铸造应用十分广泛，主要是因为铸造是液态成型，其具有以下优点：

（1）用铸造可以制成形状复杂的毛坯特别是具有复杂内腔的毛坯，如箱体、气缸体、机座、机床床身等。

（2）铸件的形状和尺寸与零件很接近，省去了金属材料和加工工时。精密铸件可以省去切削加工，直接用于装配。

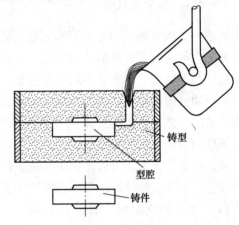

图 3-1　金属铸造过程

（3）铸件所用的原材料来源广泛，成本低廉，而且可以直接利用报废的机件、废钢和切屑等。一般情况下，铸造设备的投资也较少，因此，铸件的成本比较低廉。

（4）绝大多数金属均能用铸造方法制成铸件，对于一些不适合锻压成型或焊接成型的合金件，铸造也是一种较好的成型方法。

但是铸造生产也存在一些缺点：例如，砂型铸造生产工序较多，有些工艺过程难以控制，铸件质量不够稳定，废品率较高；铸件组织粗大，内部常出现缩孔、缩松、气孔、砂眼等缺陷，其力学性能不如同类材料的锻件高，使得铸件要做的相对笨重些，从而增加机器重量；铸件表面粗糙，尺寸精度不高；工人劳动强度高，劳动条件较差。近年来，由于精密铸造和新设备、新工艺的迅速发展，铸件质量有了很大提高。

3.1.2 铸造的分类

铸造的工艺方法很多，一般将铸造分为砂型铸造和特种铸造两大类。

（1）砂型铸造。直接形成铸型的原材料主要为型砂，且液态金属完全靠外力充满整个铸型型腔的铸造方法称为砂型铸造。砂型铸造一般可分为手工砂型铸造和机器砂型铸造。

前者主要适用于单件以及复杂和大型铸件的生产，后者主要适用于成批大量生产。

（2）特种铸造。凡不同于砂型铸造的所有铸造方法，统称为特种铸造，如金属型铸造、压力铸造、离心铸造、熔模铸造、低压铸造等。

由于砂型铸造目前仍然是国内外应用最广泛的铸造方法，本章将重点介绍砂型铸造（主要是手工砂型铸造）。

3.1.3　金属的铸造性能

铸造生产中很少采用纯金属，而是使用各种合金。铸造合金除应具有符合要求的力学和物理、化学性能外，还必须考虑其铸造性能。合金的铸造性能主要有流动性和收缩性，这些性能对于能够容易获得优质铸件是至关重要的。

3.1.3.1　充型能力

液态合金填充铸型的过程简称充型。液态合金充满铸型型腔获得形状完整、轮廓清晰铸件的能力称为液态合金的充型能力。液态合金一般是在纯液态下充满型腔的，但也有边充型边结晶的情况。在充填型腔的过程中，当液态合金中形成的晶粒堵塞充型通道时，合金液的流动被迫停止。如果停止流动出现在型腔被充满之前，则铸件因"浇不足"，出现冷隔等缺陷。浇不足使铸件未能获得完整的形状；冷隔使铸件存在未完全熔合的垂直接缝，铸件的力学性能严重受损。

液态合金的充型能力首先取决于液态合金本身的流动能力，同时又与外界条件如铸型性质、浇注条件、铸件结构等因素密切相关，是各种因素的综合反应。

（1）合金的流动性。液态合金本身的流动能力，称为流动性。流动性是液态合金固有的属性，是合金的主要铸造性能之一。它对铸件质量有很大影响。流动性愈好，充型能力愈强，愈便于浇注出轮廓清晰、薄而复杂的铸件。同时，流动性好有利于液态合金中金属夹杂物和气体的上浮与排除，有利于合金凝固收缩时的补缩。若流动性不好，铸件就容易产生浇不足、冷隔、夹渣、气孔和缩孔等缺陷。在设计和制订铸件铸造工艺时，都必须考虑合金的流动性。

液态合金的流动性通常以"螺旋形试样"长度来衡量，如图3-2所示。显然，在相同的浇注条件下，所流出

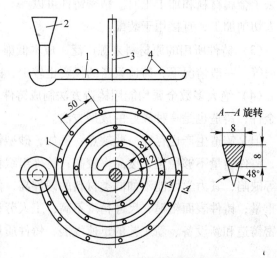

图3-2　流动性试样
1—模样；2—浇口杯；3—冒口；4—试样凸点

的试样愈长，合金的流动性愈好。表3-1列出了几种常用合金的流动性，其中灰铸铁、硅黄铜的流动性最好，铸钢的流动性最差。

表 3-1 几种常用合金的流动性

合 金		铸 型	浇注温度/℃	螺旋试样长度/mm
灰铸铁	$w(C+Si)=5.9\%$	砂型	1300	1300
	$w(C+Si)=5.2\%$	砂型	1300	1000
铸钢（$w(C)=0.4\%$）		砂型	1640	200
			1600	100
硅黄铜（$w(Si)=0.4\%\sim4.5\%$）		砂型	1100	1000
铝合金（硅铝明）		金属型（300℃）	680～720	700～800

（2）铸型性质。铸型的阻力影响液态合金的充型速度，铸型与合金的热交换强度影响合金液保持流动的时间。

1）铸型材料。铸型材料的比热容越大，对液态合金的激冷作用越强，合金液的充型能力越差；铸型材料的导热系数越大，将铸型金属界面的热量向外传导的能力就越强，对合金液的冷却作用也就越大，合金液的充型能力就越差。

2）铸型温度。浇注温度对液态合金的充型能力有决定性的影响。铸型温度越高，合金液与铸型的温差越小，合金液热量的散失速度越小，因此保持流动的时间越长。生产中有时采用对铸型预热的方法以提高合金的充型能力。

3）铸型中的气体。在合金液的热作用下，铸型（尤其是砂型）将产生大量的气体，如果气体不能及时排出，型腔中的气压将增大，从而对合金液的充型产生阻碍。提高铸型的透气性、减少铸型的发气量以及在远离浇口的最高部位开设出气口等均可减小型腔中气体对充型的阻碍。

（3）浇注条件。

1）浇注温度。浇注温度对液态合金的充型能力有决定性的影响。浇注温度提高，合金液的过热度增加，合金液保持流动的时间变长。因此，在一定温度范围内，充型能力随温度的提高而直线上升。但温度超过某界限后，由于合金液氧化、吸气增加，充型能力提高的幅度会越来越小。

对薄壁铸件或流动性差的合金，采用提高浇注温度的措施可以有效地防止浇不足或冷隔等铸造缺陷。但随着浇注温度的提高，铸件的一次结晶组织变得粗大，且容易产生气孔、缩孔、缩松、粘砂、裂纹等铸造缺陷，故在保证充型能力足够的前提下，浇注温度应尽量低。

2）充型压力。液态金属在流动方向上所受到的压力越大，充型能力就越好。如通过增加浇注时合金液的静压头的方法，可提高充型能力。某些特种工艺，如压力铸造、低压铸造、离心铸造、实型负压铸造等，充型时合金液受到的压力较大，充型能力较强。

3）浇注系统。浇注系统的结构越复杂，流动的阻力就越大，合金液在浇注系统中的散热也越大，充型能力也就下降。因此，浇注系统的结构、各断面的尺寸都会影响充型能力。在浇注系统中设置过滤或挡渣结构，一般均造成充型能力明显的下降。

铸型中凡能增加液态合金流动阻力和冷却速度、降低流速的因素，均能降低合金的流动性。例如，型腔过窄、浇注系统结构复杂、直浇道过低、内浇道截面过小或布置不合适、型砂水分过多或透气性不好、铸型材料导热性过大等，都会降低合金的流动性。为改善铸型的充型条件，铸件的壁厚应大于规定的"最小壁厚"，铸件形状应力求简单，并在铸型工艺上针对需要采取相应措施，例如加高浇道、增加内浇道截面积、增设出气口或冒口、对铸型烘干等。

（4）铸件的凝固方式。铸件的成型过程，是液态金属在铸型中的凝固过程。合金的凝固方式对铸件的质量、性能以及铸造工艺等都有极大的影响。

在铸件的凝固过程中，其断面上一般存在三个区域，即固相区、凝固区和液相区，其中，对铸件质量影响较大的主要是液相和固相并存的凝固区的宽窄。铸件的凝固方式就是依据凝固区的宽窄来划分的。

1）逐层凝固。纯金属或共晶成分合金在凝固过程中因不存在液、固并存的凝固区，故断面上外层的固体和内层的液体由一条界线（凝固前沿）清楚地分开。随着温度的下降，固体层不断加厚、液体层不断减少，直达铸件的中心，这种凝固方式称为逐层凝固。

2）糊状凝固。如果合金的结晶温度范围很宽，且铸件的温度分布较为平坦，则在凝固的某段时间内，铸件表面并不存在固体层，而是液、固并存的凝固区贯穿整个断面。由于这种凝固方式先呈糊状而后固化，故称为糊状凝固。

3）中间凝固。大多数合金的凝固介于逐层凝固和糊状凝固之间，称为中间凝固。

3.1.3.2　合金的收缩

A　收缩的概念与阶段划分

高温合金液从浇入铸型到冷凝至室温的整个过程中，其体积和尺寸减小的现象称为收缩。收缩是合金的物理本性。

合金的收缩是多种铸造缺陷（如缩孔、缩松、裂纹、变形等）产生的根源。要使铸件的形状、尺寸符合技术要求，组织致密，必须研究收缩的规律。合金的整个收缩过程可划分为三个互相联系的阶段。

（1）液态收缩：从合金液浇注温度冷却到开始凝固（液相线温度）之间的收缩。

（2）凝固收缩：从合金液开始凝固冷却到凝固完毕之间的收缩，即合金从液相线温度冷却至固相线温度之间的收缩。对于具有结晶温度范围的合金，凝固收缩包括合金从液相线冷却到固相线所发生的收缩和合金由液体状态转变成固体状态所引起的收缩，前者与合金的结晶温度范围有关，而后者一般为定值。

（3）固态收缩：从合金凝固（固相线温度）完毕冷却到室温之间的收缩。

合金的液态收缩和凝固收缩表现为合金的体积缩小，通常用体收缩率表示，它们是铸件产生缩孔、缩松缺陷的基本原因。合金的固态收缩也是体积变化，表现为三个方向线尺寸的缩小，直接影响铸件尺寸变化，因此常用线收缩率表示。固态收缩是铸件产生内应力、裂纹和变形等缺陷的主要原因。

影响收缩的因素有化学成分、浇注温度、铸件结构与铸型条件等。

B　缩孔、缩松的形成及防止

合金液在铸型内凝固的过程中，若其体积收缩得不到补充，将在铸件最后凝固的部位形成孔洞，这种孔洞称为缩孔或缩松。通常缩孔主要是指大而集中的孔洞，细而分散的缩孔一般称为缩松。

a 缩孔的形成

缩孔一般隐藏在铸件上部或最后凝固部位，缩孔形状不规则，多呈倒锥形，其内表面较粗糙，有时在切削加工时暴露出来。在某些情况下，缩孔也产生在铸件的上表面，呈明显的凹坑。

缩孔形成过程如图 3-3 所示。合金液充满铸型型腔后，由于散热开始冷却，靠近型腔表面的金属很快凝结成一层外壳，而内部仍然是高于凝固温度的液体。因此内部液体产生液态收缩，从而补充凝固层的凝固收缩，在浇注系统尚未凝固期间，所减少的合金液可从浇道得到补充，液面不下降仍保持充满状态（见图 3-3a）。

随着合金液温度不断降低，外壳加厚。如内浇道已凝固，则形成的外壳就像一个密封容器，内部包住了合金液（见图 3-3b）。温度继续下降，铸件除产生液态收缩和凝固收缩外，还有先凝固的外围产生的固态收缩。由于硬壳内合金液的液态收缩和凝固收缩远远大于硬壳的固态收缩，因此液面下降并与硬壳顶面脱离，产生了间隙（见图 3-3c）。如此继续，待内部完全凝固，则在铸件最后凝固的上部形成了缩孔（见图 3-3d）。当铸件自凝固终止温度冷却到室温，因固态收缩使其外廓尺寸略有减小（见图 3-3e）。

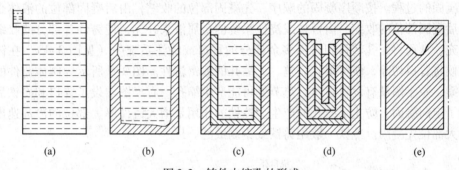

(a)　　　　　(b)　　　　　(c)　　　　　(d)　　　　　(e)

图 3-3　铸件中缩孔的形成

（a）合金液充满型腔；（b）形成外壳；（c）产生间隙；（d）形成缩孔；（e）外廓尺寸减小

纯金属及近共晶成分的合金，因其结晶温度范围较窄，流动性较好，易形成集中缩孔。

b 缩松的形成

铸件断面上出现的分散、细小的缩孔称为缩松。小的缩松有时需借助放大镜才能发现。缩松形成的原因和缩孔基本相同，即铸型内合金的液态收缩和凝固收缩大于固态收缩，同时在铸件最后凝固的区域得不到液态合金的补偿。缩松通常发生于合金的凝固温度范围较宽、合金倾向于糊状凝固时，当枝状晶长到一定程度后，枝晶分叉间的液态金属被分离成彼此孤立的状态，它们继续凝固时也将产生收缩。这时铸件中心虽有液体存在，但由于枝晶的阻碍使之无法进行补缩，在凝固后的枝晶分叉间就形成许多微小孔洞。缩松一般出现在铸件壁的轴线、内浇道附近和缩孔的下方。

缩松在铸件中或多或少都存在着，对于一般铸件来说，往往不把它作为一种缺陷看待，只有当铸件对气密性、力学性能、物理化学性能要求高的铸件，才考虑减少铸件的缩松。

由以上缩孔和缩松形成过程，可以得到如下规律：合金的液态收缩和凝固收缩愈大，铸件愈易形成缩孔；合金的浇注温度愈高，液态收缩愈大，愈易形成缩孔；结晶温度范围宽的合金，倾向于糊状凝固，易形成缩松；纯金属和共晶成分合金，倾向于逐层凝固，易形成集中缩孔。

　　c　缩孔与缩松的防止

　　任何形态的缩孔都会使铸件力学性能显著下降，缩松还能影响铸件的致密性和物理、化学性能。因此，缩孔和缩松是铸件的重大缺陷，必须根据铸件技术要求，采取适当工艺措施予以防止。缩松分布面广，难以发现，难以消除；集中缩孔易于检查与修补，并可采取工艺措施加以防止。因此，生产中应尽量避免产生缩松或尽量使缩松转化为缩孔。防止缩孔与缩松的主要措施如下：

　　（1）合理选择铸造合金。从缩孔和缩松的形成过程可知，结晶温度范围宽的合金易形成缩松，铸件的致密性差。因此，生产中应尽量采用接近共晶成分的或结晶温度范围窄的合金。

　　（2）合理选用凝固方式。铸件的凝固方式分为顺序凝固和同时凝固两种。所谓顺序凝固，就是通过增设冒口或冷铁等一些工艺措施，使铸件的凝固顺序向着冒口的方向进行，即离冒口最远的部位先凝固，冒口本身最后凝固，即使铸件按规定方向从一部分到另一部分逐渐凝固的过程。按顺序凝固的顺序，先凝固部位的收缩，由后凝固部位的液体金属来补充，后凝固部位的收缩，由冒口或浇注系统的金属液来补充，使铸件各部分的收缩都能得到补充，从而将缩孔转移到铸件多余部分的冒口或浇注系统中（见图3-4）。在铸件清理的时候将冒口切除，便可得到完整、无缩孔的致密铸件。图3-5所示为阀体铸件的两种铸造方案。左半图没有设置冒口，热节处可能产生缩孔。右半图增设了冒口和冷铁后，铸件实现了定向凝固，防止了缩孔的产生。冷铁的作用是增大铸件厚大部位的冷却速度，使铸件厚大部位先凝固。冷铁一般用铸铁或钢制成的。

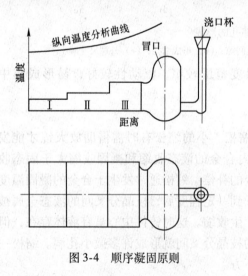

图3-4　顺序凝固原则

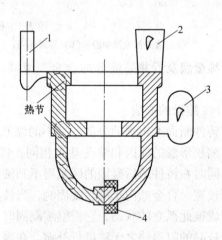

图3-5　阀体铸件的两种铸造方案

1—浇注系统；2—明冒口；

3—暗冒口；4—冷铁

　　顺序凝固的缺点是铸件各部分温差大，内应力大，容易产生变形和裂纹。此处由于设置冒口，增加了金属的消耗，耗费了工时。顺序凝固主要于凝固收缩大、结晶温度范围窄的合金，如不锈钢、高牌号灰铸铁、可锻铸铁和黄铜等。采用顺序凝固是防止铸件产生缩孔的根本措施。同时凝固是指采用工艺措施使铸件各部分之间没有温差或温差很小，同时进行凝固。采用同时凝固，可使铸件内应力较小，不易产生变形和裂纹。但在铸件中心区域往往有缩松，组织不够致密。此方式主要用于凝固收缩小的合金（如灰铸铁和球墨铸铁）、壁厚均匀的铸件以及结晶温度范围宽而对铸件的致密性要求不高的铸件（如锡青铜铸件）等。

3.1.4 砂型铸造

砂型铸造是目前最主要的铸造方法，占铸件总产量的80%以上，在国民经济装备机械制造毛坯生产中占有十分重要的地位。

砂型铸造是使用型砂和芯砂为造型材料制成铸型，液态金属在重力下充填铸型来生产铸件的铸造方法。图3-6是某套筒铸件的砂型铸造过程。芯盒1和模样2一般用木头制造，称做木模。用来做砂芯5的芯砂3及用来做砂型8的型砂由原砂（山砂或河砂）、黏土和水按照一定比例混合而成，其中黏土约为9%，水约为6%，其余为原砂。有时还加入少量如煤粉、植物油及木屑等附加物以提高型砂和芯砂的性能。型芯所处的环境恶劣，所以芯砂性能要求比型砂高，同时，芯砂的黏结剂所占的比例要大一些。砂型铸造工艺流程如图3-7所示。

砂型铸造又可分为手工造型和机器造型。

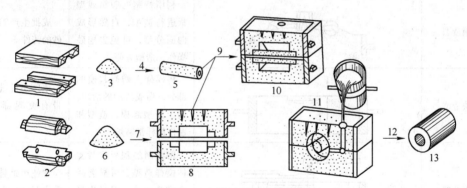

图 3-6 套筒铸件的铸造过程

1—芯盒；2—模样；3—芯砂；4,7—造型；5—砂芯；6—型砂；8—砂型；9—合型；10—铸型；
11—浇注；12—落砂处理；13—铸件

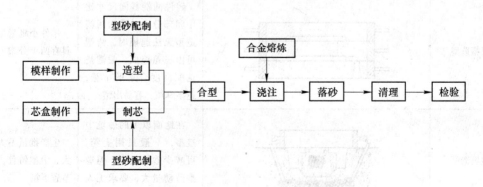

图 3-7 砂型铸造工艺流程

手工造型特点是：工艺装备简单，适应性强，可按铸件尺寸、结构形状、批量和现场生产条件灵活选用造型方法；但生产率低，劳动强度大，尺寸精度和表面粗糙度较差。手工造型适用于单件小批量生产，特别是大型铸件和复杂铸件的生产。手工造型的特点及应用见表3-2。

表3-2   手工造型方法的特点和适用范围

造型方法	简　图	主要特点	适用范围
整模造型		模样是整体的，铸件的型腔在一个砂箱中，分型面是平面，造型简单，不会错箱	最大截面为端部，且为平面的铸件
分模造型		模样沿最大截面分为两半，型腔位于上、下两个砂箱内。造型方便，但制作模样较麻烦	最大截面在中部，一般为对称性铸件
挖砂造型		整体模，造型时需挖去阻碍起模的型砂，故分型面是曲面，造型麻烦，生产率低	单件小批量生产，分模后易损坏或变形的铸件
假箱造型		利用特制的假箱或型板进行造型，自然形成曲面分型，可免去挖砂操作，造型方便	成批生产需要挖砂的铸件
活块造型		将模样上妨碍起模的部分，做成活动的活块，便于造型起模，造型和制作模样都麻烦	单件小批量生产带有突起部分的铸件
刮板造型		用特制的刮板代替实体模样造型，可显著降低模样成本，但操作复杂，要求工人技术水平高	单件小批量生产等截面或回转体大、中型铸件
三箱造型		铸件两端截面尺寸比中间部分大，采用两箱造型无法起模时，铸型可由三箱组成，关键是选配高度合适的中箱，造型麻烦，容易出错	单件小批量生产具有两个分型面的铸件
地坑造型		在地面以下的砂坑中造型，一般只用上箱，可减少砂箱投资。但造型劳动量大，要求工人技术较高	生产批量不大的大、中型铸件，可节省下箱

造型方法	简 图	主要特点	适用范围
组芯造型		用砂芯组成铸型,可提高铸件精度,单生产成本较高	大批量生产,形状复杂的铸件

机器造型特点是:生产效率高,劳动强度低,质量稳定,便于组织自动化生产。机器造型的特点及应用见表3-3。

表3-3 机器造型方法的特点和适用范围

造型方法	主 要 特 点	适用范围
振实造型	利用振击紧实铸型;设备简单,但噪声大,生产率低,铸型出现上松下紧现象,常需人工补充压实上表面,劳动强度大	适用于成批大量生产的中小铸件
压实造型	用较低比压压实铸型;设备简单,噪声小,生产效率高,但铸型紧实度上下部位差别较大,所以铸件不可太高	适用于成批大量生产的矮小铸件
振压造型	在振击后加压紧实铸型;铸型上下部位紧实度较均匀,设备简单,生产率高,但噪声较大	适用于成批大量生产中小铸件,多用于脱箱造型
微振压实造型	在微振的同时加压紧实铸型;铸型紧实度较均匀,生产率较高,但机器结构复杂,仍有噪声	成批大量生产的中小型铸件
高压造型	用较高的比压压实铸型;生产率高,铸件尺寸精度高,易于自动化,但设备和工装投资大	大批量生产的中小型铸件
射压造型	用射砂法填砂和预紧实,再用高比压压实铸型;生产率高,铸件精度高,易于自动化	大批量生产的中小型铸件
挤压造型	垂直分型的射压造型;不用砂箱,生产率高,铸件精度高,占地面积小	适用于大批量生产小型铸件
吸压造型	负压填砂,再用压板压实,使树脂在负压下气体硬化的无箱造型;铸件质量好,设备简单	用于批量生产中型铸件的造型和制芯
喷砂造型	用喷枪将树脂砂喷射到砂箱或芯盒的同时逐层紧实;操作灵活、方便,设备简单	用于冷树脂砂单件或小批量生产中大型铸件的造型和制芯
抛砂造型	用抛砂方法填砂并紧实铸型;操作灵活、方便,设备简单	用于批量生产的大型铸件
真空密封造型	用塑料薄膜将砂箱内无黏结剂的干砂密封,利用负压紧实并形成铸型;生产率高,表面光洁,易于落砂,便于自动化生产	用于成批大量生产大、中、小型铸件,如配重、澡盆等

3.1.5　特种铸造

特种铸造是指与砂型铸造不同的其他铸造方法。常用的特种铸造方法有金属型铸造、压力铸造、低压铸造、离心铸造、熔模铸造、挤压铸造、陶瓷型铸造和实型铸造等。

3.1.5.1　金属型铸造

金属型铸造是指用重力将熔融金属浇注入金属铸型从而获得铸件的方法。金属型是指用金属材料制成的砂型，不能称作金属模。一般金属型用铸铁或耐热钢制造，由于金属型可重复使用多次，故又称为永久型。

按照分型面的位置不同，金属型分为整体式、垂直分型式（见图3-8a）、水平分型式（见图3-8b）和复合分型式。浇注时，先使两个半型合紧，凝固后利用简单的机构使两半型分离，取出铸件。

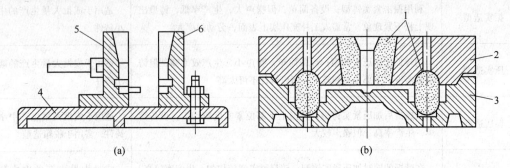

图 3-8　金属型铸造结构

（a）垂直分型式；（b）水平分型式

1—砂芯；2，5—活动半型；3，6—固定半型；4—底座

金属型铸造的特点和应用范围是：

（1）铸件冷却速度快，铸件组织致密，铸件的力学性能比砂型铸件要提高10%~20%。

（2）铸件精度和表面质量较高。例如，金属型铸造的灰铸铁件精度可以达到IT9 ~ IT7，而手工造型砂型铸件只能达到IT13 ~ IT11。

（3）实现了"一型多铸"，工序简单，生产率高，劳动条件好。

（4）金属型成本高，制造周期长，铸造工艺规程要求严格。

金属型铸造主要适用于大批量生产、形状简单的有色金属铸件轴瓦、气缸体和铜合金轴瓦等。

3.1.5.2　压力铸造

压力铸造是指将熔融金属在高压下高速充型，并在压力下凝固的铸造方法。

压力铸造过程包括合型浇注、压射和开型顶件，如图3-9所示。使用的压铸机构如图3-9（a）所示，由定型、动型、压室等组成。合型后把金属液浇入压室（见图3-9a），压射活塞向下推进，将液态金属压入型腔（见图3-9b），保压冷凝后，压射活塞退回，下活塞上移顶出余料，动型移开，利用顶杆顶出铸件（见图3-9c）。

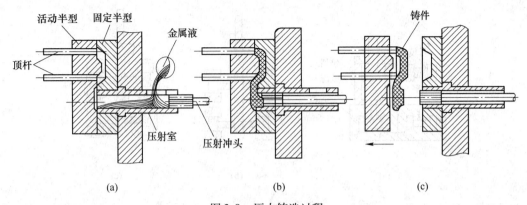

图3-9　压力铸造过程

（a）合型浇注；（b）压射；（c）开型顶件

压力铸造的特点和应用范围是：

（1）压铸件尺寸精度高，表面质量好，一般不需机加工即可直接使用。压铸铜合金铸件的尺寸公差等级可以达到 IT8~IT6。

（2）压力铸造在快速、高压下成型，可压铸出形状复杂、轮廓清晰的薄壁精密铸件。铸件最小壁厚可达 0.5mm，最小孔径 $d = 0.7mm$。

（3）铸件组织致密，力学性能好，其强度比砂型铸件提高 20%~40%。

（4）生产率高，劳动条件好。

（5）设备投资大，铸型制造费用高，周期长。

由于熔融金属的充型速度快，排气困难，常常在铸件的表皮下形成许多小孔。这些皮下小孔充满高压气体。受热时气体膨胀导致铸件表皮产生突起缺陷，甚至使整个铸件变形。因此，压力铸造铸件不能进行热处理。在大批量生产中，常采用压力铸造方法铸造铝、镁、钎、铜等合色金属件。例如，在汽车、拖拉机、航空、电子、仪表等工业部门中使用的均匀薄壁且形状复杂的壳体类零件，常采用压力铸造铸件。

3.1.5.3　熔模铸造

熔模铸造就是先用母模制造压型，然后用易熔材料制成模样，再用造型材料将其表面包覆，经过硬化后将模样熔去，从而制成无分型面的铸型壳，最后经浇注而获得铸件。由于熔模广泛采用蜡质材料来制造，所以熔模铸造又称失蜡铸造。

熔模铸造过程如图3-10 所示。

（1）压制熔模。首先，根据铸件的形状尺寸制成比较精密的母模，然后，根据母模制出比较精密的压型，再用压力铸造的方法，将熔融状态的蜡料压射到压型中，如图 3-10（a）所示。蜡料凝固后从压型中取出蜡模。

（2）组合蜡模。为了提高生产率，通常将许多蜡模粘在一根金属棒上，成为组合蜡模，如图3-10（b）所示。

（3）粘制型壳。在组合蜡模浸挂涂料（多用水玻璃和石英配置）后，放入硬化剂中固化。如此重复涂挂 3~7 次，至结成 5~19mm 的硬壳为止，即成型壳，如图 3-10（c）所示。再将硬壳浸泡入 85~95℃ 热水中，使蜡模熔化后脱出，制成壳型，如图 3-10（d）所示。

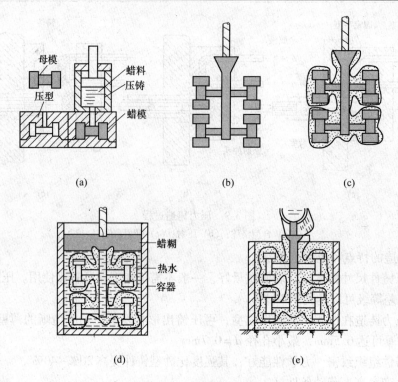

图 3-10　熔模铸造过程

（4）浇注。为提高壳型的强度，防止浇注时变形或破裂，常将壳型放入铁箱中，在其周围用砂填紧。为提高熔融金属的流动性，防止浇不到缺陷，常将铸型在 850～950℃焙烧，趁热进行浇注如图 3-10（e）所示。

熔模铸造的特点和应用范围是：

（1）熔模铸造属于一次成型，又无分型面，所以铸件精度高，表面质量好。熔模铸造铸出的铸钢件的尺寸公差等级可达 IT7～IT5，通常称为精密铸造。

（2）可制造形状复杂的铸件，最小壁厚可达 0.7mm，最小孔径可达 1.5mm。

（3）适应各种铸造合金，尤其适于生产高熔点和难以加工的合金铸件。

（4）铸造工序复杂，生产周期长，铸件成本较高，铸件尺寸和质量受到限制，一般不超过 25kg。

熔模铸造适用于制造形状复杂、难以加工的高熔点合金及有特殊要求的精密铸件，目前主要用于汽轮机、燃汽轮机叶片，切削刀具，仪表元件，汽车、拖拉机及机床等零件的生产。

3.1.5.4　离心铸造

离心铸造是将液体金属浇入高速旋转的铸型中，使其在离心力作用下凝固成型的铸造方法。根据铸型旋转轴空间位置不同，离心铸造机可分为立式和卧式两大类（见图 3-11）。立式离心铸造机的铸型绕垂直轴旋转，由于离心力和液态金属本身重力的共同作用，铸件的内表面为一回转抛物面，造成铸件上薄下厚，而且铸件越高，壁厚差越大。因此，它主要用于生产高度小于直径的环类铸件。卧式离心铸造机的铸型绕水平轴旋转，由于铸件各部分冷却

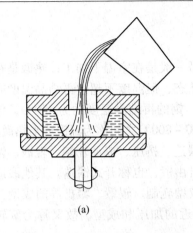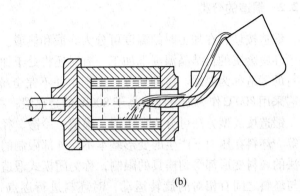

(a)

图 3-11 离心铸造过程
(a) 垂直轴线；(b) 水平轴线

条件相近，故铸件壁厚均匀，适于生产长度较大的管、套类铸件。

离心铸造的特点和应用范围是：

（1）铸件在离心力作用下结晶，组织致密，无缩孔、缩松、气孔、夹渣等缺陷，力学性能好。

（2）铸造圆形中空铸件时，可省去型芯和浇注系统，简化了工艺，节约了金属。

（3）便于制造双金属铸件，如钢套镶铸铜衬。

（4）离心铸造内表面粗糙，尺寸不易控制，需要增加加工余量来保证铸件质量，且不适宜生产易偏析的合金。

离心铸造是生产管、套类铸件的主要方法，如铸铁管、铜套、汽缸套、双金属轧辊、滚筒等。

特种铸造除了上述几种外还有低压铸造、真空铸造、壳型铸造、陶瓷型铸造和磁型铸造等。

3.2 锻造

3.2.1 锻造的实质及特点

锻造是一种利用锻压机械对金属坯料施加压力，使其产生塑性变形以获得具有一定力学性能、一定形状和尺寸锻件的加工方法，是锻压（锻造与冲压）的两大组成部分之一。通过锻造能消除金属在冶炼过程中产生的铸态疏松等缺陷，优化微观组织结构，同时由于保存了完整的金属流线，锻件的力学性能一般优于同样材料的铸件。相关机械中负载高、工作条件严峻的重要零件，除形状较简单的可用轧制的板材、型材或焊接件外，多采用锻件。

与铸件相比，金属经过锻造加工后能改善其组织结构和力学性能。铸造组织经过锻造方法热加工变形后由于金属的变形和再结晶，原来的粗大枝晶和柱状晶粒变为晶粒较细、大小均匀的等轴再结晶组织，使钢锭内原有的偏析、疏松、气孔、夹渣等压实和焊合，其组织变得更加紧密，提高了金属的塑性和力学性能。

3.2.2　锻造的分类

锻造按坯料在加工时的温度可分为冷锻和热锻。冷锻一般是在室温下加工，热锻是在高于坯料金属的再结晶温度下加工。有时还将处于加热状态，但温度不超过再结晶温度时进行的锻造称为温锻。这种划分在生产中并不完全统一。钢的再结晶温度约为 460℃，但普遍采用 800℃作为划分线，高于 800℃的是热锻；在 300～800℃之间称为温锻或半热锻。

锻造按成型方法可分为自由锻、模锻、冷镦、径向锻造、挤压、成型轧制、辊锻、辗扩等。坯料在压力下产生的变形基本不受外部限制的称自由锻，也称开式锻造。其他锻造方法的坯料变形都受到模具的限制，称为闭模式锻造。成型轧制、辊锻、辗扩等的成型工具与坯料之间有相对的旋转运动，对坯料进行逐点、渐近的加压和成型，故又称为旋转锻造。

3.2.3　金属的可锻性

金属在压力加工时获得优质零件的难易程度称为金属的锻造性能。金属良好的锻造性能体现在低的塑性变形抗力和良好的塑性。低的塑性变形抗力使设备耗能少；良好的塑性使产品获得准确的外形而不遭到破坏。

金属的内在因素和外部工艺条件影响其锻造性能。

3.2.3.1　内在因素

内在因素指化学成分和金属组织的影响，不同材料具有不同的塑性和抗力。

一般来说，纯金属比合金的塑性好，变形抗力小，所以纯金属锻造性能好于合金。对钢来讲，含碳量愈低，锻造性能愈好；含合金元素愈多，锻造性能愈差；含硫量和含磷量愈多，锻造性能愈差。

纯金属与固溶体的锻造性能较好，而合金化合物的锻造性能较差；粗晶粒组织的金属比晶粒细小而又均匀组织的金属难以锻造；具有面心立方晶格的奥氏体，其塑性比具有体心立方晶格的铁素体高，比机械混合物的珠光体高。

3.2.3.2　变形条件

变形条件是指变形温度、变形速度和应力状态。

（1）变形温度对塑性及变形抗力影响很大。一般来说，提高合金的变形温度，会使原子的动能增加，从而削弱原子之间的吸引力，减小滑移所需的力，使塑性增大，变形抗力减小，改善合金的锻造性能。因此，适当提高变形温度对改善金属的锻造性能有利。但温度过高会使金属产生氧化、脱碳、过热等缺陷，甚至使锻件产生过热而报废，所以应严格控制锻造温度。

（2）变形速度对锻造性能的影响有两个方面：一方面当变形速度较大时，由于再结晶过程来不及完成，冷变形强化不能及时消除，从而使锻造性能变差，所以，一些塑性较差的合金，如高合金钢或大型锻件，宜采用较小的变形速度，选用设备应选择压力机而不用锻锤；另一方面，当变形速度很高时，变形功转化的热来不及散发，锻件温度升高，又能改善锻造性能，但这一效应除高速锻锤或特殊成型工艺以外难以实现，因而，利用高速锻锤可以锻造在常规设备上难以锻造成型的高强度低塑性合金。

（3）不同的变形方式金属内部所处的应力状态也不同。金属在挤压变形时，呈三向受压状态，金属不容易产生裂纹，表现出良好的锻造性能，但是，挤压变形时的变形抗力也较大。在拉拔时呈二向受压一向受拉的状态，当拉应力大于材料的抗拉强度时，材料就会出现裂纹或断裂，锻造性能下降。所以，拉拔时变形量一定要控制在一定程度之内。

综上所述，金属的可锻性受到许多内因和外因影响。在锻压加工时，要力求创造最有利的变形条件，充分发挥材料的塑性潜力，降低变形抗力，以达到优质高产的目的。

3.2.4 金属加热与锻件冷却

3.2.4.1 金属的加热

加热的目的是提高金属的塑性和降低变形抗力，即提高金属的锻造性能。除少数具有良好塑性的金属可在常温下锻造成型外，大多数金属在常温下的锻造性能较差，造成锻造困难或不能锻造。但将这些金属加热到一定温度后，可以大大提高塑性，并只需要施加较小的锻打力，便可使其发生较大的塑性变形，这就是热锻。

加热是锻造工艺过程中的一个重要环节，它直接影响锻件的质量。加热温度如果过高，会使锻件产生加热缺陷，甚至造成废品。因此，为了保证金属在变形时具有良好的塑性，又不致产生加热缺陷，锻造必须在合理的温度范围内进行。各种金属材料锻造时允许的最高加热温度称为该材料的始锻温度；终止锻造的温度称为该材料的终锻温度。

A 锻造加热设备

锻造加热炉按热源的不同，分为火焰加热炉和电加热炉两大类。

（1）火焰炉。火焰炉采用烟煤、焦炭、重油、煤气等作为燃料，当燃料燃烧时，产生含有大量热能的高温火焰将金属加热。现介绍几种火焰加热炉。

1）明火炉。将金属坯料置于以煤为燃料的火焰中加热的炉子，称为明火炉，又称为手锻炉。其结构如图3-12所示，由炉膛、炉罩、烟筒、风门和风管等组成。其结构简单，操作方便，但生产率低，热效率不高，加热温度不均匀和速度慢，在小件生产和维修工作中应用较多，常用来加热手工自由锻及小型空气锤自由锻的坯料，也可用于杆形坯料的局部加热。锻工实习常使用这种炉子。

2）油炉和煤气炉。这两种炉分别以重油和煤气为燃料，结构基本相同，仅喷嘴结构不同。油炉和煤气炉的结构形式很多，有室式炉、开隙式炉、推杆式连续炉和转底炉等。室式重油加热炉如图3-13所示，由炉膛、喷嘴、炉门和烟道组成。其燃烧室和加热室合为一体，即炉膛。坯料码放在炉底板上。喷嘴布置在炉膛两侧，燃油和压缩空气分别进入喷嘴。压缩空气由喷嘴喷出时，将燃油带出并喷成雾状，与空气均匀混合并燃烧以加热坯料。炉温用调节喷油量及压缩空气的方法来控制。这种加热炉用于自由锻，尤其是大型坯料和钢锭的加热，它的炉体结构比反射炉简单、紧凑，热效率高。

（2）电加热炉。电加热炉按加热方式（见图3-14）有电阻加热炉、接触电加热炉和感应加热炉等。电阻炉是利用电流通过布置在炉膛围壁上的电热元件产生的电阻热为热源，通过辐射和对流将坯料加热的。炉子通常作成箱形，分为中温箱式电阻炉（见图3-15a）和高温箱式电阻炉（见图3-15b）。前者的发热体为电阻丝，最高工作温度950℃，

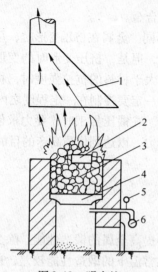

图 3-12　明火炉

1—排烟筒；2—坯料；3—炉膛；
4—炉箅；5—风门；6—风管

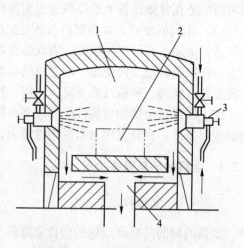

图 3-13　室式重油炉

1—炉膛；2—炉门；3—喷嘴；4—烟道

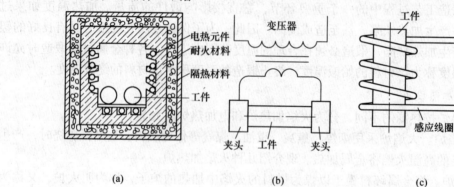

(a)　　　　　　　　　(b)　　　　　　　　(c)

图 3-14　电加热的方式

（a）电阻加热；（b）接触电加热；（c）感应加热

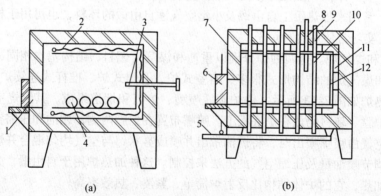

(a)　　　　　　　　　　　　　　(b)

图 3-15　箱式电阻炉

（a）中温箱式电阻炉；（b）高温箱式电阻炉

1，6—炉门；2—电阻体；3—热电偶；4—工件；5—踏杆；7—炉膛；8—温度传感器；
9—硅碳棒冷端；10—硅碳棒热端；11—耐火砖；12—反射层

一般用来加热有色金属及其合金的小型锻件；后者的发热体为硅碳棒，最高工作温度为1350℃，可用来加热高温合金的小型锻件。电阻加热炉操作方便，可精确控制炉温，无污染，但耗电量大，成本较高，在小批量生产或科研实验中广泛采用。

B 锻造温度范围

坯料开始锻造的温度（始锻温度）和终止锻造的温度（终锻温度）之间的温度间隔，称为锻造温度范围。在保证不出现加热缺陷的前提下，始锻温度应取得高一些，以便有较充足的时间锻造成型，减少加热次数。在保证坯料还有足够塑性的前提下，终锻温度应选得低一些，以便获得内部组织细密、力学性能较好的锻件，同时也可延长锻造时间，减少加热次数。但终锻温度过低会使金属难以继续变形，易出现锻裂现象和损伤锻造设备。

控制锻造温度的方法有：

（1）温度计法。通过加热炉上的热电偶温度计显示炉内温度，可知道锻件的温度；也可以使用光学高温计观测锻件温度。

（2）目测法。实习中或单件小批生产的条件下可根据坯料的颜色和明亮度不同来判别温度，即用火色鉴别法，见表3-4。

表3-4 火色鉴别温度

火色	黄白	淡黄	黄	淡红	樱红	暗红	赤褐
温度/℃	1300	1200	1100	900	800	700	600

C 碳钢常见的加热缺陷

由于加热不当，碳钢在加热时可出现多种缺陷，见表3-5。

表3-5 碳钢加热缺陷

缺 陷	实 质	危 害	防止（减少）措施
氧化	坯料表面铁元素氧化	烧损材料；降低锻件精度和表面质量；缩短模具寿命	在高温区缩短加热时间；采用控制炉气成分的少无氧化加热或电加热等；采用少装、勤装的操作方法；在钢材表面涂保护层
脱碳	坯料表层被烧损使含碳量减少	降低锻件表面硬度、变脆，严重时锻件边角处会产生裂纹	
过热	加热温度过高，停留时间长造成晶粒粗大	锻件力学性能降低，须再经过锻造或热处理才能改善	过热的坯料通过多次锻打或锻后正火处理消除
过烧	加热温度接近材料熔化温度，造成晶粒界面杂质氧化	坯料一锻即碎，只得报废	正确地控制加热温度和保温的时间
裂纹	坯料内外温差太大，组织变化不匀造成材料内应力过大	坯料产生内部裂纹，并进一步扩展，导致报废	某些高碳或大型坯料，开始加热时应缓慢升温

3.2.4.2 锻件的冷却

热态锻件的冷却是保证锻件质量的重要环节。通常，锻件中的碳及合金元素含量越多，锻件体积越大，形状越复杂，冷却速度越要缓慢，否则会造成表面过硬不易切削加工、变形甚至开裂等缺陷。常用的冷却方法有三种，见表 3-6。

表 3-6　冷却方法

方　式	特　　点	适　用　场　合
空冷	锻后置空气中散放，冷速快，晶粒细化	低碳、低合金钢小件或锻后不直接切削加工件
坑冷	锻后置于沙坑内或箱内堆在一起，冷速稍慢	一般锻件，锻后可直接进行切削加工
炉冷	锻后置原加热炉中，随炉冷却，冷速极慢	含碳或含合金成分较高的中、大型锻件，锻后可进行切削加工

3.2.4.3　锻件的热处理

在机械加工前，锻件要进行热处理，目的是均匀组织，细化晶粒，减小锻造残余应力，调整硬度，改善机械加工性能，为最终热处理做准备。常用的热处理方法有正火、退火、球化退火等。要根据锻件材料的种类和化学成分来选择。

3.2.5　自由锻

自由锻造是对金属坯料在锤面与砧面之间施加外力而产生塑性变形从而获得所要求的形状和尺寸锻件的加工方法。锻造时，金属能在垂直于压力的方向自由伸展变形，因此锻件的形状和尺寸主要是由工人的操作技能来控制的。

自由锻造所用的设备和工具都是通用的，能生产各种大小的锻件。但是，自由锻造的生产率低，只能锻造形状简单的工件，而且精度差，加工余量大，消耗材料较多。目前自由锻造还是广泛应用于单件、小批生产中，特别适用于生产大型锻件，所以自由锻造在重型机器制造业中占有重要的地位。

自由锻造分手工锻造和机器锻造两种。手工锻造是靠人力举动大锤所产生的冲击力使金属产生塑性变形的加工方法。手工锻造只能生产小型锻件，生产率也较低。机械锻造是利用各种机械设备（锤或压力机等）对金属进行锤击或施加压力，使金属产生塑性变形的加工方法。机器锻造是自由锻的主要生产方式。所用设备根据它对坯料作用力的性质分为锻锤和液压机两大类。锻锤产生冲击力使坯料变形。生产中使用的锻锤是空气锤和蒸汽锤。空气锤的吨位（落下部分的质量）较小，适合锻造小型锻件。蒸汽锤的吨位稍大（最大吨位可达 50kN），可用来生产质量小于 1500kg 的锻件。液压机产生压力使金属坯料变形。生产中使用的液压机主要是水压机，它的吨位（产生的最大压力）较大，可以锻造质量达 300t 的锻件。液压机在使金属变形的过程中无振动，且易达到较大的锻透深度。因此水压机是巨型锻件的唯一成型设备。

自由锻的工序可分为基本工序、辅助工序和精整工序几大类。

（1）基本工序。它是使金属坯料产生一定程度的塑性变形，以达到所需形状和所需尺寸的工艺过程，如镦粗、拔长、冲孔、弯曲等，见表 3-7。

1）镦粗：镦粗是使坯料高度减小、横截面积增大的工序。它是自由锻生产中最常用的工序，适用于块状、盘套类锻件的生产。

2）拔长：拔长是使坯料横截面积减小、长度增大的工序。它适用于轴类、杆类锻件

表 3-7　自由锻造基本工序

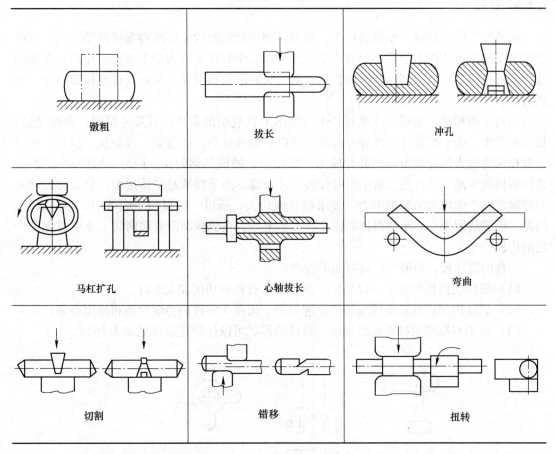

镦粗	拔长	冲孔
马杠扩孔	心轴拔长	弯曲
切割	错移	扭转

的生产。为达到规定的锻造比和改变金属内部组织结构，锻制以钢锭为坯料的锻件时，拔长经常与镦粗交替反复使用。

3）冲孔：冲孔是使坯料具有通孔或盲孔的工序。对环类件，冲孔后还应进行扩孔工作。

4）弯曲：弯曲是使坯料轴线弯曲产生一定曲率的工序。

5）扭转：扭转是使坯料的一部分相对于另一部分绕其轴线旋转一定角度的工序。

6）错移：错移是使坯料的一部分相对于另一部分平移错开的工序。这是生产曲拐或曲轴类锻件所必需的工序。

7）切割：切割是分割坯料或去除锻件余量的工序。

（2）辅助工序。辅助工序是为基本工序操作方便而进行的预先变形工序，如压钳口、压肩、钢锭倒棱等。

（3）修整工序。修整工序是用以减少锻件表面缺陷而进行的工序平整等。

实际生产中最常用的是镦粗、拔长、冲孔 3 个基本工序。

自由锻方法灵活，能够锻出不同形状的锻件。它所需的变形抗力较小，是锻造大型锻件的唯一方法。但是，自由锻方法生产率较低，加工精度也较低，多用于单件、小批生产。

3.2.6　模锻

模腔锻造简称模锻。模锻过程中，使加热到锻造温度的金属坯料在锻模模腔内一次或多次承受冲击力或压力的作用而被迫流动成型以获得锻件的压力加工方法。显然，金属的变形受到模腔形状的限制，金属的流动受到模腔的限制和引导，从而获得与模腔形状一致的锻件。

与自由锻相比，模锻生产率高，可以锻出形状复杂的锻件，其尺寸精确，表面光洁，加工余量少。由于模锻件纤维分布合理，所以它的强度高，耐疲劳，寿命长。但是，模锻时锻模承受很大的冲击力和热疲劳应力，需用昂贵的模具钢制作。同时，锻模加工困难，致使锻模成本高，只有在大量生产时经济上才合算。由于模锻是整体成型，且金属流动时与模腔之间产生很大的摩擦阻力，要求设备吨位大，所以一般仅用于锻造中、小型锻件。因此，模锻适用于中、小型锻件的成批和大量生产，在机械制造业和国防工业中得到了广泛的应用。

与自由锻比较，模锻生产具有如下特点：

（1）锻件表面粗糙度小、尺寸精度高，节约材料和切削加工工时。

（2）锻件内部的锻造流线按锻件轮廓分布，提高了零件的力学性能和使用寿命。

（3）由于有模腔引导金属的流动，锻件的形状可以比较复杂（见图 3-16）。

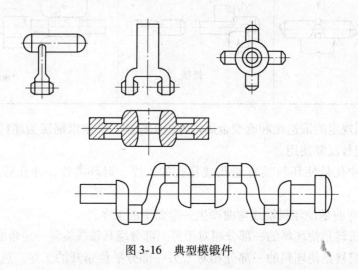

图 3-16　典型模锻件

（4）模锻所用锻模价格较贵，一方面是因为模具钢较贵，另一方面是模腔加工困难，故模锻只适用于大批、大量生产。

（5）生产率较高。

（6）操作简单，易于实现机械化。

由于模锻是整体成型，并且金属流动时与模腔之间产生很大的摩擦阻力，因此所需设备吨位大，设备投入费用高；锻模加工工艺复杂、制造用期长、费用高，所以模锻只适用于中、小型锻件的成批或大量生产。不过随着计算机辅助设计与制造（CAD/CAM）技术的发展，锻模的制造周期将大大缩短。

模锻按使用设备的不同分为胎模锻、锤上模锻、曲柄压力机上模锻、摩擦压力机上模锻、平锻机上模锻等。

模锻锤尽管存在着强烈振动、污染环境等严重缺点，但迄今为止仍然是模锻工艺的主要设备，下面着重介绍在锤上模锻的工艺过程。

3.2.6.1　锻模结构

锤上模锻用的锻模（见图3-17）由带燕尾的上模和下模两部分组成。下模用紧固楔铁固定在模座上；上模用楔铁固定在锤头上，与锤头一起做上下往复运动。上、下模闭合所形成的空腔即为模膛。模膛是进行模锻生产的工作部分。按其作用来分，模膛可分为模锻模膛和制坯模膛两类。

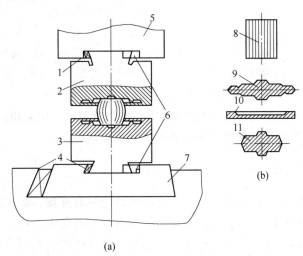

(a)

图 3-17　模锻及单模膛模锻工件

（a）锻模；（b）锻件

1，4—楔铁；2—上模；3—下模；5—锤头；6—键；7—模座；
8—坯料；9—带飞边的锻件；10—飞边；11—锻件

（1）模锻模膛。锻模上进行最终锻造以获得锻件的工作部分称为模锻模膛。模锻模膛有预锻模膛和终锻模膛两种。

1）预锻模膛。预锻模膛的作用是使坯料变形到接近于锻件的形状和尺寸，这样再进行终锻时，金属容易充满终锻模膛；同时减少了终锻模膛的磨损，延长锻模的使用寿命。

预锻模膛比终锻模膛高度略大，宽度略小，容积略大。模锻斜度大，圆角半径大，不带飞边槽。对于形状复杂的锻件（如连杆、拨叉等），大批量生产时常采用预锻模膛预锻。

2）终锻模膛。终锻模膛的作用是使坯料最后变形到锻件所要求的形状和尺寸，因此它的形状应与锻件的形状相同。但因锻件冷却时要收缩，终锻模膛的尺寸应比锻件尺寸放大一个收缩量。钢件的收缩量取1.5%。另外，沿模膛四周有飞边槽，用以增加金属从模膛中流出的阻力，促使金属充满模膛，同时容纳多余的金属。

（2）制坯模膛。对于形状复杂的锻件，为了使坯料形状、尺寸尽量与锻件相符合，金属能合理分布和便于充满模锻模膛，必须让坯料预先在制坯模膛内锻压制坯。制坯模膛主要有如下几种：

1）拔长模膛：用来减小坯料某部分的横截面积以增加该部分的长度（见图 3-18）。

2）液压模膛：用来减小坯料某部分的横截面积以增大另一部分的横截面积（见图 3-19）。

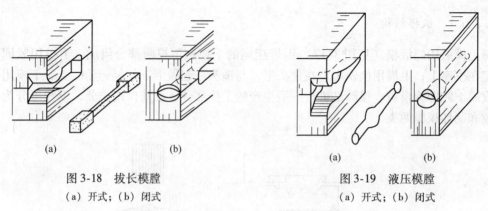

图 3-18   拔长模膛   图 3-19   液压模膛
（a）开式；（b）闭式   （a）开式；（b）闭式

3）弯曲模膛：对于弯曲的杆形锻件，需用弯曲模膛弯曲坯料。

4）切断模膛：它是在上模与下模的角部组成的一对刃口，用来切断金属。

此外还有成型模膛、镦粗台和切断模膛等类型的制坯模膛。

3.2.6.2   切边冲孔模

锤上模锻的模锻件，一般都带有飞边，空心锻件还带有连皮，需在压力机上将飞边和连皮切除。切边和冲孔可在热态或冷态下进行。大锻件和合金钢锻件常利用锻后锻件的余热进行热切边、热冲孔。这时带飞边的锻件可由板式输送机输送到压力机旁，用切边模热切。小锻件可在冷态下切边，冷切边的优点是切口表面光整，锻件变形小，但是所需的切断力大。

3.3   焊接

3.3.1   焊接的概念、分类及特点

材料的连接有多种方法，如机械连接（螺纹连接、铆钉连接）、化学连接（胶接）、冶金连接（焊接）等。机械连接是通过宏观的结构关联性实现材料和构件之间的连接，这种连接是暂时的、可拆卸的，承载能力和刚度一般较低；化学连接主要是通过胶粘剂与被粘物间形成化学键和界面吸附实现连接，这种连接强度低，且服役环境和温度存在局限性；冶金连接是指借助冶金方法，通过材料间的熔合、物质迁移和塑性变形等而形成的材料连接，这种连接强度高、刚度大，且服役环境和温度可以与被连接材料（母材）相当，应用最为广泛。

焊接是现代工业生产中广泛应用的一种金属连接的工艺方法。它是利用加热或加压（或两者并用），并且用或不用填充材料，使工件借助于金属原子的互相扩散和结合，使分离的材料牢固地连接在一起的加工方法。

焊接方法的种类很多，各有其特点及应用范围，按焊接过程本质的不同，可分为熔化焊、压力焊、钎焊三大类。

（1）熔化焊。利用局部加热的方法，把工件的焊接处加热到熔化状态，形成熔池，然后冷却结晶，形成焊缝，将两部分金属连接成为一个整体。这类依据加热工件到熔化状态实现焊接的工艺方法称为熔化焊，简称熔焊。

（2）压力焊。将两构件的连接部分加热到塑性状态或表面局部熔化状态，同时施加压力使焊件连接起来的焊接方法称为压力焊，简称压焊。

（3）钎焊。利用熔点比母材低的填充金属熔化之后，填充接头间隙并与固态的母材相互扩散实现连接的一类焊接方法。

焊接与其他加工方法相比，具有以下特点。

（1）适应面广。不但可以焊接型材，还可以将型材、铸件、锻件拼焊成复合结构件；不但可以焊接同种金属，还可焊接异种金属；不但可以焊接简单构件，还可以拼焊大型、复杂结构件。这样可充分发挥不同工艺的优势，而且可以获得最佳技术经济效果。

（2）密封性好。焊接接头不但有良好的力学性能，而且有良好的密封性。对某些密封性要求比较高的容器和装置，焊接是最理想的加工方法，如可焊接锅炉、高压容器、储油罐、船体等重量轻、密封性好、工作时不渗漏的空心构件。

（3）可节约金属。焊接与铆接相比，焊接件不需垫板、角铁等辅助件，可节省金属材料10%～20%；与铸造相比，可节省金属材料30%～50%。由于焊接可大大提高金属材料利用率，目前金属构件生产中，铆接已基本上被焊接代替。

（4）可制造特殊的金属结构。用焊接方法可制造复合层容器，以满足容器的特殊要求；可以在某种金属的表面堆焊特殊合金层，以制造刃具、模具或零件。

与铆接相比，焊接结构省工省时，接头致密性好，焊接过程易于实现机械化和自动化。焊接广泛用于船舶、锅炉、车辆、建筑、飞机和其他金属结构或金属零件的制造中。

3.3.2　焊条电弧焊

3.3.2.1　焊接电弧

焊接电弧是由焊接电源供给的，具有一定电压的两电极间或电极与焊件间，在气体介质中产生的强烈而持久的放电现象。

当使用直流电焊接时，焊接电弧由阳极区、弧柱和阴极区三部分组成，如图3-20所示。电弧中各部分产生的热量和温度的分布是不相同的。热量主要集中在阳极区，它放出

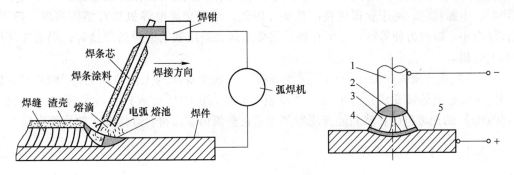

图 3-20　焊条电弧焊

1—焊条；2—阴极区；3—弧柱；4—阳极区；5—焊件

的热量占电弧总热量的43%，阴极区占36%，其余21%是由电弧中带电微粒相互摩擦而产生的。

电弧中阳极区和阴极区的温度因电极材料（主要是电极熔点）不同而有所不同。用钢焊条焊接钢材时，阳极区温度约3600K，阴极区温度约2400K，电弧中心区温度最高，可达6000～8000K，具体因气体种类和电流大小而异。使用直流弧焊电源时，当焊件厚度较大、要求较大热量、迅速熔化时，宜将焊件接电源正极，将焊条接负极，这种接法称为正接法；当要求熔深较小、焊接薄钢板及非铁金属时，宜采用反接法，即将焊条接正极，将焊件接负极。当使用交流弧焊电源焊接时，由于极性是交替变化的，因此，两个极区的温度和热量分布基本相等，则不需要考虑正接和反接的区别。

电弧除了产生大量的热能和放出强烈的弧光外，还放出大量的紫外线，易灼伤眼睛与皮肤，因此焊接时必须使用面罩、手套等保护用品。

3.3.2.2　手工电弧焊设备

电焊机是手工电弧焊的主要设备，它为焊接电弧提供电源。常用的电焊机分为交流电焊机和直流电焊机两大类。

（1）交流电焊机。交流电焊机使用一种特殊的变压器。普通变压器的输出电压是恒定的，而焊接变压器的输出电压随输出电流（负载）的变化而变化。空载（不焊接）时，电焊机的电压（空载电压）为60～80V。它能满足顺利引弧的要求，对人身也比较安全。起弧以后，电压能自动降到电弧正常工作所需要的电压（20～30V）。当开始引弧焊条与工件接触短路时，电焊机的输出电压会自动降到趋于零，这样可使短路电流不致过大而损坏变压器。这种性能称为陡降特性。电焊机还能提供焊接所需要的电流（几十安培到几百安培），并可根据工件厚薄和所用焊条直径的大小进行调节。

（2）直流电焊机。直流电焊机可分为发电机式、整流式和逆变式三种。

1）发电机式直流电焊机。它由一台特殊的能满足电弧特性要求的发电机式交流电动机带动而发电。在野外工作或缺乏电源的地方由发动机带动。这种电焊机工作稳定，但结构较复杂，噪声大，目前已很少使用。

2）整流式直流电焊机。它是用大功率硅整流元件组成的整流器，将经变压器降压并符合电弧特性要求的交流电整流成直流电以供电弧焊接使用。这种直流电焊机的特点是没有旋转部分，结构简单，维修容易，噪声小，也是目前常用的直流焊接电源。以直流电源工作时，电弧稳定，易于获得优良的接头。因此，尽管交流电焊机具有结构简单、价廉、工作噪声小、维修方便等特点，但在焊接重要结构及采用低氢型焊条焊接时，仍需要使用直流电焊机。

3）逆变式直流弧焊机（简称"逆变焊机"）。逆变焊机的工作原理是将380V的交流工频电压经整流器转变成直流电压，再经逆变器将直流电压变成具有较高频率（一般为2～50kHz）的交流电压，然后经变压器降压后再整流而输出符合焊接要求的直流电压。

3.3.2.3　手工电弧焊焊条

手工电弧焊时，焊条既作为电极起导电作用，又作为填充材料（在焊接过程中，焊条被熔化）填充到焊缝中而将焊件连接起来。因此，根据所焊金属材料、焊接结构的要求以及焊接工艺特点等，正确选用相应牌号的焊条，是保证焊接工艺过程顺利进行，获得优良焊接质量的重要环节。

手工电弧焊时所用的焊条由焊芯（焊丝）和药皮组成。我国手工电弧焊焊条按用途分为结构钢焊条、不锈钢焊条等十大类。通常焊条直径是指焊丝直径，并不包括药皮厚度在内。

A 焊条的组成及作用

焊条由焊条芯和药皮组成。

（1）焊条芯。焊条芯即焊条中药皮包覆的金属芯。焊条芯的作用一是作电弧的电极，二是作焊接的填充金属。为了保证焊缝的质量，焊芯必须是专门生产的制成一定直径和长度的金属丝，这种金属丝称为焊丝，其化学成分直接影响焊缝的质量必须严格控制。表3-8列出了几种常用焊丝的牌号和成分。焊丝的牌号由"焊"字汉语拼音字首"H"与一组数字及化学元素符号组成。数字与符号的意义与合金结构钢牌号中数字、符号的意义相同。

由表3-8可知，焊丝的成分特点为低碳、低硫磷，以保证焊缝金属具有良好的塑性、韧性，减小产生焊接裂纹的倾向；具有一定量合金元素，以改善焊缝金属的力学性能，并且弥补焊接过程中合金元素的烧损。

表3-8 几种常用焊丝的牌号和成分（摘自 GB/T 14957—1994）

牌 号	$w(Me)/\%$							用 途
	C	Mn	Si	Cr	Ni	S	P	
H08A	≤0.10	0.30 ~ 0.55	≤0.30	≤0.20	≤0.30	≤0.030	≤0.030	一般焊接结构
H08E	≤0.10	0.30 ~ 0.55	≤0.30	≤0.20	≤0.30	≤0.020	≤0.020	重要焊接结构
H08MnA	≤0.10	0.80 ~ 1.10	≤0.07	≤0.20	≤0.30	≤0.030	≤0.030	埋弧焊焊丝
H10Mn2	≤0.12	1.50 ~ 1.90	≤0.07	≤0.20	≤0.30	≤0.035	≤0.035	
H08Mn2SiA	≤0.11	1.80 ~ 2.10	0.30 ~ 0.55	≤0.20	≤0.30	≤0.030	≤0.030	CO_2焊焊丝

（2）药皮。药皮即在焊丝表面涂上的一层涂药。药皮由矿石、有机物和铁合金、化工原料等细粉末组成，用水玻璃作黏结剂，按一定比例配制，经混合搅匀后涂于焊丝表面。药皮的厚度一般为 0.5 ~ 1.5mm。药皮的主要作用是：使电弧易于引燃和燃烧稳定；药皮熔化产生的气体和所形成的熔渣对熔滴和熔池起保护作用；进行脱氧、精炼和渗合金等冶金反应，具有改善焊缝金属化学成分的作用；熔渣使焊缝冷却缓慢，改善焊缝的结合条件和热过程，使焊缝成形美观和适于全位置焊接等。

B 焊条的分类和牌号

焊条种类繁多，常用碳钢焊条的型号是根据熔敷金属的力学性能、化学成分、焊接位置和焊接电流种类划分的。碳钢焊条型号的编写规划为：用字母"E"表示焊条；用前两位数字表示熔敷金属抗拉强度的最小值，第三位数字表示焊条的焊接位置（焊接位置是指熔焊时焊件接缝所处的空间位置）。"0"及"1"表示焊条适用于全位置焊接（平、立、仰、横），"2"表示焊条适用于平焊及平角焊，"4"表示焊条适用于向下立焊；第三和第四位数字组合表示焊接电流种类及药皮类型。这里说的熔敷金属是指完全由填充金属熔化后所形成的焊缝金属。例如 E4303、E5015、E5016 中，"43"和"50"分别表示熔敷金属抗拉强度的最小值为 420MPa、490MPa，"03" 为钛钙型药皮，交流或直流正、反接；"15" 为低氢钠型药皮，直流反接；"16" 为低氢钾型药皮，交流或直流反接。

　　焊条牌号是焊条行业统一的焊条代号。焊条牌号一般用一个大写拼音字母和三个数字表示，如 J422、J507 等。拼音字母表示焊条的大类，如 "J" 表示结构钢焊条（碳钢焊条和普通低合金钢焊条），"A" 表示奥氏体不锈钢焊条，"Z" 表示铸铁焊条等；前两位数字表示各大类中若干小类，如结构钢焊条前两位数字表示焊缝金属抗拉强度等级，单位为 kgf/mm^2（$1kgf/mm^2 \approx 9.81\ MPa$），抗拉强度等级有 42、50、55、60、70、75、85 等；最后一个数字表示药皮类型和电源种类，其中 1～5 为酸性焊条，6 和 7 为碱性焊条。其他焊条牌号表示方法参见原国家机械工业委员会编的《焊接材料产品样本》（1997 年）。N22（结 422）符合国标 E4203，J507（结 507）符合国标 E5015，J506（结 506）符合国标 E5016。

　　焊条根据其药皮中所含氧化物的性质可分为酸性焊条与碱性焊条。

　　酸性焊条是指药皮中含有多量酸性氧化物（SiO_2、TiO_2、MnO 等）的焊条。E4303 焊条为典型的酸性焊条，焊接时有碳－氧反应，生成大量的一氧化碳气体，使熔池沸腾，有利于气体逸出，焊缝中不易形成气孔。另外，酸性焊条药皮中的稳弧剂多，电弧燃烧稳定，交、直流电源均可使用，工艺性能好。但酸性药皮中含氢物质多，使焊缝金属的含量提高，焊接接头开裂倾向性较大。

　　碱性焊条是指药皮中含有多量碱性氧化物的焊条。E5015 是典型的碱性焊条。碱性焊条药皮中含有较多的 $CaCO_3$，焊接时分解为 CaO 和 CO_2，可形成良好的气体保护和渣保护条件；药皮中含有氟石（CaF_2）等去氢物质，使焊缝中氢含量低，产生裂纹的倾向小。但是，碱性焊条药皮中的稳弧剂少，氟石有阻碍气体被电离的作用，故焊条的工艺性能差。碱性焊条氧化性小，焊接时无明显碳－氧反应，对水、油、铁锈的敏感性大，焊缝中容易产生气孔。因此，使用碱性焊条焊接时，一般要求采用直流反接，并且要严格地清理焊件表面。另外，焊接时产生的有害烟尘较多，使用时应注意通风。

3.3.3　气焊与气割

3.3.3.1　气焊

　　A　气焊概念及特点

　　气焊是利用气体火焰作热源的一种熔焊方法。它借助可燃气体与助燃气体混合燃烧产生的气体火焰，将接头部位的母材和焊丝熔化，使被熔化的金属形成熔池，冷却凝固后形成牢固接头，从而使两焊件连接成一个整体。常用氧气和乙炔混合燃烧的火焰进行焊接，故又称为氧乙炔焊。

　　气焊的优点是：

　　(1) 设备简单，操作方便，成本低，适应性强，在无电力供应的地方可方便焊接。

　　(2) 可以焊接薄板、小直径薄壁管。

　　(3) 焊接铸铁、有色金属、低熔点金属及硬质合金时质量较好。

　　气焊的缺点是：

　　(1) 火焰温度低，加热分散，热影响区宽，焊件变形大和过热严重，接头质量不如焊条电弧焊容易保证。

（2）生产率低，不易焊较厚的金属。

（3）难以实现自动化。

B 气焊焊接材料

（1）焊丝。气焊用的焊丝在气焊中起填充金属作用，与熔化的母材一起形成焊缝。因此焊缝金属的质量在很大程度上取决于焊丝的化学成分和质量。对气焊丝的一般要求是：

1）焊丝的熔点等于或略低于被焊金属的熔点。

2）焊丝所焊焊缝应具有良好的力学性能，焊缝内部质量好，无裂纹、气孔、夹渣等缺陷。

3）焊丝的化学成分应基本上与焊件相符，无有害杂质，以保证焊缝有足够的力学性能。

4）焊丝熔化时应平稳，不应有强烈的飞溅或蒸发。

5）焊丝表面应洁净、无油脂、油漆和锈蚀等污物。

常用的气焊丝有碳素结构钢焊丝、合金结构钢焊丝、不锈钢焊丝、铜及铜合金焊丝、铝及铝合金焊丝和铸铁气焊丝等。

（2）气焊熔剂。气焊熔剂是气焊时的助熔剂。气焊熔剂熔化反应后，能与熔池内的金属氧化物或非金属夹杂物相互作用生成熔渣，覆盖在熔池表面，使熔池与空气隔离，因而能有效防止熔池金属的继续氧化，改善焊缝的质量。对气焊熔剂的要求是：

1）气焊熔剂应具有很强的反应能力，能迅速溶解某些氧化物或与某些高熔点化合物作用后生成新的低熔点和易挥发的化合物。

2）气焊熔剂熔化后黏度要小，流动性要好，产生的熔渣熔点要低，密度要小，熔化后容易浮于熔池表面。

3）气焊熔剂能减小熔化金属的表面张力，使熔化的填充金属与焊件更容易熔合。

4）气焊熔剂不应对焊件有腐蚀等副作用，生成的熔渣要容易清除。

气焊熔剂可以在焊前直接撒在焊件坡口上或者蘸在气焊丝上加入熔池。焊接有色金属（如铜及铜合金、铝及铝合金）、铸铁、耐热钢及不锈钢等材料时，通常必须采用气焊熔剂。

C 气焊设备及工具

气焊设备及工具主要有氧气瓶、乙炔瓶、液化石油气瓶、减压器、焊炬及输气胶管等。

（1）氧气瓶、乙炔瓶、液化石油气瓶。氧气瓶、乙炔瓶、液化石油气瓶是分别储存和运输氧气、乙炔、液化石油气的压力容器。氧气瓶外表涂天蓝色，瓶体上用黑漆标注"氧气"字样；乙炔瓶外表涂白色，并用红漆标注"乙炔"字样；液化石油气瓶外表面涂银灰色漆，并用红漆标注"液化石油气"字样。

（2）减压器。由于氧气瓶内的氧气压力最高达 15MPa，乙炔瓶内的乙炔压力最高达 1.5MPa，而气焊工作时氧气的压力一般为 0.1 ~ 0.4MPa。乙炔的压力最高不超过 0.15MPa。所以必须要有一种调节装置将气瓶内的高压气体降为工作时的低压气体，并保持工作时压力稳定，这种调节装置称为减压器，又称压力调节器。

减压器按用途不同可分为氧气减压器、乙炔减压器、液化石油气减压器等；按构造不同可分为单级式和双级式两类；按工作原理不同可分为正作用式和反作用式两类。目前常用的是单级反作用式减压器。

（3）焊炬。焊炬是气焊时用于控制气体混合比、流量及火焰并进行焊接的工具。焊炬按可燃气体与氧气混合的方式不同，可分为射吸式焊炬（也称低压焊炬）和等压式焊炬两类，现在常用的是射吸式焊炬。等压式焊炬可燃气体的压力和氧气的压力相等，不能用于低压乙炔，所以目前尚未广泛使用。

（4）输气胶管。氧气瓶和乙炔瓶中的气体，需用橡皮管输送到焊炬或割炬中。GB 9448—1999 规定，氧气管为黑色，乙炔管为红色。通常氧气管内径为 8mm，乙炔管内径为 10mm，氧气管与乙炔管强度不同，氧气管允许工作压力为 1.5MPa，乙炔管为 0.3MPa。连接焊炬胶管长度不能短于 5m，但太长了会增加气体流动的阻力，一般在 10 ~ 15m 为宜。焊炬用橡皮管禁止油污及漏气，并严禁互换使用。

（5）其他辅助工具。

3.3.3.2　气割

气割是利用气体火焰的能量将金属分离的一种加工方法，是生产中钢材分离的重要手段。气割技术和焊接技术几乎是同时诞生的一对相互促进、相互发展的"孪生兄弟"，构成了钢铁一裁一缝。

A　气割原理

气割是利用气体火焰的热能，将工件切割处预热到燃烧温度后，喷出高速切割氧流，使其燃烧并放出热量实现切割的方法。氧气切割过程是预热—燃烧—吹渣过程，其实质是铁在纯氧中的燃烧过程，而不是金属熔化过程。

B　气割的条件

金属气割的主要条件是：

（1）金属在氧气中的燃烧点应低于熔点，这是氧气切割过程能正常进行的最基本条件。

（2）金属气割时形成的氧化物的熔点应低于金属本身的熔点，同时流动性要好，这样氧化物能以液体状态从割缝处被吹除。

（3）金属在切割氧射流中燃烧应该是放热反应，并且所放出的热量足以维持切割过程继续进行而不中断。

（4）金属的导热性不应太高，否则预热火焰及气割过程中氧化所析出的热量会被传导散失，使气割不能开始或中途停止。

C　常用金属的气割性

纯铁和低碳钢能满足上述要求，所以能很顺利地进行气割。

铸铁不能用氧气气割，原因是它在氧气中的燃点比熔点高很多，同时产生高熔点的二氧化硅（SiO_2），而且氧化物的黏度也很大，流动性又差，切割氧流不能把它吹除。此外由于铸铁中含碳量高，碳燃烧后产生一氧化碳和二氧化碳冲淡了切割氧射流，降低了氧化效果，使气割发生困难。

高铬钢和铬镍钢会产生高熔点的氧化铬和氧化镍（约1990℃），遮盖了金属的割缝表面，阻碍下一层金属燃烧，也使气割发生困难。

铜、铝及其合金燃点比熔点高，导热性好，加之铝在切割过程中产生高熔点二氧化铝（约2050℃），而铜产生的氧化物放出的热量较低，都使气割发生困难。

目前，铸铁、高铬钢、铬镍钢、铜、铝及其合金均采用等离子弧切割。

D 气割设备与工具

气割设备及工具主要有氧气瓶、乙炔瓶、液化石油气瓶、减压器、割炬（或气割机）等。氧气瓶、乙炔瓶、液化石油气瓶、减压器与气焊用的相同。手工气割时使用的是手工割炬，机械化设备使用的是气割机。

（1）割炬。割炬是进行火焰气割的主要工具。同焊炬一样，割炬按可燃气体与氧气混合的方式不同也可分为射吸式割炬和等压式割炬两种，射吸式割炬应用最为普遍。射吸式割炬是在射吸式焊炬的基础上，增加了由切割氧调节阀、切割氧气管以及割嘴等组成的切割部分。

（2）气割机。气割机是代替手工割炬进行气割的机械化设备。它比手工气割的生产率高，割口质量好，劳动强度和成本都较低。近年来，由于计算机技术发展，数控气割机也得到广泛应用。常用的气割机有半自动气割机、仿形气割机、光电跟踪气割机和数控气割机等。

3.3.4 其他焊接方法

（1）埋弧自动焊。埋弧自动焊又称焊剂层下电弧焊，焊接时以连续送进的焊丝代替手工电弧焊时所用的焊条，以颗粒状的焊剂代替焊条的药皮。焊接过程中电弧引燃、焊丝送进的动作是通过埋弧焊机焊接小车上的一些机构自动进行的。焊接小车则在专门的导轨上沿所焊焊缝移动，从而完成焊接所需的各种动作。

（2）气体保护电弧焊。用外加气体作为电弧介质并保护电弧和焊接区的电弧焊，称为气体保护电弧焊（简称气体保护焊）。保护气体通常有惰性气体（氩气、氦气）和二氧化碳。

（3）电渣焊。电渣焊是利用电流通过熔融的熔渣时所产生的电阻热来熔化焊丝和焊件的焊接方法。

（4）电阻焊。电阻焊是工件组合后通过电极施加压力，利用电流通过接头的接触面及其临近产生的电阻热把工件加热到塑性或局部熔化状态进行焊接的一种方法。

（5）缝焊。缝焊又称滚焊，其焊接过程与点焊相似，但所用电极是两只旋转的导电滚轮。工件在滚轮带动下前进。通常是滚轮连续地旋转，电流间歇地接通，因此在两工件间形成一个个彼此重叠（约50%以上重叠）的焊核，从而形成连续的焊缝。缝焊时由于很大的分流通过已焊合部位，故缝焊电流一般比点焊高15%~40%。

缝焊主要用于焊接要求密封的薄壁容器，如汽车油箱、水箱、消声器等，焊件的厚度一般不超过3mm。

（6）钎焊。钎焊是将熔点比被焊金属熔点低的焊料（钎料）与工件一起加热，当加热到高于钎料熔点、低于母材熔点的温度时，利用液态钎料润湿母材并填充被焊处的间隙，依靠液态钎料和固态被焊金属的相互扩散而实现金属连接的焊接方法。

与一般焊接方法相比，钎焊的加热温度较低，焊接时工件不熔化，一般说来焊后接头附近母材的组织和性能变化不大，应力和变形较小，接头平整光滑，对材料的组织和性能影响很小，易于保证焊件尺寸。钎焊还能实现异种金属甚至金属与非金属的连接。由于这些特点，钎焊可焊钢铁、非铁金属，也适用于性能相差较远的异种金属的焊接。因此钎焊在电工、仪表、航空等机械制造业中得到广泛应用。

钎焊过程中用使用熔剂，其作用是清除液态钎料和焊件表面的氧化膜，改善钎料的湿润性，使钎料易于在焊接接头处铺平，并保护焊接过程免于氧化。

3.4 冲压

3.4.1 冲压的实质及特点

冲压是靠压力机和模具对板材、带材、管材和型材等施加外力，使之产生塑性变形或分离，从而获得所需形状和尺寸的工件（冲压件）的成型加工方法。冲压和锻造同属塑性加工（或称压力加工），合称锻压。冲压的坯料主要是热轧和冷轧的钢板和钢带。全世界的钢材中，有60%~70%是板材，其中大部分经过冲压制成成品。汽车的车身、底盘、油箱、散热器片，锅炉的汽包，容器的壳体，电动机、电器的铁芯硅钢片等都是冲压加工的。仪器仪表、家用电器、自行车、办公机械、生活器皿等产品中，也有大量冲压件。

冲压加工是借助于常规或专用冲压设备的动力，使板料在模具里直接受到变形力并进行变形，从而获得一定形状、尺寸和性能的产品零件的生产技术。板料、模具和设备是冲压加工的三要素。冲压按加工温度分为热冲压和冷冲压。前者适合变形抗力高、塑性较差的板料加工；后者则在室温下进行，是薄板常用的冲压方法。它是金属塑性加工（或压力加工）的主要方法之一，也隶属于材料成型工程技术。

冲压件与铸件、锻件相比，具有薄、匀、轻、强的特点。冲压可制出其他方法难以制造的带有加强筋、肋、起伏或翻边的工件，以提高其刚性。由于采用精密模具，工件精度可达微米级，且重复精度高、规格一致，可以冲压出孔窝、凸台等。冷冲压件一般不再经切削加工，或仅需要少量的切削加工。热冲压件精度和表面状态低于冷冲压件，但仍优于铸件、锻件，切削加工量少。

冲压是高效的生产方法，采用复合模，尤其是多工位级进模，可在一台压力机（单工位或多工位的）上完成多道冲压工序，实现由带料开卷、矫平、冲裁到成型、精整的全自动生产。与机械加工及塑性加工的其他方法相比，冲压加工无论在技术方面还是经济方面都具有许多独特的优点，主要表现如下：

（1）冲压加工的生产效率高，且操作方便，易于实现机械化与自动化。这是因为冲压是依靠冲模和冲压设备来完成加工，普通压力机的行程次数为每分钟可达几十次，高速压力机每分钟可达数百次甚至千次以上，而且每次冲压行程就可能得到一个冲件。

（2）冲压时由于模具保证了冲压件的尺寸与形状精度，且一般不破坏冲压件的表面质量，而模具的寿命一般较长，所以冲压的质量稳定，互换性好，具有"一模一样"的特征。

（3）冲压可加工出尺寸范围较大、形状较复杂的零件，如小到钟表的秒针，大到汽车纵梁、覆盖件等，加上冲压时材料的冷变形硬化效应，冲压的强度和刚度均较高。

（4）冲压一般没有切屑碎料生成，材料的消耗较少，且不需其他加热设备，因而是一种省料，节能的加工方法，冲压件的成本较低。

由于冲压具有如此优越性，冲压加工在国民经济各个领域应用范围相当广泛。例如，在宇航、航空、军工、机械、农机、电子、信息、铁道、邮电、交通、化工、医疗器具、日用电器及轻工等部门里都有冲压加工。不但整个产业界都用到它，而且每个人都直接与冲压产品发生联系。像飞机、火车、汽车、拖拉机上就有许多大、中、小型冲压件。小轿车的车身、车架及车圈等零部件都是冲压加工出来的。据有关调查统计，自行车、缝纫机、手表里有80%是冲压件；电视机、收录机、摄像机里有90%是冲压件；还有食品金属罐壳、钢精锅炉、搪瓷盆碗及不锈钢餐具，全都是使用模具的冲压加工产品；就连电脑的硬件中也缺少不了冲压件。

3.4.2 冲压的基本工序

冲压主要是按工艺分类，可分为分离工序和成型工序两大类。分离工序也称冲裁，其目的是使冲压件沿一定轮廓线从板料上分离，同时保证分离断面的质量要求。成型工序的目的是使板料在不破坏的条件下发生塑性变形，制成所需形状和尺寸的工件。在实际生产中，常常是多种工序综合应用于一个工件。冲裁、弯曲、剪切、拉深、胀形、旋压、矫正是几种主要的冲压工艺。

3.4.2.1 分离工序（冲裁）

冲裁是使用模具分离材料的一种基本冲压工序，它可以直接制成平板零件或为其他冲压工序如弯曲、拉深、成形等准备毛坯，也可以在已成型的冲压件上进行切口、修边等。冲裁广泛用于汽车、家用电器、电子、仪器仪表、机械、铁道、通信、化工、轻工、纺织以及航空航天等工业部门。冲裁加工占整个冲压加工工序的50%~60%。

3.4.2.2 成型工序

（1）弯曲。弯曲是将金属板材、管件和型材弯成一定角度、曲率和形状的塑性成型方法。弯曲是冲压件生产中广泛采用的主要工序之一。金属材料的弯曲实质上是一个弹塑性变形过程，在卸载后，工件会产生反方向的弹性恢复变形，称回弹。回弹影响工件的精度，是弯曲工艺必须考虑的技术关键。

（2）拉深。拉深也称拉延或压延，是利用模具使冲裁后得到的平板坯料变成开口的、空心零件的冲压加工方法。用拉深工艺可以制成筒形、阶梯形、锥形、球形、盒形和其他不规则形状的薄壁零件。如果与其他冲压成型工艺配合，还可制造形状极为复杂的零件。在冲压生产中，拉深件的种类很多。由于其几何形状特点不同，变形区的位置、变形的性质、变形的分布以及坯料各部位的应力状态和分布规律有着相当大的、甚至是本质的差别。所以工艺参数、工序数目与顺序的确定方法及模具设计原则与方法都不一样。各种拉深件按变形力学的特点可分为直壁回转体（圆筒形件）、直壁非回转体（盒形体）、曲面回转体（曲面形状零件）和曲面非回转体四种类型。

（3）拉形。拉形是通过拉形模对板料施加拉力，使板料产生不均匀拉应力和拉伸应变，随之板料与拉形模贴合面逐渐扩展，直至与拉形模型面完全贴合。拉形的适用对象主要是制造材料具有一定塑性、表面积大、曲度变化缓和且光滑、质量要求高（外形准确、光滑流线、质量稳定）的双曲度蒙皮。拉形由于所用工艺装备和设备比较简单，故成本较低，灵活性大，但材料利用率和生产率较低。

（4）旋压。旋压是一种金属回转加工工艺。在加工过程中，坯料随旋压模主动旋转或旋压头绕坯料与旋压模主动旋转，旋压头相对芯模和坯料做进给运动，使坯料产生连续局部变形而获得所需空心回转体零件。

（5）整形。整形是利用既定的磨具形状对产品的外形进行二次修整，主要体现在压平面、弹脚等，是针对部分材料存在弹性，无法保证一次成型品质时，采用的再次加工。

（6）胀形。胀形是利用模具使板料拉伸变薄、局部表面积增大以获得零件的加工方法。常用的有起伏成型、圆柱形（或管形）毛坯的胀形及平板毛坯的拉张成型等。胀形可采用不同的方法来实现，如钢模胀形、橡皮胀形和液压胀形等。

（7）翻边。翻边是沿曲线或直线将薄板坯料边部或坯料上预制孔边部窄带区域的材料弯折成竖边的塑性加工方法。翻边主要用于零件的边部强化、去除切边以及在零件上制成与其他零件装配、连接的部位或具有复杂特异形状、合理空间的立体零件，同时提高零件的刚度。在大型钣金成型时，翻边也可作为控制破裂或折皱的手段，所以在汽车、航空、航天、电子及家用电器等工业部门中得到十分广泛的应用。

（8）缩口。缩口是一种将已经拉伸好的无凸缘空心件或管坯开口端直径缩小的冲压方法。缩口前、后工件端部直径变化不宜过大，否则端部材料会因受压缩变形剧烈而起皱。因此，由较大直径缩成很小直径的颈口，往往需要多次缩口。

3.5　塑料成型方法

塑料成型的选择主要决定于塑料的类型（热塑性还是热固性）、起始形态以及制品的外形和尺寸。加工热塑性塑料常用的方法有挤出、注射成型、压延、吹塑和热成型等，加工热固性塑料一般采用模压、传递模塑，也用注射成型。塑料成型是将各种形态（粉料、粒料、溶液和分散体）的塑料制成所需形状的制品或坯件的过程，成型的方法多达三十几种。层压、模压和热成型是使塑料在平面上成型。上述塑料加工的方法，均可用于橡胶加工。此外，还有以液态单体或聚合物为原料的浇铸等。在这些方法中，以挤出和注射成型用得最多，这两种方法也是最基本的成型方法。

塑料制品是以合成树脂和各种添加剂的混合料为原料，采用注射、挤压、压制、浇注等方法制成的。塑料产品在成型的同时，还获得了最终性能，所以塑料的成型是生产的关键工艺。

（1）注射成型。注射成型也称注塑成型，是利用注射机将熔化的塑料快速注入模具中，并固化得到各种塑料制品的方法。它几乎可以用于所有的热塑性塑料（氟塑料除外）的成型，也可用于某些热固性塑料的成型。注射成型占塑料件生产的 30% 左右，它具有能一次成型形状复杂件、尺寸精确、生产率高等优点，但设备和模具费用较高，主要用于大批量塑料件的生产。

注射成型机常用的有柱塞式和螺杆式两种。螺杆式注射成型如图 3-21 所示，将粉粒状原料从料斗加入料筒，柱塞推进时，原料被推入加热区，继而经过分流梭，通过喷嘴将熔融塑料注入模腔中，冷却后开模即得塑料制品。注塑料制件从模腔中取出后通常需进行

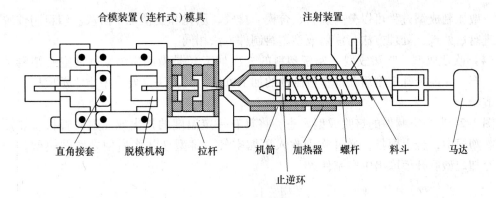

图 3-21 螺杆注射成型

适当的后处理,以消除塑料制件在成型时产生的应力、稳定尺寸和性能。此外,后处理还有切除毛边和浇口、抛光、表面涂饰等。

(2)挤出成型。挤出成型是利用螺杆旋转加压方式,连续地将塑化好的塑料挤进模具,通过一定形状的口模时,得到与口模形状相适应的塑料型材的工艺方法。挤出成型占塑料制品的 30% 左右,主要用于截面一定、长度大的各种塑料型材,如塑料管、板、棒、片、带、材和截面复杂的异形材。它的特点是能连续成型、生产率高、模具结构简单、成本低、组织紧密等。除氟塑料外,几乎所有的热塑性塑料都能挤出成型,部分热固性塑料也可挤出成型。

图 3-22 所示为螺旋挤出成型示意,粒状塑料从料斗送入螺旋推进室,然后由旋转的螺杆送到加热区熔融,并受到压缩;在螺旋力的作用下,迫使其通过具有一定形状的挤出模具,得到与口模截面形状相一致的型材;落到输送机皮带后用喷射空气或水使它冷却变硬得到固化的塑料制件。

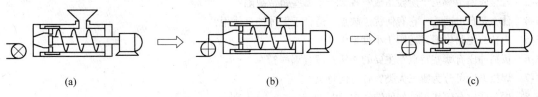

(a)   (b)   (c)

图 3-22 挤出成型

(a) 材料放入料斗;(b) 用螺杆边搅拌边顶出;(c) 形状被顶出、成型结束

(3)压制成型。压制成型又称压缩成型、压塑成型、模压成型等,如图 3-23 所示,是将固态的粒料或预制的片料加入模具中,通过加热和加压方法,使其软化熔融,并在压力的作用下充满模腔,固化后得到塑料制件的方法。压制成型主要用于热固性塑料,如酚醛、环氧、有机硅等;也能用于压制热塑性塑料聚四氟乙烯制品和聚氯乙烯(PVC)唱片。与注射成型

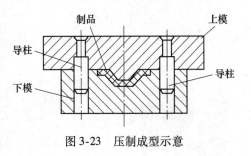

图 3-23 压制成型示意

相比,压制成型设备、模具简单,能生产大型制品,但生产周期长、效率低,较难实现自动化,难以生产厚壁制品及形状复杂的制品。

一般压制成型过程可以分为加料、合模、排气、固化和脱模几个阶段。塑料制件脱模后应进行后处理，处理方法与注射成型塑料制件方法相同。

（4）吹塑成型。吹塑成型（属于塑料的二次加工）是借助压缩空气使空心塑料型坯吹胀变形，并经冷却定型后获得塑料制件的加工方法。其方法主要有中空吹塑成型和薄膜吹塑成型。

图 3-24 为中空制件的挤吹成型示意，将具有一定温度的挤出或注射的管状型坯置于对开吹塑模中，合上模具，通过吹管吹入压缩空气，将型坯吹胀后使之紧贴模壁，经保压、冷却定型后开模取出中空制件。

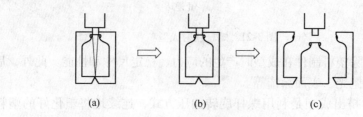

图 3-24　吹塑成型示意
（a）棒（管）状材料放入模具内；（b）吹入空气；（c）打开模具、成型结束

塑料成型方法还有很多，如浇注成型、气体辅助注射成型等。

思考题与习题

3-1　什么是液态合金的充型能力？合金流动性不好对铸件质量有何影响？

3-2　何谓合金的收缩？影响合金收缩的因素有哪些？为什么铸铁的收缩比铸钢小？

3-3　合金收缩由哪三个阶段组成？各会产生哪些铸造缺陷？

3-4　什么是自由锻造？它有何优、缺点，适合于何种场合使用？

3-5　为什么说胎模锻只适用于小批量生产？

3-6　板料冲压有哪些特点？主要的冲压工序有哪些？

3-7　焊接方法可分为哪三大类？各有何特点？

3-8　焊条药皮有何作用？如何选择焊条？

4 车削加工

4.1 车削基础知识

4.1.1 车削的概念及分类

车削加工是机械加工方法中应用最广泛的方法之一，主要用于回转体零件上回转面的加工，如各种轴类、盘套类零件上的内外圆柱面、圆锥面、台阶面及各种成型回转面等。采用特殊的装置或技术后，利用车削还可以加工非圆零件表面，如凸轮、端面螺纹等；借助于标准或专用夹具，在车床上还可完成非回转零件上的回转表面的加工。车削机床在金属切削机床中占有比重最大，为机床总数的 20%~35%。车削加工的主要工艺类型如图 4-1 所示。

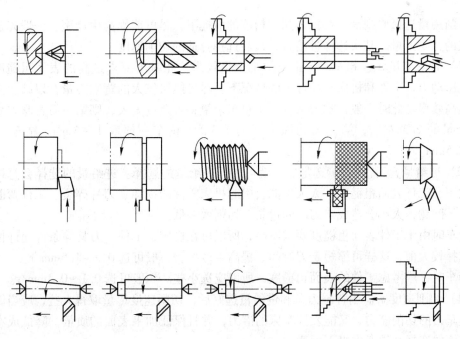

图 4-1 车削加工的主要工艺类型

车削加工是在由车床、车刀、车床夹具和工件共同构成的车削工艺系统中完成的。根据所用机床精度不同，所用刀具材料及其结构参数不同，所采用工艺参数不同，能达到的加工精度及表面粗糙度也不同，因此，车削一般可以分为粗车、半精车、精车等。如在普通精度的卧式车床上，加工外圆柱表面，可达 IT7~IT6 级精度，表面粗糙度 R_a 达 1.6~0.8μm；在精密和高精密机床上，利用合适的工具及合理的工艺参数，还可完成对高精度零件的超精加工。车削所能达到的经济精度和表面粗糙度见表 4-1。

表 4-1　车削加工经济精度及表面粗糙度

加工类型	加工性质	经济精度（IT）	表面粗糙度 $R_a / \mu m$
车外圆	粗车	13 ~ 11	50 ~ 12.5
	半精车	10 ~ 9	6.3 ~ 3.2
	精车	7 ~ 6	1.6 ~ 0.8
	金刚石车	6 ~ 5	0.8 ~ 0.02
车平面	粗车	11 ~ 10	10 ~ 5
	半精车	9	10 ~ 2.5
	精车	8 ~ 7	1.25 ~ 0.63

4.1.2　车削的加工运动

车削加工时，以主轴带动工件的旋转为主运动，以刀具的运动为进给运动。车削螺纹表面时，需要机床实现复合运动——螺旋运动。各类表面车削加工运动如图 4-1 所示。

4.1.3　车削用量选择

车削用量选择原则是：在保证加工精度的前提下，尽可能提高生产率。一般先选择尽可能大的背吃刀量，其次选择进给量，最后选择合适的切削速度。

（1）背吃刀量 a_p。粗车时，由于加工余量较多，此时不要求过高的表面粗糙度，在考虑机床动力、工件和机床刚性许可的情况下，尽可能取较大的背吃刀量，以减少走刀次数，提高效率。此时一般背吃刀量就等于粗车余量；若余量太大，则第一刀背吃刀量应占粗车余量的 2/3 左右，第二刀切除余下的 1/3。半精车一般取 1 ~ 3mm；精车一般取0.2 ~ 0.5mm。

（2）进给量 f。背吃刀量选定后，就可进行进给量的选择。进给量的选择会直接影响切削效率和工件表面粗糙度，太大可能会引起机床零件的损坏、刀片碎裂、工件弯曲、表面粗糙等问题，太小会造成走刀时间过长，切削效率低。

粗车时由于工件表面粗糙度要求不高，所以可在机床、工件、刀具等条件允许情况下尽量选择较大值，这样可缩短走刀时间，提高生产率，一般可选 0.3 ~ 1.5mm/r。

精车时，应考虑工件的表面粗糙度，所以应选小些。一般可选 0.1 ~ 0.3mm/r。

（3）切削速度 v_c。当背吃刀量和进给量选好后，切削速度尽量取得大些，应当做到既能发挥车刀的切削能力，又能发挥车床的潜力，并且保证加工表面的质量，降低成本。但切削速度的选择必须考虑以下因素：

1）车刀材料。使用硬质合金车刀可比使用高速钢车刀的切削速度高。

2）工件材料。切削强度和硬度较高的工件时，因产生的热量和切削力均较大，车刀易磨损，所以切削速度应选择低些。脆性材料虽然强度不高，但车削时形成崩碎切削，热量集中在刀刃附近，不易散热，因此切削速度也应取小一些。

3）工件表面粗糙度。表面粗糙度要求高的工件，如用硬质合金车刀车削，切削速度应取得高些；如用高速钢车刀车削，切削速度应取低些。

4）背吃刀量和进给量。背吃刀量和进给量增大时，切削时产生的切削热和切削力较大，所以应适当降低切削速度。反之，切削速度可适当提高。

5）切削液。切削时加注切削液，可降低切削区域的温度，并起润滑作用，所以切削速度可适当提高。

表 4-2 为硬质合金外圆车刀切削用量推荐表，供参考。

表 4-2 硬质合金外圆车刀切削用量推荐表

工件材料	热处理状态	$a_p = 0.3 \sim 2mm$ $f = 0.08 \sim 0.3mm/r$ $v_c / m \cdot min^{-1}$	$a_p = 2 \sim 6mm$ $f = 0.3 \sim 0.6mm/r$ $v_c / m \cdot min^{-1}$	$a_p = 6 \sim 10mm$ $f = 0.6 \sim 1mm/r$ $v_c / m \cdot min^{-1}$
低碳钢 易切钢	热轧	$140 \sim 180$	$100 \sim 120$	$70 \sim 90$
中碳钢	热轧	$130 \sim 160$	$90 \sim 110$	$60 \sim 80$
	调质	$100 \sim 120$	$70 \sim 90$	$50 \sim 70$
合金结构钢	热轧	$100 \sim 130$	$70 \sim 90$	$50 \sim 70$
	调质	$80 \sim 110$	$50 \sim 70$	$40 \sim 60$
工具钢	退火	$90 \sim 120$	$60 \sim 80$	$50 \sim 70$
不锈钢	—	$70 \sim 80$	$60 \sim 70$	$50 \sim 60$
灰铸铁	$<190HB$	$80 \sim 110$	$60 \sim 80$	$50 \sim 70$
	$190 \sim 225HB$	$90 \sim 120$	$50 \sim 70$	$40 \sim 60$
铜及铜合金	—	$200 \sim 250$	$120 \sim 180$	$90 \sim 120$
铝及铝合金	—	$300 \sim 600$	$200 \sim 400$	$150 \sim 300$

注：切削钢与铸铁时，刀具耐用度 $T \approx 60 \sim 90min$。

4.1.4 车削的工艺特点

（1）加工精度比较高，而且易于保证各加工面之间的位置精度。这是因为车削加工过程连续进行，切削力变化小，切削过程平稳，所以加工精度高。此外，在车床上经一次装夹能加工出外圆面、内圆面、台阶面及端面，依靠机床的精度就能够保证这些表面之间的位置精度。

（2）生产率高、应用范围广泛。除了车削断续表面之外，一般情况下在加工过程中车刀与工件始终接触，基本无冲击现象，可采用很高的切削速度以及很大的背吃刀量和进给量，所以生产率较高。而且车削加工适应多种材料、多种表面、多种尺寸和多种精度，应用范围广泛。

（3）适于有色金属零件的精加工。有色金属零件表面粗糙度 R_a 值要求较小时，不宜采用磨削加工，需要用车削或铣削等，用金刚石车刀进行精细车时，可达较高质量。

（4）刀具简单、生产成本较低。

4.2 车 床

4.2.1 车床类型

车床的种类很多，按其结构和用途的不同，主要有卧式车床、立式车床、转塔车床、单轴自动车床、多轴自动车床及半自动车床、仿形车床、多刀车床及专门化车床（如凸轮车床、曲轴车床、铲齿车床等）等，此外，在大批量生产中，还有各种各样的专用车床。

立式车床（见图4-2）的主轴处于垂直位置，在立式车床上，工件安装和调整均较为方便，机床精度保持性也好，因此，加工大直径零件比较适合采用立式车床。

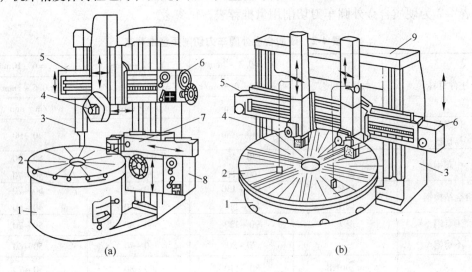

图4-2　立式车床

（a）单柱立式车床；（b）双柱立式车床

1—底座；2—工作台；3—立柱；4—垂直刀架；5—横梁；6—垂直刀架进给箱；

7—侧刀架；8—侧刀架进给箱；9—顶梁

转塔车床（见图4-3）上多工位的转塔刀架上可以安装多把刀具，通过转塔转位可使不同刀具依次对零件进行不同内容的加工，因此，可在成批加工形状复杂的零件时获得较高生产率。由于转塔车床上没有尾座和丝杠，故只能采用丝锥、板牙等刀具进行螺纹的加工。此类车床还有回轮式，如图4-4所示。

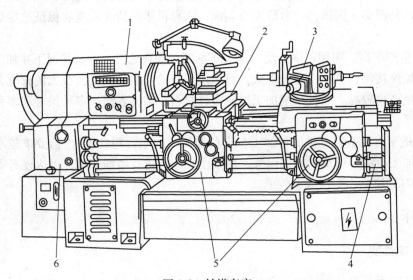

图4-3　转塔车床

1—主轴箱；2—前刀架；3—转塔刀架；4—床身；5—溜板箱；6—进给箱

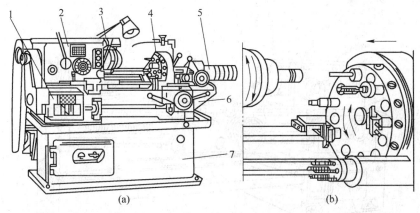

图 4-4　回轮车床

1—进给箱；2—主轴箱；3—夹料夹头；4—回转刀架；5—挡块轴；6—床身；7—底座

　　经调整后，不需工人操作便能自动地完成一定的切削加工循环（包括工作行程和空行程），并且可以自动地重复这种工作循环的车床称为自动车床。使用自动车床能大大地减轻工人的劳动强度，提高加工精度和劳动生产率。自动车床适用于加工大批量、形状复杂的工件。图 4-5 所示为单轴纵切自动车床，其自动循环是由凸轮控制的。

　　卧式车床在通用车床中应用最普遍、工艺范围最广。但卧式车床自动化程度、加工效率不高，加工质量亦受操作者技术水平的影响较大。本章以卧式车床为例介绍车床结构组成、传动系统及主要构件等。

图 4-5　自动车床

4.2.2　CA6140 卧式车床结构及组成

　　卧式车床主要用于轴类零件和直径不太大的盘类零件的加工，故采用卧式布局。普通卧式车床的组成基本相同，下面以 CA6140 为例说明。CA6140 是卧式车床中应用较广的一种类型，其结构主要由 7 大部分组成，如图 4-6 所示。

　　（1）床身。床身是用于支承和连接车床上其他各部件并带有精确导轨的基础件。溜板箱和尾座可沿导轨移动。床身由床脚支承，并用地脚螺栓固定在地基上。

　　（2）主轴箱。主轴箱是装有主轴部件及其变速机构的箱形部件，安装于床身左上端。速度变换靠调整变速手柄位置来实现。主轴端部可安装卡盘，用于装夹工件，亦可插入顶尖。

　　（3）进给箱。进给箱是装有进给变换机构的箱形部件，安装于床身的左下方前侧，箱内变速机构可帮助光杠、丝杠获得不同的运动速度。

　　（4）溜板箱。溜板箱是装有操纵车床进给运动机构的箱形部件，安装在床身前侧拖板的下方，与拖板相连。它带动拖板、刀架完成纵横进给运动、螺旋运动。

　　（5）刀架部件。刀架部件为一个多层结构。刀架安装在拖板上，刀具安装在刀架上，拖板安装在床身的导轨上，可带刀架一起沿导轨纵向移动，刀架也可在拖板上横向移动。

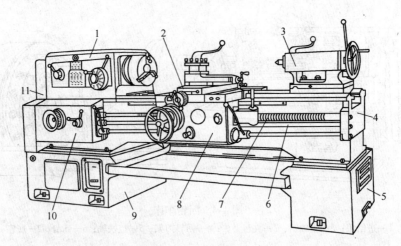

图 4-6　卧式车床的外形

1—主轴箱；2—刀架；3—尾座；4—床身；5—右床腿；6—光杠；7—丝杠；
8—溜板箱；9—左床腿；10—进给箱；11—挂轮变速机构

（6）尾座。尾座安装在床身的右端尾座导轨上，可沿导轨纵向移动调整位置。它用于支承工件和安装刀具。

（7）光杠和丝杠。光杠和丝杠安装在床身的中部，是把进给运动从进给箱传到溜板箱，带动刀架运动。丝杠只是在车削各种螺纹时起作用。需要注意的是，光杠和丝杠不能同时进行工作。

4.2.3　CA6140 型卧式车床的技术参数

CA6140 型卧式车床主要技术参数见表 4-3。

表 4-3　CA6140 型卧式车床主要技术参数

名　称		技 术 参 数
工作最大直径	床身上/mm	400
	刀架上/mm	210
顶尖间最大距离/mm		650、900、1400、1900
加工螺纹范围	公制螺纹/mm	1～12（20 种）
	英制螺纹/牙·in^{-1}	2～24（20 种）
	模数螺纹/mm	0.25～3（11 种）
	径节螺纹/in^{-1}	7～96（24 种）
主轴	通孔直径/mm	48
	孔锥度	莫氏 6#
	正转转速级数及转速范围	24 级，10～1400r/min
	反转转速级数及转速范围	12 级，14～1580r/min
进给量	纵向级数及范围	64 级，0.028～6.33mm/r
	横向级数及范围	64 级，0.014～3.16mm/r

名 称		技 术 参 数
溜板行程	纵向/mm	650、900、1400、1900
	横向/mm	320
刀 架	最大行程/mm	140
	最大回转角/（°）	±90
	刀杆截面/mm×mm	25×25
尾 座	顶尖套最大移动量/mm	150
	横向最大移动量/mm	±10
	顶尖套锥度	莫氏5#
电动机功率	主电动机/kW	7.5
	总功率/kW	7.84

注：1in＝25.4mm。

4.3 车刀

4.3.1 车刀类型

车刀按结构分，有整体式车刀、焊接式车刀、机夹重磨式车刀和可转位式车刀等，如图4-7所示；按用途分，有外圆车刀、镗孔车刀、端面车刀、螺纹车刀、切断刀和成形车刀等，如图4-8所示。

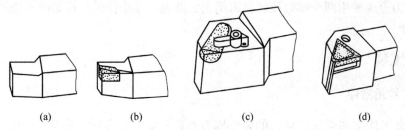

图4-7 车刀的种类

（a）整体式车刀；（b）焊接式车刀；（c）机夹重磨式车刀；（d）可转位式车刀

4.3.2 车刀的安装

车刀安装是否正确，直接影响切削的顺利进行和工件的加工质量。即使刃磨了合理的刀具角度，如果不正确安装，也会改变了车刀的实际工作角度。所以在安装车刀时，必须注意以下几点：

（1）车刀安装在刀架上，其伸出长度不宜太长，在不影响观察的前提下，应尽量伸出短些。否则切削时刀杆刚性相对减弱，容易产生振动，使车出来的工件表面粗糙，严重时会损坏车刀。车刀伸出长度一般以不超过刀杆厚度的1~1.5倍为宜。车刀下面的垫片要平整，垫片应跟刀架对齐，而且垫片的片数应尽量少，以防止产生振动。

（2）车刀刀尖应装得跟工件中心线一样高。装得太高，会使车刀的实际后角减小，从而增大与工件之间的摩擦；装得太低，会使车刀的实际前角减小，切削不顺利。

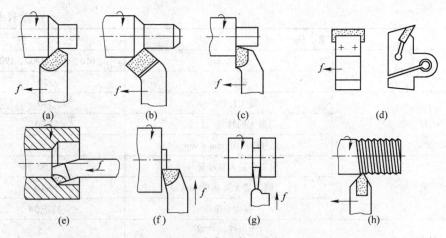

图 4-8 常用车刀种类

（a）直头外圆车刀；（b）弯头外圆车刀；（c）90°外圆车刀；（d）宽刃外圆精车刀；（e）内孔车刀；
（f）端面车刀；（g）切断车刀；（h）螺纹车刀

要使车刀刀尖对准工件中心，可用下列方法：

1）根据车床主轴中心高，用钢尺测量装刀，这种方法较为简单。

2）将刀具的刀尖靠近尾座的顶尖，根据尾座顶尖的高低把车刀装准。

3）把车刀靠近工件端面，用目测估计车刀的高低，然后紧固车刀，试车端面。再根据端面的中心装准车刀。

（3）安装车刀时，刀杆轴线应跟工件表面垂直，否则会使主偏角和副偏角发生变化。

（4）车刀至少要用两个螺钉压紧在刀架上，并轮流逐个拧紧。拧紧时不得用力过大而使螺钉损坏。

4.4 车床工装

4.4.1 车床常用附件

用以装夹工件（和引导刀具）的装置称为夹具。车床夹具分为通用夹具和专用夹具两类。车床的通用夹具一般作为车床附件供应，且已经规格化。

常见的车床附件有卡盘、顶尖、中心架、跟刀架、花盘等。

（1）卡盘。卡盘有三爪自定心卡盘（见图 4-9）和四爪单动卡盘两种（见图 4-10）。三爪自定心卡盘的三个卡爪均匀分布在圆周上，能同步沿卡盘的径向移动，实现对工件的夹紧或松开，能自动定心，装夹工件一般不需要校正，使用方便。四爪单动卡盘的四个卡爪沿圆周均匀分布，每个卡爪单独沿径向移动，装夹工件时，需通过调节各卡爪的位置对工件的位置进行校正。

（2）顶尖。顶尖的作用是定中心，承受工件的质量与切削时的切削力。顶尖分前顶尖和后顶尖。前顶尖是安装在主轴上的顶尖，随主轴和工件一起回转。因此，与工件中心孔无相对运动，不产生摩擦。后顶尖是插入尾座套筒锥孔中的顶尖，分固定顶尖（见图4-11）和回转顶尖（见图 4-12）两种。固定顶尖定心好，刚度高，切削时不易产生振动，但与工件中心孔有相对运动，容易发热和磨损。回转顶尖可克服固定顶尖发热和磨损的缺点，但定心精度稍差，刚度也稍低。

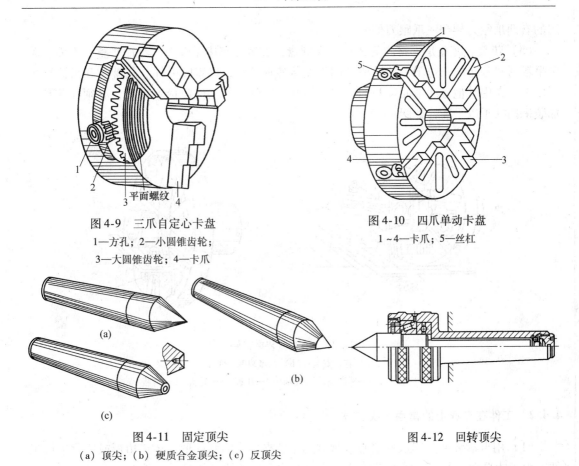

图 4-9　三爪自定心卡盘
1—方孔；2—小圆锥齿轮；
3—大圆锥齿轮；4—卡爪

图 4-10　四爪单动卡盘
1~4—卡爪；5—丝杠

图 4-11　固定顶尖
（a）顶尖；（b）硬质合金顶尖；（c）反顶尖

图 4-12　回转顶尖

（3）中心架。中心架如图 4-13 所示。在车削刚度较低的细长轴，或是不能穿过车床主轴孔的粗长工件，以及孔与外圆同轴度要求较高的较长工件时，往往采用中心架来增强刚度、保证同轴度。

（4）跟刀架。跟刀架如图 4-14 所示。使用时，一般固定在车床床鞍上，车削时跟随在车刀后面移动，承受作用在工件上的切削力。跟刀架多用于无台阶的细长光轴加工，常

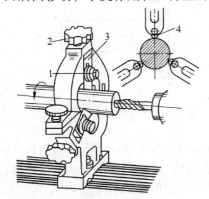

图 4-13　中心架
1—固定螺母；2—调节螺钉；
3—支承爪；4—支承辊

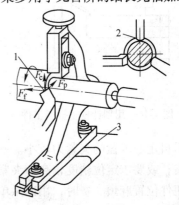

图 4-14　跟刀架
1—刀具对工件的作用力；2—硬质合金
支承块；3—床鞍

用的有两爪跟刀架和三爪跟刀架两种。

(5) 花盘。花盘是一材质为铸铁的大圆盘，安装在车床主轴上，盘面平整，上面有若干呈辐射状分布的长短不一的通槽，用于安装各种螺钉，以紧固工件。花盘（和角铁）主要用来装夹用其他方法不便装夹的形状不规则的工件。若工件质量不均衡，必须在花盘上加装平衡铁予以平衡，如图 4-15 所示。

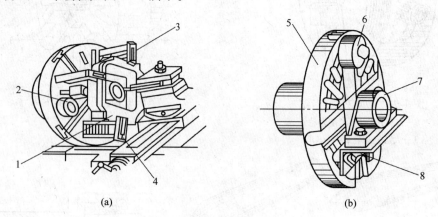

（a）   （b）

图 4-15　用花盘装夹工件

（a）花盘安装；（b）花盘装夹工件

1，7—工件；2，6—平衡块；3—螺栓；4—压板；5—花盘；8—弯板

4.4.2　工件在车床上的常用装夹方法

（1）用卡盘装夹。三爪自定心卡盘常用于装夹中小型圆柱形、正三边形或正六边形工件。由于能自动定心，一般不需要校正，但在装夹较长的工件时，工件上离卡盘夹持部分较远处的回转中心不一定与车床主轴轴线重合，这时必须对工件位置进行校正。粗加工时，可用划针校正毛坯表面（见图 4-16）；精加工时，用百分表校正工件外圆（见图 4-17）。

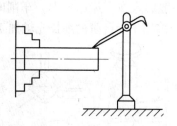

图 4-16　用划针校正轴类工件

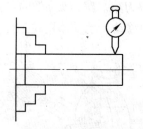

图 4-17　用百分表校正轴类工件

三爪自定心卡盘的夹紧力较小。一些如四边形等非圆柱形工件，不能在三爪自定心卡盘上装夹；或要求定位精度较高、夹紧力要求较大的工件，可使用四爪单动卡盘装夹。由于校正工件位置麻烦、费时，用四爪单动卡盘装夹只适用于单件、小批量生产。

（2）用两顶尖装夹。用两顶尖及鸡心夹头装夹工件的方法（见图 4-18）适用于轴类工件的装夹，特别是在多工序加工中，重复定位精度要求较高的场合。工件两端应预制有中心孔。

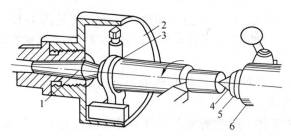

图 4-18 用两顶尖及鸡心夹头装夹工件

1—前顶尖；2—拨盘；3—鸡心夹头；4—尾顶尖；5—尾座套筒；6—尾座

由于顶尖工作部位细小，支承面较小，不宜承受大的切削力，所以此法主要用于精加工。

（3）一夹一顶装夹。工件一端用卡盘夹持，另一端用后顶尖支承的方法俗称一夹一顶装夹。这种装夹方法安全、可靠，能承受较大的轴向切削力，适用于采用较大切削用量的粗加工，以及粗大笨重的轴类工件的装夹。但对相互位置精度要求较高的工件，调头车削时，校正较困难。

为防止在轴向切削力作用下，工件发生轴向窜动，可以采用在卡盘内装一个轴向限位支承（见图 4-19）或在工件被夹持部位车削一个长 10 ~ 20mm 的工艺台阶作为限位支承（见图 4-20）的方法。

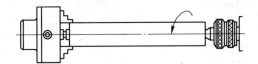

图 4-19 用限位支承防止工件轴向窜动

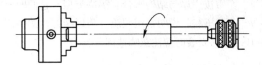

图 4-20 用工件上的台阶防止工件轴向窜动

（4）用中心架、跟刀架辅助支承。在加工特别细长的轴类零件（如光杠、丝杠及其他有台阶的长轴等）时，常使用中心架或跟刀架作为辅助支承，以提高工件的刚度，防止工件在加工中弯曲变形。中心架多用于带台阶的细长轴的外圆加工，使用时固定于床身的适当位置；还可以用于较长轴的端部加工，如车端平面、钻孔或车孔等（见图 4-13）。跟刀架多用于无台阶的细长轴的外圆加工。在车削细长轴时宜选用三爪跟刀架。

（5）用心轴装夹。当工件内、外圆表面间有较高的位置精度要求，且不能将内、外圆表面在同一次装夹中加工时，常采用先精加工内圆表面，再以其为定位基准面，用心轴装夹后精加工外圆的工艺方法。图 4-21 所示为用心轴装夹工件的示意图。

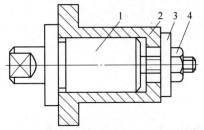

图 4-21 工件用心轴装夹

1—心轴；2—工件；
3—开口垫圈；4—螺母

心轴的定位圆柱表面具有很高的尺寸精度，心轴两端加工有中心孔，定位圆柱表面对两中心孔公共轴线有很高的位置精度（同轴度或圆跳动误差很小）。工件内圆柱表面精加工尺寸精度越高，则加工后内、外圆表面间的位置精度越高。

（6）用花盘、角铁装夹。使用花盘（和角铁）装夹（见图4-15）用其他方法不便装夹的形状不规则工件时，通常这类工件都有一个较大的平面，用做在花盘或角铁上确定位置的基准面。

角铁也称弯板，由铸铁制成，通常有两个相互垂直的工作表面，上有长短不一的通槽，用于连接螺栓的通过。

用花盘或角铁装夹工件，通常需要在花盘上适当位置安装平衡块，并予以仔细平衡，以保证安全生产和防止切削加工时产生振动。

思考题与习题

4-1　简述车削加工的切削运动、加工范围及车削加工精度。

4-2　简述车削的加工特点。

4-3　CA6140型卧式车床主要由哪几部分组成？简述各部分的作用。

4-4　车床的运动形式是怎样的？

4-5　卧式车床主要附件有哪些？说明其应用场合。

4-6　卧式车床的工件装夹方式有哪些？

4-7　三爪自定心卡盘和四爪卡盘在操作上有何区别？

4-8　车刀按用途与结构来分有哪些类型？它们的应用场合如何？

4-9　查找资料，说明常用硬质合金焊接刀片的使用范围。

4-10　车刀安装时应注意哪些问题？

5 铣削加工

5.1 铣削基础知识

5.1.1 铣削概念及加工范围

铣削加工是利用多刃回旋体刀具在铣床上对工件表面进行加工的一种切削加工方法。加工时，工件用螺栓、压板或夹具安装在工作台上，铣刀安装在主轴的前刀杆上或直接安装在主轴上。铣刀的旋转运动为主运动，工件相对于刀具的直线运动为进给运动。它可以加工水平面、垂直面、斜面、沟槽、成型表面、螺纹和齿形等，也可以用来切断材料、钻孔、铰孔、镗孔。因此，铣削加工的工艺范围相当广泛，也是平面加工的主要方法之一。铣削加工的典型表面如图 5-1 所示。

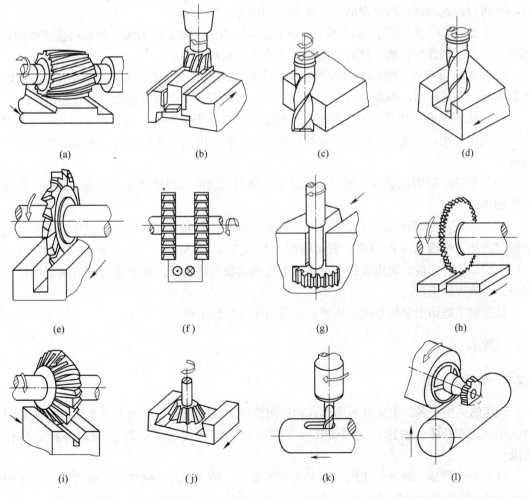

(a)　　　　　(b)　　　　　(c)　　　　　(d)

(e)　　　　　(f)　　　　　(g)　　　　　(h)

(i)　　　　　(j)　　　　　(k)　　　　　(l)

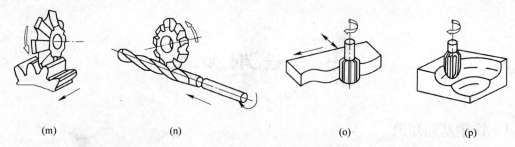

(m)　　　　　　　　　　(n)　　　　　　　　　　(o)　　　　　　　　　　(p)

图 5-1　铣削加工的典型表面

（a）~（c）铣平面；（d），（e）铣沟槽；（f）铣台阶；（g）铣 T 形槽；（h）切断；（i），（j）铣成型沟槽；
（k），（l）铣键槽；（m）铣齿槽；（n）铣螺旋槽；（o），（p）铣一般成型曲面

5.1.2　铣削的工艺特点

与其他平面加工方法相比较，铣削主要有以下工艺特点：

（1）铣刀是典型的多刃刀具，加工过程有几个刀齿同时参加切削，总的切削宽度较大；每个刀齿的切削是间断轮流的，切削过程是连续的；铣削时的主运动是铣刀的旋转，有利于进行高速切削，故铣削的生产率高于刨削加工。

（2）铣削加工范围广，可以加工刨削无法加工或难以加工的表面。例如可铣削周围封闭的凹平面、圆弧形沟槽、具有分度要求的小平面和沟槽等。

（3）铣削过程中，就每个刀齿而言是依次参加切削。刀齿在离开工件的一段时间内，可以得到一定的冷却。因此，刀齿散热条件好，有利于减少铣刀的磨损，延长使用寿命。

（4）由于是断续切削，刀齿在切入和切出工件时会产生冲击，而且每个刀齿的切削厚度也时刻在变化，这就引起切削面积和切削力的变化。因此，铣削过程不平稳，容易产生振动。

（5）铣床、铣刀比刨床、刨刀结构复杂，铣刀的制造与刃磨比刨刀困难，所以铣削成本比刨削高。

（6）铣削与刨削的加工质量大致相当，经过粗加工、精加工后都可达到中等精度。通常铣削的加工精度为 IT9 ~ IT7，表面粗糙度为 R_a 3.2 ~ 1.6 μm。但是，在加工大平面时，铣削无明显接刀刀痕，而用直径小于工件宽度的端铣刀铣削时，各次走刀间有明显的接刀痕迹，影响表面质量。

铣削加工适用于单件小批量生产，也适用于大批量生产。

5.2　铣床

5.2.1　铣床的类型

铣床的类型很多，主要以布局形式和适用范围加以区分。铣床的主要类型有卧式升降台铣床、立式升降台铣床、龙门铣床、工具铣床、圆台铣床、仿形铣床和各种专门化铣床。

（1）卧式铣床。卧式铣床的主轴是水平安装的。卧式升降台铣床、万能升降台铣床和万能回转头铣床都属于卧式铣床。卧式升降台铣床主要用于铣平面、沟槽和多齿零件等。

万能升降台铣床由于比卧式升降台铣床多一个在水平面内可调整±45°范围内角度的转盘，因此，它除完成与卧式升降台铣床同样的工作外，还可以让工作台斜向进给加工螺旋槽。万能回转头铣床除具备一个水平主轴外，还有一个可在一定空间内进行任意调整的主轴，其工作台和升降台分别可在三个方向运动，而且还可以在两个互相垂直的平面内回转，故有更广泛的工艺范围，但机床结构复杂，刚性较差。

（2）立式铣床。立式铣床（见图5-2）的主轴是垂直安装的。立铣头取代了卧铣的主轴悬梁、刀杆及其支承部分，且可在垂直面内调整角度。立式铣床适用于单件及成批生产中的平面、沟槽、台阶等表面的加工；还可加工斜面；若与分度头、圆形工作台等配合，还可加工齿轮、凸轮及铰刀、钻头等的螺旋面；在模具加工中，立式铣床最适合加工模具型腔和凸模成型表面。

（3）龙门铣床。龙门铣床（见图5-3）是一种大型高效能的铣床。它是龙门式结构布局，具有较高的刚度及抗振性。在龙门铣床的横梁及立柱上均安装有铣削头，每个铣削头都是一个独立部件，其中包括单独的驱动电动机、变速机构、传动机构、操纵机构及主轴部件等。在龙门铣床上可利用多把铣刀同时加工几个表面，生产率很高。所以，龙门铣床广泛应用于成批、大量生产中大中型工件的平面、沟槽加工。

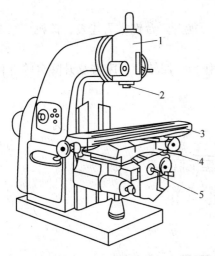
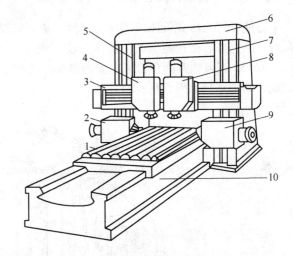

图 5-2　立式升降台铣床　　　　　　　　图 5-3　龙门铣床

1—铣头；2—主轴；3—工作台；　　　　1—工作台；2，9—水平铣头；3—横梁；4，8—垂直铣头；

4—床鞍；5—升降台　　　　　　　　　　5，7—立柱；6—顶梁；10—床身

（4）万能工具铣床。万能工具铣床（见图5-4）常配备有可倾斜工作台、回转工作台、平口钳、分度头、立铣头、插销头等附件，所以万能工具铣床除能完成卧式与立式铣床的加工内容外，还有更多的功能，故适用于工具、刀具及各种模具的加工，也可用于仪器、仪表等行业加工形状复杂的零件。

（5）圆台铣床。圆台铣床的圆工作台可装夹多个工件做连续的旋转，使工件的切削时间与装卸等辅助时间重合，获得较高的生产率。圆台铣床可分为单轴和双轴两种形式，图5-5所示为双轴圆台铣床。它的两个主轴可分别安装粗铣和半精铣的端铣刀，同时进行粗铣和半精铣，使生产率更高。圆台铣床适用于加工成批大量生产中、小零件的平面。

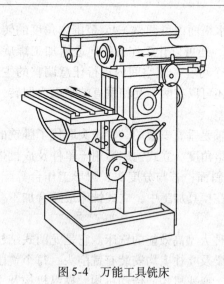

图 5-4　万能工具铣床

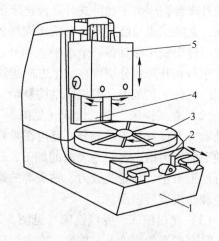

图 5-5　圆台铣床
1—床身；2—滑座；3—工作台；
4—滑鞍；5—主轴箱

5.2.2　X6132 万能升降台铣床的组成与布局

万能升降台卧式铣床应用非常广泛，以 X6132 型万能升降台铣床为代表，该机床结构合理，刚性好，变速范围大，操作比较方便。

X6132 型万能升降台铣床主要由悬梁、主轴、工作台、回转盘、床鞍及升降台等部件组成，结构布局如图 5-6 所示。

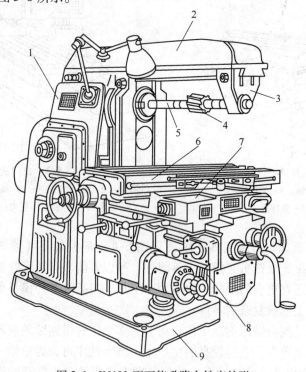

图 5-6　X6132 型万能升降台铣床外形
1—床身；2—悬梁；3—挂架；4—铣刀；5—铣刀轴；6—工作台；7—滑座；8—升降台；9—底座

机床的床身安放在底座上，床身内装有主传动系统和孔盘变速操纵机构，可方便地选择18种不同转速；床身顶部有燕尾形导轨，供横梁调整滑动；机床的空心主轴的前端带有7:24锥孔，装有两个端面键，用于安装刀杆并传递扭矩；机床升降台安装于床身前面的垂直导轨上，用于支承床鞍、工作台和回转盘，并带动它们一起上下移动；升降台内装有进给电动机和进给变速机构；机床的床鞍可做横向移动，回转盘处于床鞍和工作台之间，它可使工作台在水平面上回转一定角度；带有T形槽的工作台用于安装工件和夹具，并可做纵向移动。

X6132万能升降台铣床技术参数见表5-1。

表5-1　X6132万能升降台铣床技术参数

名　称		技 术 参 数
工作台尺寸（宽×长）/mm×mm		320×1250
主　轴	转速级数	18
	转速范围/r·min^{-1}	30~1500
	锥孔锥度	7:24
工作台最大行程	纵向/mm	800
	横向/mm	300
	垂直/mm	400
进给量（21级）	纵向/mm·min^{-1}	10~1000
	横向/mm·min^{-1}	10~1000
	垂直/mm·min^{-1}	3.3~333
快速进给量	纵向与横向/mm·min^{-1}	2300
	垂直/mm·min^{-1}	766.6
电动机功率	主电动机	7.5kW，1450r/min

5.3　铣刀

5.3.1　铣刀种类

铣刀是金属切削刀具中种类最多的刀具之一，根据加工对象不同，铣刀有许多不同的类型：

按铣刀的结构形式可分为整体式铣刀、焊接式铣刀、镶齿（装配）式铣刀和可转位铣刀四类；

按铣刀的形状和用途可分为加工平面类铣刀、加工沟槽用铣刀和加工成型面用铣刀三类；

按铣刀的安装方式可分为带孔铣刀和带柄铣刀两类；

按铣刀的加工性质分粗齿铣刀和细齿铣刀两类；

按铣刀的齿背形式可分为尖齿铣刀和铲齿铣刀两类。

5.3.2　常见铣刀及其选择

（1）圆柱形铣刀。圆柱形铣刀如图 5-7 所示，它一般都是用高速钢制成整体的，螺旋形切削刃分布在圆柱表面上，没有副切削刃，螺旋形的刀齿切削时是逐渐切入和脱离工件的，所以切削过程较平稳。圆柱形铣刀主要用于卧式铣床上加工宽度小于铣刀长度的狭长平面。

根据加工要求不同，圆柱铣刀有粗齿、细齿之分。粗齿圆柱形铣刀具有刀齿数少、刀齿强度高、容屑空间大、重磨次数多等特点，适用于粗加工。细齿圆柱形铣刀齿数多、工作平稳，适用于精加工。铣刀外径较大时，常制成镶齿的。

（2）立铣刀。立铣刀一般由 3~4 个刀齿组成，其结构如图 5-8 所示，圆柱面上的切削刃是主切削刃，端面上分布着副切削刃，工作时只能沿着刀具的径向进给，不能沿着刀具的轴向做进给运动，因为立铣刀的端面切削刃没有贯通到刀具中心。立铣刀主要用于铣削凹槽、台阶和小平面。

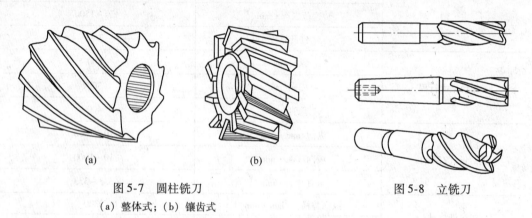

　　　　　　　（a）　　　　　　　　　　　　（b）

图 5-7　圆柱铣刀　　　　　　　　　　　　图 5-8　立铣刀
（a）整体式；（b）镶齿式

直径较小的立铣刀，一般制成带柄形式。$\phi 2 \sim 71\,mm$ 的立铣刀为直柄；$\phi 6 \sim 63\,mm$ 的立铣刀为莫氏锥柄；$\phi 25 \sim 80\,mm$ 的立铣刀为带有螺孔的 7:24 锥柄，螺孔用来拉紧刀具。直径大于 $\phi 40 \sim 160\,mm$ 的立铣刀可做成套式结构。

（3）面铣刀。面铣刀如图 5-9 所示，主切削刃分布在圆柱或圆锥表面上，端面切削刃为副切削刃，铣刀的轴线垂直于被加工表面。按刀齿材料，面铣刀可分为高速钢和硬质合金两大类，多制成套式镶齿结构，刀体材料为 40Cr。

高速钢面铣刀按国家标准规定，直径 $d = 80 \sim 250\,mm$，螺旋角 $\beta = 10°$，刀齿数 $z = 10 \sim 26$。

硬质合金面铣刀与高速钢铣刀相比，铣削速度较高、加工表面质量也较好，并可加工带有硬皮和淬硬层的工件，故得到广泛应用。硬质合金面铣刀按刀片和刀齿的安装方式不同，可分为整体式、机夹—焊接式和可转位式三种。

面铣刀主要用在立式铣床或卧式铣床上加工台阶面和平面，特别适合较大平面的加工，主偏角为 90°的面铣刀可铣底部较宽的台阶面。用面铣刀加工平面，同时参加切削的刀齿较多，又有副切削刃的修光作用，使加工表面粗糙度值小，因此可以用较大的切削用量，生产率较高，应用广泛。

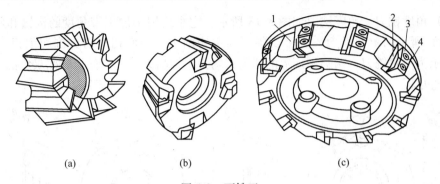

图 5-9　面铣刀

（a）整体式面铣刀；（b）镶焊接式硬质合金面铣刀；（c）机夹式可转位面铣刀

1—刀体；2—楔块；3—刀垫；4—刀片

（4）三面刃铣刀。三面刃铣刀如图 5-10 所示，可分为直齿三面刃和错齿三面刃。它主要用在卧式铣床上加工台阶面和一端或两端贯穿的浅沟槽。三面刃铣刀除圆周具有主切削刃外，两侧面也有副切削刃，从而改善了切削条件，提高了切削效率，减小了表面粗糙度值，但重磨后宽度尺寸变化较大，镶齿三面刃铣刀可解决这一个问题。

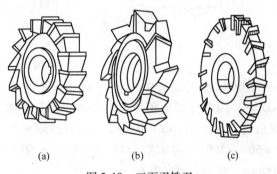

图 5-10　三面刃铣刀

（a）直齿；（b）交错齿；（c）镶齿

（5）锯片铣刀。锯片铣刀如图 5-11 所示，锯片铣刀本身很薄，只在圆周上有刀齿，用于切断工件和铣窄槽。为了避免夹刀，其厚度由边缘向中心减薄，使两侧形成副偏角。

（6）键槽铣刀。键槽铣刀如图 5-12 所示。它的外形与立铣刀相似，不同的是它在圆周上只有两个螺旋刀齿，其端面刀齿的刀刃延伸至中心，既像立铣刀，又像钻头。因此在铣两端不通的键槽时，可以做适量的轴向进给。它主要用于加工圆头封闭键槽。使用它加工时，要做多次垂直进给和纵向进给才能完成键槽加工。

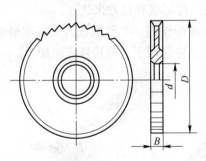

图 5-11　锯片铣刀

图 5-12　键槽铣刀

国家标准规定，直柄键槽铣刀直径 $d = 2 \sim 22\,mm$，锥柄键精铣刀直径 $d = 14 \sim 50\,mm$。键槽铣刀直径的偏差有 e8 和 d8 两种。键槽铣刀的圆周切削刃仅在靠近端面的一小段长度内发生磨损，重磨时，只需刃磨端面切削刃，因此重磨后铣刀直径不变。

（7）角度铣刀。角度铣刀如图 5-13 所示。它主要用于加工带角度的沟槽和斜面。图 5-13（a）所示为单角铣刀，圆锥切削刃为主切削刃，端面切削刃为副切削刃。图 5-13（b）所示为双角铣刀，两圆锥面上的切削刃均为主切削刃。它又分为对称双角铣刀和不对称双角铣刀。

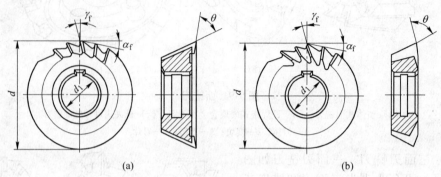

图 5-13 角度铣刀
（a）单角铣刀；（b）双角铣刀

国家标准规定，单角铣刀直径 $d = 40 \sim 100\text{mm}$，两刀刃间夹角 $\theta = 18° \sim 90°$。不对称双角铣刀直径 $d = 40 \sim 100\text{mm}$，两刀刃间夹角 $\theta = 50° \sim 100°$。对称双角铣刀直径 $d = 50 \sim 100\text{mm}$，两刀刃间夹角 $\theta = 18° \sim 19°$。

（8）模具铣刀。模具铣刀如图 5-14 所示，主要用于加工模具型腔或凸模成型表面。在模具制造中广泛应用。它是由立铣刀演变而成的。高速钢模具铣刀主要分为圆锥形立铣刀（直径 $d = 6 \sim 20\text{mm}$，半锥角 $\alpha/2 = 3°、5°、7°$ 和 10°）、圆柱形球头立铣刀（直径 $d = 4 \sim 63\text{mm}$）和圆锥形球头立铣刀（直径 $d = 6 \sim 20\text{mm}$，半锥角 $\alpha/2 = 3°、5°、7°$ 和 10°），一般可按工件形状和尺寸来选择。

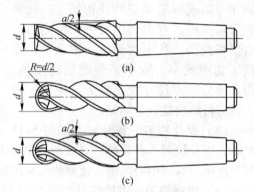

图 5-14 高速钢模具铣刀
（a）圆锥形立铣刀；（b）圆柱形球头立铣刀；
（c）圆锥形球头立铣刀

（9）其他铣刀。除以上几类铣刀外，其他还有成型铣刀、T 形槽铣刀、燕尾槽铣刀、仿形铣用的指形铣刀等多种形式，如图 5-15 所示，主要应用于一些特殊表面加工。

图 5-15 其他类型铣刀
（a）成型铣刀；（b）T 形槽铣刀；（c）燕尾槽铣刀

5.3.3　卧式铣床上刀具安装

在卧式铣床上安装圆柱铣刀、三面刃铣刀、特种铣刀等带孔的铣刀，首先用带锥柄的刀杆安装在铣床的主轴上。刀杆的直径与铣刀的孔径应相同，尺寸已标准化，常用的直径有22mm、27mm、32mm、40mm和50mm 5种。图5-16所示为这种刀杆的结构和应用情况。刀杆的锥柄与卧式主轴锥孔相符，锥度7:24，锥柄端部有螺纹孔可以通过拉杆将刀杆紧固在主轴锥孔中，另一端具有外螺纹，铣刀和固定环装入刀杆后用螺母夹紧。铣刀杆是直径较小的杆件，容易弯曲，使铣刀产生不均匀铣削，因此铣刀杆平时应垂直吊置。固定环两端面的平行度要求很高，否则当螺母将刀杆上的固定环压紧时会使刀杆弯曲。

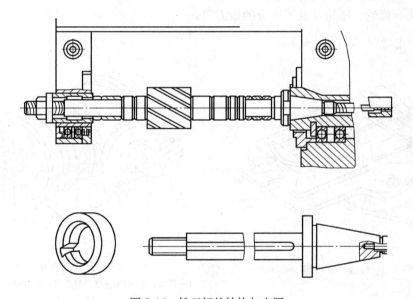

图5-16　铣刀杆的结构与应用

5.4　铣床工装

在铣床上加工工件时，工件的安装方式主要有三种。一是直接将工件用螺栓、压板安装于铣床工作台，并用百分表、划针等工具找正。大型工件常采用此安装方式。二是采用平口钳、V形架、分度头等通用夹具安装工件。形状简单的中、小型工件可用平口虎钳装夹；加工轴类工件上有对中性要求的加工表面时，采用V形架装夹工件；对需要分度的工件，可用分度头装夹。三是用专用夹具装夹工件。因此，铣床附件除常用的螺栓、压板等基本工具外，主要有平口钳、万能分度头、回转工作台、立铣头等。

（1）平口钳。平口钳（见图5-17）的钳口本身精度及其与底座底面的位置精度较高，底座下面的定向键便于平口钳在工作台上的定位，故结构简单，夹紧可靠。平口钳有固定式和回转式两种，回转式平口钳的钳身可绕底座心轴回转360°。

（2）万能分度头。图5-18所示为FW250型万能分度头的外形。分度头通过基座11

安装于铣床工作台；回转体 5 支承于底座并可回转 -6°~ +95°；主轴 2 的前端可装顶尖或卡盘以便于装夹工件；摇动手柄 7 可通过分度头内传动带动主轴旋转，脱开内部的蜗杆机构，也可直接转动主轴，转过的角度由刻度盘 3 上读出；分度盘 9 为一个有许多均布同心圆孔的圆盘；插销 6 可帮助确定选好的孔圈；分度叉 8 则可方便地调整所需角度。利用安装于铣床的分度头，可进行如下三方面工作：

1）用分度头上的卡盘装夹工件，使工件轴线倾斜一所需角度，加工有一定倾斜角度的平面或沟槽（如铣削直齿圆锥齿轮的齿形）。

2）与工作台纵向进给相配合，通过挂轮使工件连续转动，铣削螺旋沟槽、螺旋齿轮等。

3）使工件自身轴线回转一定角度，以完成等分或不等分的圆周分度工作，如铣削方头、六角头、齿轮、链轮以及不等分的铰刀等。

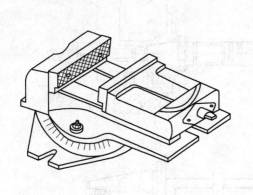

图 5-17 平口钳

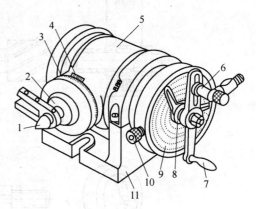

图 5-18 万能分度头

1—顶尖；2—主轴；3—刻度盘；4—游标；5—回转体；
6—插销；7—手柄；8—分度叉；9—分度盘；
10—锁紧螺母；11—基座

（3）回转工作台。回转工作台（见图 5-19）安装在铣床工作台上，用来装夹工件，以铣削工件上的圆弧表面或沿圆周分度。它主要由转台、离合器手柄、手轮、传动轴和底座等组成。回转工作台分为手动进给和机动进给两种。

手动时，可将手柄放在中间位置，使内部的离合器与锥齿轮脱开；摇动手轮，通过内部蜗杆带动蜗轮和转台一起转动。当需要机动时，则可将手柄推向两端位置（工作台顺时针转或逆时针转），使离合器与圆锥齿轮啮合，再将传动轴与铣床的传动装置连接，由铣床的传动装置来驱动转台旋转。调整挡铁的位置，可使转盘自动停止在所需要的位置上。

回转工作台除了能带动安装其上的工件旋转外，还可完成分度工作。如利用它加工工件上圆弧形周边、圆弧形槽、多边形工件以及有分度要求的槽或孔等。

（4）立铣头。立铣头（见图 5-20）可装于卧式铣床，并能在垂直平面内顺时针或逆时针回转 90°，起到立铣作用而扩大铣床工艺范围。

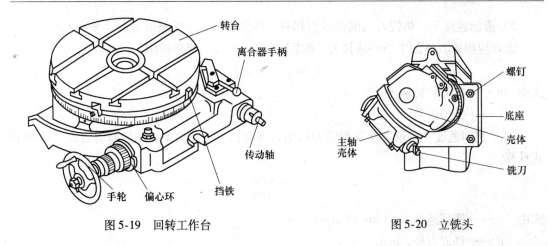

图 5-19　回转工作台　　　　　　　　图 5-20　立铣头

5.5　铣削用量及其选择

5.5.1　铣削用量

如图 5-21 所示，铣削用量有以下几个方面。

（1）背吃刀量 a_p。在通过切削刃基点并垂直于工作平面的方向上测量的吃刀量。端铣时，a_p 为切削层深度；圆周铣削时，a_p 为被加工表面的宽度。

（2）侧吃刀量 a_e。在平行于工作平面并垂直于切削刃基点的进给运动方向上测量的吃刀量。端铣时，a_e 为被加工表面的宽度；圆周铣削时，a_e 为切削层深度。

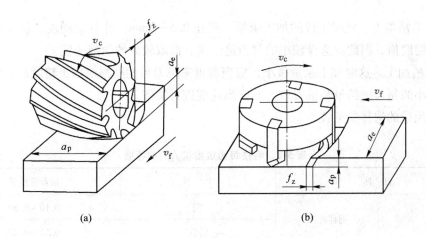

（a）　　　　　　　　　　　　（b）

图 5-21　铣削用量

（a）圆周铣削；（b）端铣

（3）进给参数。

1）每齿进给量 f_z：指铣刀每转过一个齿相对工件在进给运动方向上的位移量，单位 mm/z。

2）进给量 f：指铣刀每转过一转相对工件在进给运动方向上的位移量，单位 mm/r。

3）进给速度 v_f：指铣刀切削刃基点相对工件的进给运动的瞬时速度，单位 mm/min。通常应根据具体加工条件选择 f_z，然后计算出 f，按 v_f 调整机床，三者关系为：

$$v_f = fn = f_z zn$$

式中　n ——铣刀旋转速度，r/min；

　　z ——铣刀齿数。

（4）铣削速度 v_c。铣削速度指铣刀切削刃基点相对工件的主运动的瞬时速度，可按下式计算：

$$v_c = \frac{\pi dn}{1000}$$

式中　v_c——铣削速度，m/min 或 m/s；

　　d ——铣刀直径，mm；

　　n ——铣刀旋转速度，r/min。

5.5.2　铣削用量的选择

铣削用量的选择应当根据工件的加工精度、铣刀的耐用度及机床的刚性，首先选定铣削深度，其次是每齿进给量，最后确定铣削速度。

（1）粗加工。因粗加工余量较大，精度要求不高，此时应当根据工艺系统刚性及刀具耐用度来选择铣削用量。一般选取较大的背吃刀量和侧吃刀量，使一次进给尽可能多的切除毛坯余量。在刀具性能允许条件下应以较大的每齿进给量进行切削，以提高生产率。

（2）半精加工。此时工件的加工余量一般在 0.5~2mm，并且无硬皮，加工时主要降低表面粗糙度值，因此应选择较小的每齿进给量，而取较大的切削速度。

（3）精加工。这时加工余量很小，应当着重考虑刀具的磨损对加工精度的影响，因此宜选择较小的每齿进给量和铣刀较大的铣削速度进行铣削。

铣削用量的选择参见表 5-2、表 5-3。

表 5-2　粗铣每齿进给量 f_z 的推荐值　　　　　　　　　　　　　mm/z

刀　具		材　料	推荐进给量
高速钢	圆柱铣刀	钢	0.10~0.50
		铸铁	0.12~0.20
	端铣刀	钢	0.04~0.06
		铸铁	0.15~0.20
	三面刃铣刀	钢	0.04~0.06
		铸铁	0.15~0.25
硬质合金铣刀		钢	0.10~0.20
		铸铁	0.15~0.30

表5-3 铣削速度 v_c 的推荐值 m/min

工件材料	铣削速度		说　明
	高速钢铣刀	硬质合金铣刀	
20	20～45	150～190	
45	20～35	120～150	（1）粗铣时取小值，精铣时取大值；
40Cr	15～25	60～90	（2）工件材料强度和硬度高取小值，反之取大值；
HT150	14～22	70～100	（3）刀具材料耐热性好取大值，耐热性差取小值
黄铜	30～60	120～200	
铝合金	112～300	400～600	
不锈钢	16～25	50～100	

5.6 铣削方式

5.6.1 周铣

周铣是指利用分布在铣刀圆柱面上的刀刃进行铣削的方法，如图5-22（a）所示。

周铣常用的圆柱铣刀一般都是用高速钢整体制造，也可镶焊硬质合金刀片，直线或螺旋线切削刃分布在圆周表面上，没有副切削刃。螺旋形的刀齿切削时是逐渐切入和脱离工件的，所以切削过程较平稳。周铣主要用于卧式铣床铣削宽度小于铣刀长度的狭长平面。

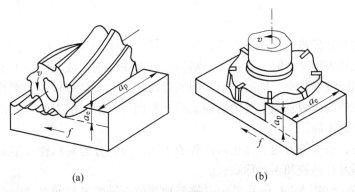

(a)　　　　　　　　　　　(b)

图5-22 周铣与端铣

（a）周铣；（b）端铣

周铣又分逆铣和顺铣，如图5-23所示。铣刀的旋转方向与工件进给方向相同时的铣削称为顺铣；铣刀的旋转方向与工件进给方向相反时的铣削称为逆铣。顺铣时，因工作台丝杠和螺母间的传动间隙会啃伤工件、损坏刀具，所以一般情况下都采用逆铣。

逆铣时，每齿的切削厚度是从零增大到最大值，在铣刀刀齿接触工件的初期，因刀齿刃口有圆弧存在，故刀齿先在已加工表面滑行一段距离后才真正切入工件，产生挤压和摩擦，使这段表面产生冷硬层。由于已加工表面冷硬层与刀齿后刀面的强烈摩擦，加速了刀具磨损，影响已加工表面质量。同时，刀齿开始切入工件时，垂直铣削分力向下，当瞬时接触角大于一定数值后，该力向上，易引起机床振动。

顺铣时，每齿的切削厚度由最大减小到零，因此没有逆铣时的上述缺点，铣刀作用在

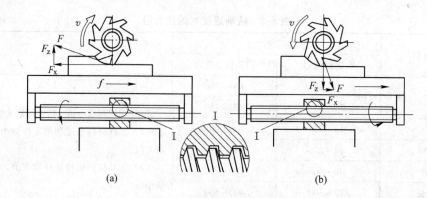

图 5-23　逆铣与顺铣

（a）逆铣；（b）顺铣

工件上的垂直分力将工件压向工作台及导轨，减少了因工作台与导轨之间的间隙而引起的振动。但若工作台进给丝杠与固定螺母间存在间隙，会使工件台窜动，造成工作台运动不平稳，容易引起啃刀、打刀甚至损坏机床。所以在没有调整好丝杠轴向间隙或水平分力较大时，严禁用顺铣。逆铣时，切削力水平分力与进给方向相反，间隙始终在进给方向的前方，工作台不会窜动。所以生产中常采用逆铣。此外，加工有硬皮的铸件、锻件毛坯或工件硬度较高时，也应采用逆铣。精加工时，铣削力较小，为提高加工面质量和刀具耐用度，减少工作台的振动，常采用顺铣。

5.6.2　端铣

用端铣刀的端面齿进行铣削的方式，称为端铣，如图 5-22（b）所示。

铣削面积比较大的平面时，通常采用镶齿端铣刀在立铣上或在卧铣上进行。由于端铣刀铣削时，切削厚度变化小，同时进行切削的刀齿较多，而且刀杆短，刚性好，因此切削较平稳。端铣刀的端面刃承担主要的切削工作，端面刃有副切削刃的修光作用，因此表面粗糙度值较小、效率高。

铣削加工时，根据铣刀与工件相对位置的不同，端铣分为对称铣和不对称铣两种。不对称铣又分为不对称逆铣和不对称顺铣。

（1）对称铣。如图 5-24（a）所示，铣刀轴线位于铣削弧长的对称中心位置，铣刀每个刀齿切入和切离工件时切削厚度相等的铣削方式，称为对称铣。对称铣削具有最大的平均切削厚度，可避免铣刀切入时对工件表面的滑行、挤压，铣刀耐用度高。对称铣适用于工件宽度接近端铣刀的直径，且铣刀刀齿较多的情况。

（2）不对称逆铣。如图 5-24（b）所示，当铣刀轴线偏置于铣削弧长的对称位置，且逆铣部分大于顺铣部分的铣削方式，称为不对称逆铣。不对称逆铣切削平稳，切入时切削厚度小，减小了冲击，从而使刀具耐用度和加工表面质量得到提高，适合于加工碳钢及低合金钢及较窄的工件。

（3）不对称顺铣。如图 5-24（c）所示，其特征与不对称逆铣正好相反。这种切削方式一般很少采用，但用于铣削不锈钢和耐热合金钢时，可减少硬质合金刀具剥落磨损。

上述的周铣和端铣，是由于在铣削过程中采用不同类型的铣刀而产生的不同铣削方式。两种铣削方式相比，端铣具有铣削较平稳，加工质量及刀具耐用度均较高的特点，且

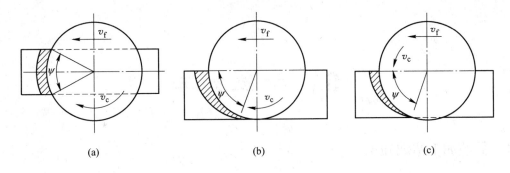

图 5-24　端铣方式

（a）对称铣；（b）不对称逆铣；（c）不对称顺铣

端铣用的端铣刀易镶硬质合金刀齿，可采用大的切削用量，实现高速切削，生产效率高。但端铣适应性差，主要用于平面铣削。周铣的铣削性能虽然不如端铣，但能用多种铣刀铣平面、沟槽、齿形和成形表面等，适应范围广，因此生产中应用较多。

5.6.3　铣削技术的发展

铣削技术主要朝两个方向发展：一是强力铣削，主要以提高生产率为目的；二是精密铣削，主要以提高加工精度为目的。

由于铣削效率比磨削高，特别是对大平面及长宽都较大的导轨面，采用精密铣削代替磨削将大大提高生产率。因此，"以铣代磨"成了平面和导轨加工的一种趋势。

高速铣削是近几年发展起来的先进切削方式。它不仅可以提高加工效率，同时也可改善加工质量。高速铣削时主轴转速可达 10000r/min 以上，因此对刀具及机床的要求较高。

随着铣削技术的发展，铣削加工设备也在不断地发展，数控铣床除了用于加工平面和曲面轮廓外，还可以加工复杂型面的工件，如样板、模具、螺旋槽等，同时可以进行钻、扩、铰、镗孔加工。在数控铣床的基础上，加工中心、柔性制造单元也迅速发展起来。同时，各种性能和高精度铣削刀具也得到飞速发展和广泛的应用。

思考题与习题

5-1　简述铣削加工的切削运动、加工范围、加工精度及加工特点。

5-2　试比较顺铣和逆铣。

5-3　X6132 型万能升降台铣床主要由哪几部分组成？简述各部分的作用。

5-4　铣床附件主要有哪些？

5-5　铣刀有哪些类型？

5-6　试罗列出能分别用于加工平面、沟槽、成型面的铣刀名称。

5-7　铣削用量有哪些？进给参数三者之间有何关系？

6 数控加工

6.1 数控加工基础知识

6.1.1 数控技术的基本概念

数字控制（Numerical Control，NC）是指用输入数控装置的数字化信息来控制机械执行预定的动作。其数字信息包括字母、数字和符号。而用数字化信号对机床的运动及其加工过程进行控制的机床，称为数控机床。

计算机数控（Computer Numerical Control，CNC）是采用微处理器或专用微机的数控系统，由事先存放在存储器里的系统程序（软件）来实现控制逻辑，实现部分或全部数控功能，并通过接口与外围设备进行连接，称为CNC系统，这样的机床一般称为CNC机床。

数控系统即利用数字控制技术实现自动控制的系统。

数控机床利用数字指令来操纵机床的各种动作。工件的加工内容、尺寸和操作步骤等用数字代码表示，通过控制介质输入机床的控制机中，由后者加以运算处理后转换成各种信号，控制机床的动作，自动加工出工件来。

6.1.2 数控机床的产生及发展

6.1.2.1 数控机床的产生

科学技术的不断发展，对机械产品的质量和生产率提出了越来越高的要求。大批量的自动化生产广泛采用自动机床、组合机床和专用机床以及专用自动生产线，实行多刀、多工位、多面同时加工，以达到高效率和高自动化。但这些都属于刚性自动化，在面对小批量生产时并不适用，因为小批量生产需要经常变化产品的种类，这就要求生产线具有柔性。而从某种程度上说，数控机床的出现正是很地满足了这一要求。

1949年与麻省理工学院（MIT）合作，开始了三坐标铣床的数控化工作，1952年3月公开宣布了世界上第一台数控机床的试制成功，可做直线插补。经过3年的试用、改进与提高，数控机床于1955年进入实用化阶段。此后，其他一些国家，如德国、英国、日本等都开始研制数控机床，其中日本发展最快。当今世界著名的数控系统厂家有日本的发那科（FANUC）公司、德国的西门子（SIEMENS）公司、美国的A-BOSZA公司等。1959年，美国Keaney&Treckre公司开发成功了具有刀库、刀具交换装置及回转工作台的数控机床，可以在一次装夹中对工件的多个面进行多工序加工，如进行钻孔、铰孔、攻螺纹、镗削、平面铣削、轮廓铣削等加工。至此，数控机床的新一代类型——加工中心诞生了，并成为当今数控机床发展的主流。

6.1.2.2 数控机床的发展方向

（1）高精度。数控机床的精度已达微米级，如普通级中等规格的加工中心的定位精度

为 ±(0.15~3)μm/1000mm，重复定位精度为 ±0.5μm。

（2）高速化。如加工时主轴转速超过 10000r/min，工作台快速移动速度达 40~60m/min。

（3）智能化。数控加工智能化趋势有两个方面：一方面是采用自适应控制技术，以提高加工质量和效率；另一方面是在现代数控机床上装备有各种监控和检测装置，对工件、刀具等进行监测，实时监控加工的全部过程，发现工件尺寸超差、刀具磨损或崩刃破损，便立即报警，并给予补偿或调换刀具。

（4）复合化。复合化加工是通过增加机床的功能、减少工件加工过程中的定位装夹次数及对刀等辅助工艺时间，提高机床生产率。

复合化加工由于可以减少辅助工序，减少夹具和加工机床数量，对降低整体加工和机床维护费用有利。

6.1.3 数控机床的工作过程、原理与功能

6.1.3.1 数控机床的工作过程

数控装置内的计算机对通过输入装置以数字和字符编码方式所记录的信息进行一系列处理后，再通过伺服系统及可编程序控制器向机床主轴及进给等执行机构发出指令，机床主体则按照这些指令，并在检测反馈装置的配合下，对工件加工所需的各种动作，如刀具相对于工件的运动轨迹、位移量和进给速度等项要求实现自动控制，从而完成工件的加工，如图 6-1 所示。

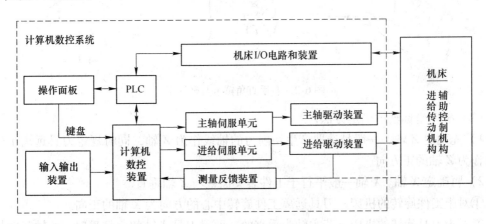

图 6-1 数控机床的工作过程

6.1.3.2 数控原理

脉冲由脉冲发生器产生，控制系统控制脉冲发送的数量和时机等，伺服系统按给定的脉冲数量控制数控机床每个方向按脉冲当量精确前进一定的距离。

6.1.3.3 数控系统的主要功能

数控系统是数控机床的核心，数控系统的主要功能有：多坐标控制（多轴联动）；准

备功能（G 功能）；实现多种函数的插补（直线、圆弧、抛物线等）；代码转换（EIA/ISO代码转换、英制/公制转换、绝对值/增量值转换等）；固定循环加工；进给功能（指定进给速度）；主轴功能（指定主轴转速）；辅助功能（规定主轴的起、停、反向，冷却系统的开、关等）；刀具选择功能；各种补偿功能，如刀具半径、刀具长度补偿等；各种信息在显示器上的显示；故障的诊断及显示；与外部设备的联网及通信；存储加工程序，人-机对话，程序的输入、编辑及修改。

6.1.4　数控编程基础

6.1.4.1　坐标系及运动方向

（1）坐标系的命名。在笛卡儿坐标系中，用 X、Y、Z 表示 3 个直线坐标轴，三者之间的相互关系及正方向用右手定则判定，其正方向用 $+X$、$+Y$、$+Z$ 表示；围绕 X、Y、Z 各轴的回转坐标轴分别为 A、B、C 坐标轴，其正方向分别为 $+A$、$+B$、$+C$，用右手螺旋定则判断，如图 6-2 所示。

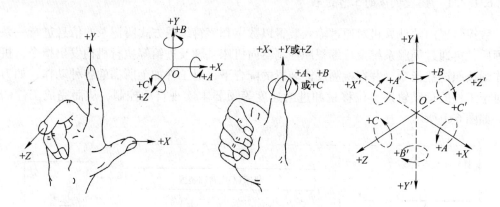

图 6-2　右手直角笛卡儿坐标系

（2）机床坐标轴的确定方法。

1）先确定 Z 轴。一般是选取产生切削力的轴线作为 Z 轴，同时规定刀具远离工件的方向作为 Z 轴的正方向。

2）再确定 X 轴。X 轴一般平行于工件装夹面且与 Z 轴垂直。

①对于工件旋转的机床，刀具远离工件旋转中心的方向为 X 轴的正向。

②对于刀具旋转的机床，若主轴为垂直的，面对刀具主轴朝立柱看时，X 轴正向指向右；若主轴为水平方向时，当从主轴向工件看时，X 轴正向指向右。

3）最后确定 Y 轴。Y 轴垂直于 X 轴和 Z 轴。当 X 轴和 Z 轴及正方向确定后，按右手直角笛卡儿坐标系即可判定 Y 轴及正方向。

4）机床的回转坐标。数控机床上有回转进给运动时，且回转轴线平行于 X、Y 或 Z 坐标，则对应的回转坐标分别为 A、B 或 C 坐标。

6.1.4.2　机床坐标系与工件坐标系

（1）机床原点与机床参考点。机床原点又称为机械原点，如图 6-3 所示，是机床坐标

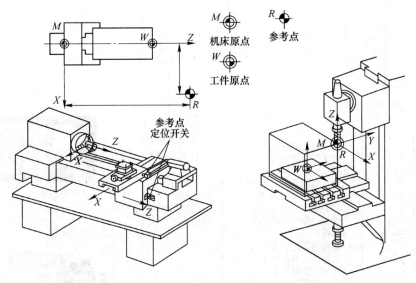

图 6-3 数控机床的机床原点与机床参考点

系的原点。该点是机床上一个固定的点，其位置是由机床设计和制造单位确定的，通常不允许用户改变。

机床参考点也是机床上一个固定的点，它与机床原点之间有一确定的相对位置，一般设置在刀具运动的 X、Y、Z 轴正向最大极限位置，其位置由机械挡块确定。

（2）工件坐标系与工件原点。工件坐标系是由编程人员根据零件图样及加工工艺，以零件上某一固定点为原点建立的坐标系，又称为编程坐标系或工作坐标系。工件原点的位置是根据工件的特点人为设定的，所以也称编程原点。

6.1.4.3 数控编程的步骤与方法

数控编程是指从零件图样的分析到获得合格数控程序的全过程。

A 数控编程的步骤

数控编程的步骤如图 6-4 所示。

（1）分析零件图纸。首先分析零件图纸，根据零件的材料、形状、尺寸、精度、毛坯形状和热处理要求等确定加工方案，选择合适的数控机床。加工方案的确定应按照能充分发挥数控机床功能的原则，选择合理的加工方法。

（2）工艺处理。

1）刀具、工夹具的设计和选择。数控加工用刀具由加工方法、切削用量及其他与加工有关的因素确定。数控加工一般不需要专用的复杂的夹具，在设计和选择夹具时，应特别注意要迅速完成工件的定位和夹紧过程，以减少辅助时间。例如，飞机整体壁板类零件常用组合式真空平台装夹，优点是动作快，工件夹持均匀，加工部件开敞。

2）选择对刀点。对刀点是程序执行的起点。对刀点的选择原则是：所选对刀点应使程序编制简单；对刀点应选在容易找正，并在加工过程中便于检查的位置；引起的加工误差小。

3）确定加工路线。尽量缩短走刀路线，减少空走刀行程，提高生产率；保证加工零

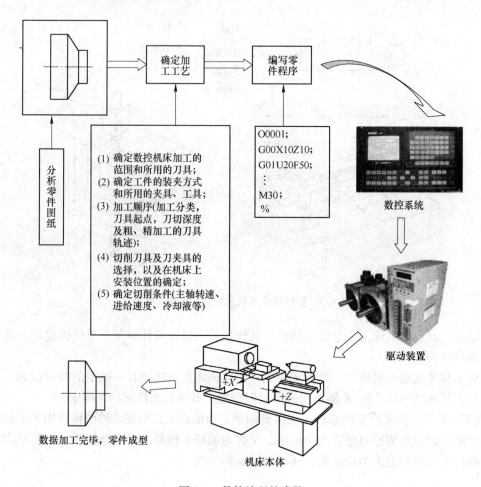

图 6-4　数控编程的步骤

件的精度和表面粗糙度的要求；有利于简化数值计算，减少程序段的数目和编程工作量。

4）确定切削用量。切削用量的具体数值应根据数控机床使用说明书的规定、被加工工件材料、加工工序以及其他工艺要求，并结合实际经验来确定。

5）选择走刀路线。走刀路线是指数控加工中刀位点相对于被加工工件的运动轨迹。确定走刀路线的原则是：保证零件的加工精度和光洁度；方便数值计算，减少编程工作量；缩短走刀路线，减少空程；尽量减少程序段数。

6）选择刀具。与一般机械加工相比，数控加工对于刀具提出了更高的要求，不仅要刚度好、精度高，而且要尺寸稳定、使用寿命长。这就需要选用优质高速钢和硬质合金刀具材料并且优选刀具参数。

铣切平面零件的周边轮廓一般采用立铣刀。数控加工型面和变斜角轮廓外形时常用球头刀、环形刀、鼓形刀和锥形刀等。

（3）数学处理。在工艺处理工作完成后，根据零件的几何尺寸、加工路线，计算数控机床所需的输入数据，即计算刀具运动轨迹的坐标数据。简单零件一般只需计算出零件轮廓的相邻几何元素的交点或切点（基点）的坐标值。对于特殊零件，一般需要计算机进行辅助计算，求出基点和节点坐标值。

（4）编写零件加工程序单。在完成工艺处理和数值计算工作后，编程人员根据所使用数控系统的指令、程序段格式，将计算的走刀路线数据编写成相应的程序段。编程人员只有了解数控机床的性能、程序指令代码以及数控机床加工零件的过程，才能编写出正确的加工程序。

（5）制备控制介质及程序检验。编写好的程序，制备完成的控制介质需要经过试切检验后，才可用于正式加工。试切不仅可以确认程序正确与否，还可知道加工精度是否符合要求。当发现不符合要求时，可修改程序或采取补偿措施。

B　数控编程的方法

（1）手工编程。用人工完成程序编制的全部工作（包括用通用计算机辅助进行数值计算）称为手工程序编制。对于点位加工或几何形状较简单的零件即可实现，比较经济。

（2）自动编程。自动编程是用计算机代替手工进行数控机床的程序编制工作。如自动地进行数值计算、编写零件加工程序单，自动地输出打印加工程序单和制备控制介质等。自动编程减轻了编程人员的劳动强度，缩短了编程时间，提高了编程质量，同时解决了手工编程无法解决的许多复杂零件的编程难题。

C　数控编程的规则

（1）绝对值编程和增量值编程。绝对坐标是指点的坐标值是相对于"工件原点"计量的。增量坐标又称相对坐标，是指运动终点的坐标值是以"前一点"的坐标为起点来计量的。

（2）小数点编程。数控编程时，可以使用小数点编程，每个数字都有小数点。也可使用脉冲数编程，数字中不写小数点。

（3）续效性功能。大多数 G 指令和 M 指令都具有续效性功能，除非它们被同组中的指令取代或取消，否则一直保持有效。另外，当 X、Y、Z、F、S、T 字的内容不变时，下一个程序段会自动接受此内容，因为也可省略不写。

（4）最小设定单位。数控机床的数控系统发出一个脉冲指令后，经伺服系统的转换、放大、反馈后推动数控机床上的工件（或刀具）实际移动的位移量称为数控机床的最小设定单位，又称最小指令增量或脉冲当量，一般为 0.01～0.0001mm，视不同档次的机床而选定。编程时，所有编程尺寸都应转换成与最小设定单位相应的数值。

6.1.4.4　数控加工程序的组成及分类

A　数控加工程序的组成

一个完整的数控加工程序由程序开始部分（程序号）、若干个程序段、程序结束部分组成。一个程序段由程序段号和若干个程序字组成，一个程序字由地址符和数字组成。例如：

程　序	说明
O1002	程序开始
N1 G90 G92 X0 Y0 Z0；	程序段 1
N2 G42 G01 X-60.0 Y10.0 D01 F200；	程序段 2
N3 G02 X40.0 R50.0；	程序段 3

N4 G00 G40 X0 Y0;	程序段4
N5 M02;	程序结束

（1）程序号。程序号由程序号地址和程序的编号组成，程序号必须放在程序的开头。如：O1002，其中 O 为程序号地址（编号的指令码），1002 为程序的编号（1002 号程序）。不同的数控系统，程序号地址也有所差别。如 SIMENS 系统用％，而 FANUC 系统用 O 作为程序号的地址码，编程时一定要参考说明书，否则程序无法执行。

（2）程序字。一个程序字由字母加数字组成，如：Z-16.8，其中 Z 为地址符，-16.8 表示数字（有正、负之分）

（3）程序段。程序段号加上若干个程序字就可组成一个程序段。在程序段中表示地址的英文字母可分为尺寸地址和非尺寸地址两种。表示尺寸地址的英文字母有 X、Y、Z、U、V、W、P、Q、I、J、K、A、B、C、D、E、R、H 共 18 个字母。表示非尺寸地址有 N、G、F、S、T、M、L、O 等 8 个字母。

常用地址符见表6-1。

表6-1　常用地址符

机　能	地　址　符	说　明
程序号	O 或 P 或 ％	程序编号地址
程序段号	N	程序段顺序编号地址
坐标字	X, Y, Z; U, V, W; P, Q, R	直线坐标轴
	A, B, C; D, E	旋转坐标轴
	R	圆弧半径
	I, J, K	圆弧中心坐标
准备功能	G	指令动作方式
辅助功能	M, B	开关功能，工作台分度等
补偿值	H 或 D	补偿值地址
暂停	P 或 X 或 F	暂停时间
重复次数	L 或 H	子程序或循环程序的循环次
切削用量	S 或 V	主轴转数或切削速度
	F	进给量或进给速度
刀具号	T	刀库中刀具编号

可变程序段格式，即程序段的长短是可变的。一个常规的程序段的组成如图 6-5 所示。

B　程序字说明

程序字是组成程序的最基本单元，它是由地址字符和数字字符组成的。

（1）顺序号字：又称程序段号，位于程序段之首，用地址符 N 和后面的若干位数字（常用 2~4 位）来表示。

（2）准备功能字：地址符为 G，又称 G 功能或 G 代码。G 代码由地址字 G 加后 2 位数值组成，从 G00 ~ G99 共 100 种。

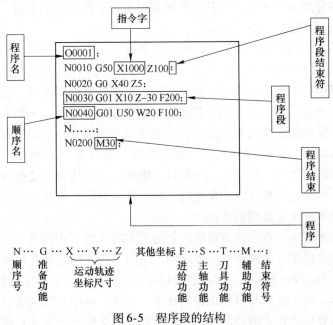

图 6-5　程序段的结构

（3）坐标尺寸字：尺寸字给定机床在各种坐标上的移动方向和位移量，由尺寸地址符和带正、负号的数字组成。

（4）进给功能字：由地址符 F 和若干位数字组成，又称 F 功能或 F 指令。它的功能是指定切削的进给速度。单位有每转进给（mm/r）和每分钟进给（mm/min）两种。

（5）主轴转速功能字：由地址符 S 和若干位数字组成，又称 S 功能或 S 指令，后面的数字直接指定主轴的转速，单位为 r/min。

（6）刀具功能字：由地址符 T 和若干位数字组成，又称 T 功能或 T 指令，主要用来指定加工所用的刀具和刀具补偿号。

（7）辅助功能字：由地址字 M 和其后的两位数字组成，又称 M 功能。M 指令有 M00 ~ M99 共 100 种。

（8）程序段结束：每一程序段后，都必须有一个结束符表示程序段结束。当用 EIA 标准代码时，结束符为"CR"；用 ISO 标准代码时，结束符为"NL"或"LF"。有的用符号";"、"*"、"#"表示结束。

6.2 数控机床

6.2.1 数控机床

6.2.1.1 数控机床的概述

机床，全称为金属切削机床，即是指用切削的方法将金属毛坯加工成机器零件的机器，它是制造机器的机器，所以又称为"工作母机"或"工具机"。

目前，很多大批大量的产品，如汽车、家用电器的零件，为了解决高产优质的问题，多采用专用的工艺装备、专用的自动化机床或专用的自动化生产线和自动化车间进行生产。但是应用这些专用的生产设备，其生产准备周期长，产品改型不易，因而使新产品的开发周期延长，制约了现代企业的发展。

　　而在实际机械加工行业中，单件与小批量产品（批量在 10 ~ 100 件）占到机械加工总量的 80% 左右。鉴于技术进步日益加快及市场竞争日益激烈，尤其是在造船、航空、航天、机床、重型机械以及国防部门等，其生产特点是零件精度要求高、形状复杂、加工批量小、改型频繁。如果采用上述专用化程度很高的机床进行加工，显然不太合理，这主要是因为生产过程中要经常改装与调整设备，对专用生产线而言，这将导致生产周期过度延长、生产费用急剧提高，致使这种改装与调整的综合效益非常不理想，有时甚至无法实现。如果采用通用机床加工，虽然产品改变时，机床与工艺装备的变换和调整相对专业机床而言要简单些，但是通用机床自动化程度不高，难以提高生产效率和保证产品质量，特别是加工一些复杂零件更是受到极大制约。

　　如何解决上述矛盾呢？数字控制机床就是为了实现单件、小批量、多品种，特别是复杂型面零件加工的自动化，并保证质量要求而产生的一种柔性自动化机床。数字控制机床（Numerical Control Machine Tools），简称数控机床，是一种综合应用了计算机与信息技术，传感器与检测技术，电子电力与自动化控制技术，电机、液压与气动等动力拖动技术，精密机械设计和制造等先进技术的高新技术产物，是技术密集度及自动化程度均很高的典型的机电一体化产品。国家信息处理联盟第五技术委员会对数控机床作了如下定义：数控机床是一种装有程序控制系统的机床，该系统能逻辑地处理具有特定代码和其他符号编码指令规定的程序。这里所说的程序控制系统，通常称作数控系统。

　　数控机床的出现，在诸如航空航天、国防工业等领域中发挥了不可或缺的积极作用，除此之外，也对人们的日常生活产生了重要影响，例如人们所用的漂亮的手机、流线型的汽车、时尚的运动鞋等，它们的模具的制造也要用到功能强大数控机床。

6.2.1.2　数控机床的分类

　　（1）按工艺用途分。

　　1）金属切削类数控机床。此类数控机床包括数控车床、数控铣床、数控镗床、数控磨床、加工中心等。

　　2）金属成型类数控机床。此类数控机床有数控板料折弯机、数控弯管机、数控冲床等。

　　3）特种加工类数控机床。此类数控机床包括数控线切割机床、数控电火花加工机床、数控激光切割机等。

　　4）其他类数控机床。此类数控机床包括数控火焰切割机、数控三坐标测量仪等。

　　（2）按加工路线分类。

　　1）点位控制系统。它是指刀具从某一位置向另一目标点位置移动，点位控制的数控机床在刀具的移动过程中，并不进行加工，而是做快速空行程的定位运动。

　　属于点位控制的数控机床有数控钻床、数控镗床、数控冲床等。

　　2）直线控制系统。直线控制系统是控制刀具或机床工作台以适当速度，沿着平行于某一坐标轴方向或坐标轴成 45°的斜线方向进行直线加工的控制系统。

　　3）连续控制系统。连续控制系统又称轮廓控制系统，该系统能对刀具相对于零件的运动轨迹进行连续控制，可以加工任意斜率的直线、圆弧、抛物线或其他函数关系的曲线。

采用连续控制系统的数控机床有数控铣床、功能完善的数控车床、数控凸轮磨床和数控线切割机床等。

（3）按伺服系统的类型分类，可分为开环伺服系统、闭环伺服系统和半闭环伺服系统。

（4）按控制坐标数（轴数）分类，可分为两坐标数控机床、三坐标数控机床、两轴半坐标数控机床和多坐标数控机床。

6.2.1.3　数控机床的基本组成

数控机床的种类繁多、形式各异，但其基本组成大致相同，主要由控制介质、输入/输出装置、数控装置（CNC 装置）、伺服驱动系统与位置检测装置、辅助控制装置、机床本体等几部分组成。数控机床的基本组成框图如图 6-6 所示。

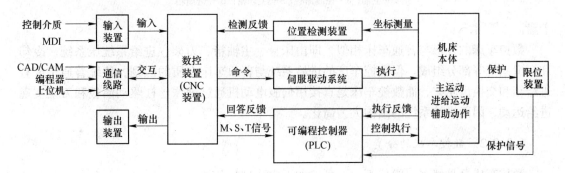

图 6-6　数控机床基本组成框图

6.2.2　数控车床

数控车床与普通车床相比较，主要具有高精度、高效率、高柔性、工艺能力强和高可靠性的优点。

6.2.2.1　数控车床的组成

数控车床由车床主体、数控装置、伺服系统、辅助装置等几部分组成，如图 6-7 所示。

数控车床的主轴带动工件旋转做主运动，刀架做纵、横向进给运动。

普通数控车床的主轴是卧式（即水平方向）的，刀架运动的纵方向即为 Z 方向，刀架的横向（即工件的径向）即为 X 方向。当刀架沿 Z 向和 X 向协调运动时，可形成各种复杂的平面曲线，以这条曲线绕轴线回转时，可形成各种复杂的回转体。一般数控车床只需要两坐标联动。

数控车床与普通车床一样，也是用来加工零件旋转表面的，一般能够自动完成外圆柱面、圆锥面、球面以及螺纹的加工，还能加工一些复杂的回转面，如双曲面等。车床和普通车床的工件安装方式基本相同，为了提高加工效率，数控车床多采用液压、气动和电动

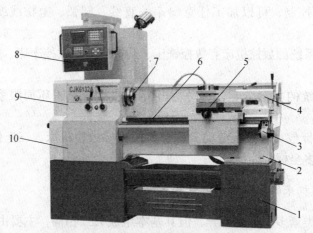

图 6-7　数控车床的组成

1—床腿；2—床身；3—滚珠丝杠；4—尾座；5—回转刀架；6—导轨；
7—主轴；8—控制面板；9—主轴箱；10—进给箱

卡盘。

　　数控车床的外形与普通车床相似，即由床身、主轴箱、刀架、进给系统压系统、冷却和润滑系统等部分组成。但数控车床的进给系统与普通车床有质的区别，传统普通车床有进给箱和交换齿轮架，而数控车床是直接用伺服电动机通过滚珠丝杠驱动溜板和刀架实现进给运动，因而进给系统的结构大为简化。

6.2.2.2　数控车床的分类

　　数控车床品种繁多，规格不一，可按如下方法进行分类：

　　（1）按车床主轴位置分类。

　　1）立式数控车床。立式数控车床简称为数控立车，其车床主轴垂直于水平面，有一个直径很大的圆形工作台用来装夹工件。这类机床主要用于加工径向尺寸大、轴向尺寸相对较小的大型复杂零件。

　　2）卧式数控车床。卧式数控车床又分为数控水平导轨卧式车床和数控倾斜导轨卧式车床。其倾斜导轨结构可以使车床具有更大的刚性，并易于排除切屑。

　　（2）按加工零件的基本类型分类。

　　1）卡盘式数控车床。这类车床没有尾座，适合车削盘类（含短轴类）零件，夹紧方式多为电动或液动控制，卡盘结构多具有可调卡爪或不淬火卡爪（即软卡爪）。

　　2）顶尖式数控车床。这类车床配有普通尾座或数控尾座，适合车削较长的零件及直径不太大的盘类零件。

　　（3）按刀架数量分类。

　　1）单刀架数控车床。数控车床一般都配置有各种形式的单刀架，如四工位卧动转位刀架或多工位转塔式自动转位刀架。

　　2）双刀架数控车床。这类车床的双刀架配置可以是平行分布，也可以是相互垂直分布。

　　（4）按功能分类。

1）经济型数控车床。经济型数控车床是采用步进电动机和单片机对普通车床的进给系统进行改造后形成的简易型数控车床。其成本较低，但自动化程度和功能都比较差，车削加工精度也不高，适用于要求不高的回转类零件的车削加工。

2）普通数控车床。普通数控车床是根据车削加工要求在结构上进行专门设计并配备通用数控系统而形成的数控车床。其数控系统功能强，自动化程度和加工精度也比较高，适用于一般回转类零件的车削加工。这种数控车床可同时控制两个坐标轴，即 X 轴和 Z 轴。

3）车削加工中心。在普通数控车床的基础上，增加 C 轴和动力头就形成车削加工中心，更高级的数控车床带有刀库，可控制 X、Z 和 C 三个坐标轴，联动控制轴可以是（X、Z）、（X、C）或（Z、C）。由于增加了 C 轴和铣削动力头，这种数控车床的加工功能大大增强，除可以进行一般车削外可以进行径向和轴向铣削、曲面铣削、中心线不在零件回转中心的孔和径向孔的钻削等加工。

（5）其他分类方法。数控车床按数控系统的不同控制方式等指标，可以分为直线控制数控车床、两主轴控制数控车床等；按特殊或专门工艺性能可分为螺纹数控车床、活塞数控车床、曲轴数控车床等多种。

6.2.2.3 数控车床的加工对象

数控车床是当今应用较为广泛的数控机床之一，它主要用于加工轴类、盘类等回转体零件的内外圆柱面，任意角度的内外圆锥面，复杂回转内外曲面，圆柱、圆锥螺纹等，并能进行切槽、钻孔、扩孔、铰孔、镗孔等切削加工。

6.2.3 数控铣床

数控铣床是发展最早的一种数控机床，以主轴位于垂直方向的立式铣床居多。主轴上装刀具，刀具做旋转的主运动；工件装于工作台上，工作台做进给运动。当工作台完成纵向、横向和垂直三个方向的进给运动，主轴只做旋转运动时，机床属升降台式铣床。为了提高刚度，目前多采用主轴既旋转又随主轴箱做垂直升降的进给运动。工作台做纵、横两向的进给运动时，机床称为工作台不升降铣床。数控铣床组成如图6-8所示。

数控铣床的坐标系，Z 轴与主轴同向；X 坐标为水平方向，且一般取运动行程较长者；Y 轴按右手系确定。为保证足够的工件安装空间，取刀具远离工件的方向为 Z 轴正方向。

在立式铣床上增加一绕 X（或 Y）轴的回转坐标即构成四坐标数控铣床，如同时加上绕 X 轴与 Y 轴的回转坐标运动，则构成五坐标数控铣床。

数控铣床的种类很多，常用的分类方法有以下三种方式。

（1）按机床主轴的布置形式分类。

1）立式数控铣床。立式数控铣床是数控铣床中数量最多的一种，应用范围也最为广泛。立式数控铣床的主轴轴线垂直于水平面，如图6-9所示。各坐标的控制方式有以下几种：

①工作台纵向、横向移动，主轴上下移动。

②工作台纵向、横向及上下向移动，主轴不动。

③龙门式数控铣床，如图6-10所示。

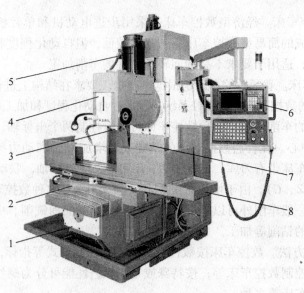

图 6-8　数控铣床的组成
1—床身；2—滑座；3—主轴；4—主轴箱；
5—主轴电动机；6—控制面板；7—立柱；8—工作台

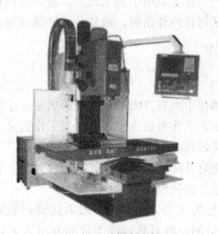

图 6-9　立式数控铣床

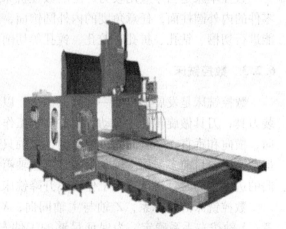

图 6-10　龙门式数控铣床

2）卧式数控铣床。卧式数控铣床和通用卧式铣床相同，其主轴轴线平行于水平面，如图 6-11 所示。为了扩大加工范围和扩充功能，卧式数控铣床通常采用增加数控转盘或万能转盘来实现四坐标和五坐标加工。这样不但工件侧面上的连续回转轮廓可以加工出来，而且可以实现一次装夹，通过转盘改变工位，进行"四面体加工"。尤其是万能数控转盘可以把工件上各种不同的角度或空间角度的加工面摆成水平加工，可以省去很多专用夹具或专用角度的成型铣刀。对于箱体类零件或需要在一次装夹中改变工位的零件来说，选择带数控转盘的卧式数控铣床进行加工是非常合适的。

由于卧式数控铣床在增加了数控转盘后很容易做到对加工零件进行"四面加工"，在许多方面胜过带数控转盘的立式数控铣床，所以目前已得到广大用户的重视。

3）立卧两用数控铣床。立卧两用数控铣床也称万能式数控铣床，主轴可以旋转90°或工作台带着工件旋转90°，如图6-12所示。目前，这类铣床正逐步增加。这类铣床由于主轴方向可以更换，能实现在一台床上既可以进行立式加工，又可以进行卧式加工，因此适用范围更广，功能更全，选择加工对象的余地更大。尤其是当生产批量小、品种多，又需要立、卧两种方式加工时，用户只需要购买一台这样的铣床就可以了。

图6-11 卧式数控铣床

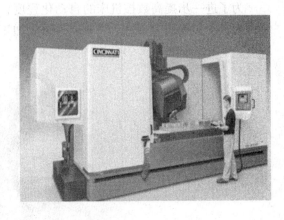

图6-12 立卧两用数控铣床

（2）按数控系统的功能分类。

1）经济型数控铣床。这种铣床一般采用经济型数控系统，采用步进电动机进给，位置控制采用开环控制，例如配备西门子8025等系统，开环控制，可以实现机床三轴联动。这种铣床成本低，功能简单，加工精度不高，适用于一般复杂零件的加工，一般有床身式和工作台升降式两种类型。

2）全功能型数控铣床。这种铣床使用全功能数控系统，采用半闭环或全闭环位置控制，数控系统功能丰富，一般可以实现四坐标以上的联动，加工适用性强，应用最广泛。

3）高速铣削数控铣床。高速铣削是数控加工技术未来的一个发展方向，技术已经比较成熟，逐渐得到广泛的应用。这类数控铣床采用全新的机床结构、功能部件和功能强大的数控系统并配以加工性能优越的刀具系统，加工时主轴转速一般为8000～40000r/min，铣削进给速度可达10～30m/min，可以对大面积的曲面进行高效率、高质量的加工。其缺点是价格昂贵，使用成本较高。

（3）按数控系统控制的坐标数（轴数）分类。

1）两轴半坐标联动数控铣床。此类机床主要用于三轴以上机床的控制，其中两根轴可以联动，而另外一根轴可以做周期性进给。

2）三坐标联动数控铣床。此类机床一般分为两类：一类是X、Y、Z三个直线坐标轴联动；另一类是除了同时控制X、Y、Z中两个直线坐标外，还同时控制围绕其中某一直线坐标轴旋转的旋转坐标轴。

3）四坐标联动数控铣床。此类机床同时控制X、Y、Z三个直线坐标轴与某一旋转坐标轴联动。

4）五坐标联动数控铣床。此类机床除同时控制X、Y、Z三个直线坐标轴联动外，还同时控制围绕这些直线坐标轴旋转的A、B、C坐标轴中的两个坐标轴，形成同时控制五个轴联动，这时刀具可以被定在空间的任意方向。

数控铣床可以完成各类复杂平面、曲面和壳体类零件的加工，如各种模具、样板、凸轮、箱体等等。

6.2.4　加工中心

为了进一步提高数控机床的自动化程度，人们在数控机床上增加刀库和换刀机械手，统称为自动交换刀具装置（ATC），构成加工中心（Machining Center，MC），如图 6-13 所示。

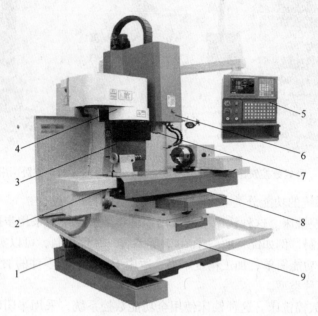

图 6-13　加工中心的组成
1—底座；2—工作台；3—立柱；4—刀库；5—控制面板；
6—主轴箱；7—主轴；8—滑座；9—床身

加工中心多以钻、镗、铣功能复合型为主。工件一次装夹后，能完成铣、钻、销、攻丝等多道工序加工；如果带有分度工作台，则在一次安装后还能完成多个侧面上的加工工序，实现了工序高度集中。加工中心的精度较高，自动化程度高，生产率高，所以在现代化生产中得到了广泛的应用。

加工中心是目前世界上产量最高、应用最广泛的数控机床之一。它主要用于箱体类零件和复杂曲面零件的加工，能把铣削、镗削、钻削、攻螺纹、车螺纹等功能集中在一台设备上。因为它具有多种换刀或选刀功能及自动工作台交换装置（APC），故工件经一次装夹后，可自动地完成或接近完成工件各面的所有加工工序，从而使生产效率和自动化程度大大提高，因此加工中心又称为自动换刀数控机床或多工序数控机床。

加工中心的加工范围主要取决于刀库容量。刀库是多工序集中加工的基本条件，刀库中刀具的存储量一般有 10 ~ 40、60、80、100、120 等多种规格，有些柔性制造系统配有中央刀库，可以存储上千把刀具。刀库中刀具容量越大，加工范围越广，加工的柔性程度越高，一些常用刀具可长期装在刀库上，需要时随时调整，大大减少了更换刀具的准备时间。具有大容量刀库的加工中心，可实现多品种零件的加工，从而最大限度地发挥加工中心的优势。

6.2.4.1 加工中心的分类

加工中心的种类很多，常用的分类方法有以下几种方式：

（1）按功能特征分类。

1）镗铣加工中心。镗铣加工中心以镗铣为主，适用于箱体、壳体加工以及各种复杂零件的特殊曲线和曲面轮廓的多工序加工，适用于多品种、小批量的生产方式。

2）钻削加工中心。钻削加工中心以钻削为主，刀库形式以转塔头形式为主，适用于中、小批量零件的钻孔、扩孔、铰孔、攻螺纹及连续轮廓铣削等多工序加工。

3）复合加工中心。复合加工中心主要指五面复合加工，可自动回转主轴头，进行立卧加工。主轴自动回转后，在水平和垂直面实现刀具自动交换。

（2）按结构特征分类。加工中心工作台有各种结构，按工作台结构特征分类，可分成单、双和多工作台。设置工作台的目的是为了缩短零件的辅助准备时间，提高生产效率和机床自动化程度。

（3）按主轴种类分类。根据主轴结构特征分类，加工中心可分为单轴、双轴、三轴及可换主轴箱的加工中心。

（4）按自动换刀装置分类。

1）转塔头加工中心。这种加工中心有立式和卧式两种，主轴数一般为 6～12 个，这种结构换刀时间短、刀具数量少、主轴转塔头定位精度要求较高。

2）刀库＋主轴换刀加工中心。这种加工中心特点是无机械手式主轴换刀，利用工作台运动及刀库转动，并由主轴箱上下运动进行选刀和换刀。

3）刀库＋机械手＋主轴换刀加工中心。这种加工中心结构多种多样，由于机械手卡爪可同时分别抓住刀库上所选的刀和主轴上的刀，因此换刀时间短，并且选刀时间与机加工时间重合，因此得到广泛应用。

4）刀库＋机械手＋双主轴转塔头加工中心。这种加工中心在主轴上的刀具进行切削时，通过机械手将下一步所用的刀具换在转塔头的非切削主轴上。当主轴上的刀具切削完毕后，转塔头即回转，完成换刀工作，换刀时间短。

（5）按主轴在加工时的空间位置分类。加工中心常按主轴在空间所处的状态分为立式加工中心和卧式加工中心。加工中心的主轴在空间处于垂直状态的称为立式加工中心，主轴在空间处于水平状态的称为卧式加工中心，如图 6-14 所示。

另外，加工中心按立柱的数量分类，有单柱式和双柱式（龙门式，见图 6-15）；按运动坐标数和同时控制的坐标数分类，有三轴二联动、三轴三联动、四轴三联动、五轴四联动、六轴五联动等。

6.2.4.2 加工中心的加工对象

加工中心适宜于加工复杂、工序多、要求较高、需用多种类型的普通机床和众多刀具夹具，且经多次装夹和调整才能完成加工的零件。其加工的主要对象有箱体类零件、复杂曲面、异形件、盘套板类零件和特殊加工 5 类。

(a)　　　　　　　　　　　　　　　(b)

图 6-14　按主轴在加工时的空间位置分类
(a) 立式加工中心；(b) 卧式加工中心

图 6-15　龙门加工中心

6.2.4.3　加工中心的自动换刀装置

A　自动换刀装置的形式

自动换刀装置的结构取决于机床的类型、工艺范围及刀具的种类、数量等。自动换刀装置主要有回转刀架和带刀库的自动换刀装置两种形式。

回转刀架换刀装置的刀具数量有限，但结构简单，维护方便。

带刀库的自动换刀装置是由刀库和机械手组成的，它是多工序数控机床上应用最广泛的换刀装置。

B　刀库的形式

刀库的形式很多，结构各异，常用的刀库形式有鼓轮式和链式两种。图 6-16（a）、(b) 所示为鼓轮式刀库，这种刀库结构简单、紧凑，应用较多，一般存在刀具不超过 32 把。图 6-16（c）、(d) 所示为链式刀库，这种刀库多为轴向取刀，适用于要求刀库容量较大的机床。

C　换刀过程

自动换刀装置的换刀过程由选刀和换刀两部分组成。选刀即刀库按照选刀命令（或信

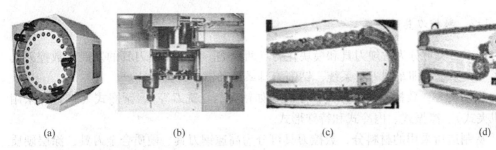

(a)	(b)	(c)	(d)

图 6-16 刀库形式

息）自动将要用的刀具移动到换刀位置，完成选刀过程，为下面换刀做好准备；换刀即把主轴上用过的刀具取下，将选好的刀具安装在主轴上。

  D 刀具的选择方法

  数控机床常用的选刀方式有顺序选刀方式和任选方式两种。

  （1）顺序选刀方式。将加工所需要的刀具，按照预先确定的加工顺序依次安装在刀座中，换刀时，刀库按顺序转位。这种方式的控制及刀库运动简单，但刀库中刀具排列的顺序不能错。

  （2）任选方式。对刀具或刀座进行编码，并根据编码选刀。它可分为刀具编码和刀座编码两种方式。

6.3 数控机床工装

6.3.1 刀具系统

6.3.1.1 数控机床刀具的特点与要求

  数控机床刀具的特点是标准化、系列化、规格化、模块化和通用化。为了达到高效、多能、快换、经济的目的，对数控机床使用的刀具有如下要求：

  （1）具有较高的强度、较好的刚度和抗振性能；

  （2）高精度、高可靠性和较强的适应性；

  （3）能够满足高切削速度和大进给量的要求；

  （4）刀具耐磨性及刀具的使用寿命长，刀具材料和切削参数与被加工件材料之间要适宜；

  （5）刀片与刀柄要通用化、规格化、系列化、标准化，相对主轴要有较高位置精度，转位、拆装时要求重复定位精度高，安装调整方便。

  数控刀具材料应具备以下的切削性能：

  （1）高的硬度和耐磨性；

  （2）足够的强度和韧性；

  （3）良好的耐热性和导热性；

  （4）良好的工艺性；

  （5）良好的经济性。

6.3.1.2　数控刀具的种类

数控加工刀具可分为常规刀具和模块化刀具两大类。由于模块刀具的发展，数控刀具已形成了三大系统，即车削刀具系统、钻削刀具系统和镗铣刀具系统。

（1）从结构分，数控刀具可分为整体式（如钻头、立铣刀等）、镶嵌式（如刀片采用焊接和机夹式）、减振式、内冷式和特殊形式。

（2）从制造所采用的材料分，数控刀具可分为高速钢刀具、硬质合金刀具、涂层硬质合金、陶瓷刀具、立方氮化硼刀具和金刚石刀具。其中硬质合金刀片按国际标准分为三大类：P类（蓝色）、M类（黄色）、K类（红色）。

1）P类：适于加工钢、长屑可锻铸铁（相当于我国的钨钴钛类，即YT类）。

2）M类：适于加工奥氏体不锈钢、铸铁、高锰钢、合金铸铁等（相当于我国的钨钴钛钽铌类，即YW类）。

3）M-S类：适于加工耐热合金和钛合金。

4）K类：适于加工铸铁、冷硬铸铁、短屑可锻铸铁、非钛合金（相当于我国的钨钴类，即YG类）。

5）K-N类：适于加工铝、非铁合金。

6）K-H类：适于加工淬硬材料。

（3）从切削工艺分，数控刀具可分为车削刀具（如外圆、内孔、螺纹、切断、成形车刀等）、钻削刀具（如钻头、铰刀、丝锥等）和铣削刀具（如面铣刀、立铣刀、模具铣刀、三面刃铣、键槽铣刀、鼓形铣刀、成形铣刀等）。

6.3.1.3　常用数控刀具结构

整体式刀具是指刀具切削部分和夹持部分为一体式结构的刀具。这种刀具制造工艺简单，刀具磨损后可以重新修磨。

机夹式刀具分为机夹可转位刀具和机夹不可转位刀具。数控机床一般使用标准的机夹可转位刀具。机夹可转位刀具一般由刀片、刀垫、刀体和刀片定位夹紧元件组成。可转位刀具的夹紧方式有楔块上压式、杠杆式、螺钉上压式，要求夹紧可靠、定位准确、排屑流畅、结构简单、操作方便。

6.3.1.4　数控机床刀具的选择

刀具选择总的原则是：安装调整方便，刚性好，耐用度和精度高。在满足加工要求的前提下，尽量选择较短的刀柄，以提高刀具加工的刚性。

刀具选择应考虑的主要因素有：

（1）被加工件的材料、性能，如金属、非金属，其硬度、刚度、塑性、韧性及耐磨性等。

（2）加工工艺类别，如车削、钻削、铣削、镗削或粗加工、半精加工、精加工和超精加工等。

（3）工件的几何形状、加工余量、零件的技术经济指标。

（4）刀具能承受的切削用量。

（5）辅助因素，如操作间断时间、振动、电力波动或突然中断等。

6.3.1.5 数控车刀

数控车床一般使用标准的机夹可转位刀具。机夹可转位刀具的刀片和刀体都有标准，刀片材料采用硬质合金、涂层硬质合金等。

数控车床机夹可转位刀具类型有外圆刀、端面车刀、外螺纹刀、切断刀具、内圆刀具、内螺纹刀具、孔加工刀具（包括中心孔钻头、镗刀、丝锥等）。

选择刀具时，首先根据加工内容确定刀具类型，根据工件轮廓形状和走刀方向来选择刀片形状。

可转位刀片的选择应考虑以下内容：

（1）刀片材料选择，如高速钢、硬质合金、涂层硬质合金、陶瓷、立方碳化硼或金刚石。

（2）刀片尺寸选择，如有效切削刃长度、主偏角等。

（3）刀片形状选择，如依据表面形状、切削方式、刀具寿命等。

（4）刀片的刀尖半径选择。

1）粗加工、工件直径大、要求刀刃强度高、机床刚度大时，选大刀尖半径值。

2）精加工、切深小、细长轴加工、机床刚度小时，选小刀尖半径值。

6.3.1.6 数控铣刀

A 选择铣削刀具的考虑要点

在数控铣床上使用的刀具主要立铣刀、面铣刀、球头刀、环形刀、鼓形刀和锥形刀等。除此以外还有各种孔加工刀具，如钻头（锪钻、铰刀、丝锥等）镗刀等，如图6-17所示。

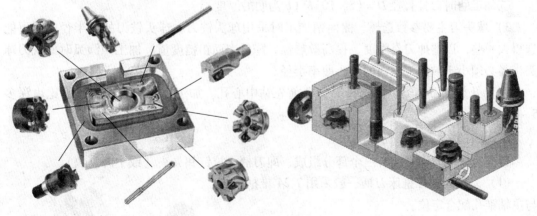

图 6-17 数控铣刀

面铣刀（也称端铣刀），面铣刀的圆周表面和端面上都有切削刃。面铣刀多制成套式镶齿结构和刀片机夹可转位结构，刀齿材料为高速钢或硬质合金，刀体为40Cr。

立铣刀是数控机床上用得最多的一种铣刀。立铣刀的圆柱表面和端面上都有切削刃，它们可同时进行切削，也可单独进行切削。结构有整体式和机夹式等。高速钢和硬质合金是铣刀工作部分的常用材料。

模具铣刀由立铣刀发展而成,可分为圆锥形立铣刀、圆柱形球头立铣刀和圆锥形球头立铣刀三种,其柄部有直柄、削平形直柄和莫氏锥柄。它的结构特点是球头或端面上布满切削刃,圆周刃与球头刃圆弧连接,可以做径向和轴向进给。铣刀工作部分用高速钢或硬质合金制造。

选取刀具时,要使刀具的尺寸与被加工工件的表面尺寸与形状相适应。首先根据加工内容和工件轮廓形状确定刀具类型,再根据加工部分大小选择刀具大小。

(1) 铣刀类型的选择。加工较大平面选择面铣刀;加工凸台、凹槽、平面轮廓选择立铣刀;加工曲面较平坦的部位常采用环形(牛鼻刀)铣刀;曲面加工选择球头铣刀;加工空间曲面模具型腔与凸模表面选择模具铣刀;加工封闭键槽选键槽铣刀;等等。

(2) 铣刀参数的选择。

1) 面铣刀主要参数选择。

①标准可转位面铣刀直径在 $\phi16 \sim 630$ mm,粗铣时直径选小的,精铣时铣刀直径选大些,最好能包容待加工表面的整个宽度(多 20%)。

②依据工件材料和刀具材料以及加工性质确定其几何参数:铣削加工通常选前角小的铣刀,强度、硬度高的材料选负前角;工件材料硬度不大的选大后角,硬度大的选小后角,粗齿铣刀选小后角;细齿铣刀取大后角,铣刀的刃倾角通常在 $-5° \sim 15°$,主偏角在 $45° \sim 90°$。

2) 立铣刀主要参数选择。

①刀具半径 r 应小于零件内轮廓最小曲率半径 ρ。

②零件的加工高度 $H \leqslant \left(\frac{1}{6} \sim \frac{1}{4}\right) r$。

③不通孔或深槽选取 $L = H + (5 \sim 10)$ mm(L 为切削部分长度)。

④加工外形及通槽时选取 $L = H + \gamma_\varepsilon + (5 \sim 10)$ mm(γ_ε 为刀尖圆角半径)。

⑤加工肋时刀具直径 $D = (5 \sim 10)b$(b 为肋的厚度)。

3) 球头刀主要参数选择。曲面精加工时采用球头铣刀。球头铣刀的球半径应尽可能选得大一些,以增加刀具刚度,提高散热性,降低表面粗糙度值。加工凹圆弧时的铣刀球头半径必须小于被加工曲面的最小曲率半径。

(3) 孔加工刀具类型的选择。钻孔前先钻中心孔。加工盲孔时,刀刃长度比也深多 $5 \sim 10$ mm。

B 数控铣削刀柄系统

数控铣床用刀柄系统有三个部分组成,即刀柄、拉钉和夹头(或中间模块)。

(1) 刀柄。数控铣床刀柄一般采用 7:24 锥柄与主轴锥孔配合定位。

(2) 拉钉。ISO 或 GB 规定了 A 型和 B 型两种形式的拉钉,其中 A 型拉钉用于不带钢球的拉紧装置,而 B 型拉钉用于带钢球的拉紧装置,如图 6-18 所示。刀柄及拉钉已标准化,具体尺寸可查阅有关标准的规定。

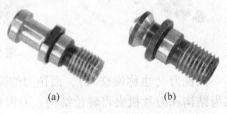

(a)   (b)

图 6-18 拉钉
(a) A 型;(b) B 型

(3) 弹簧夹头及中间模块。弹簧夹头分 ER 弹簧夹头和 KM 弹簧夹头两种,如图 6-19

所示。其中 ER 弹簧夹头的夹紧力较小，适用于切削力较小的场合；KM 弹簧夹头的夹紧力较大，适用于强力铣削。中间模块（见图 6-20）是刀柄和刀具之间的中间连接装置，通过中间模块的使用，提高了刀柄的通用性能。

（a）　　　　　　　　　　　　　　　　（b）

图 6-19　弹簧夹头

（a）ER 弹簧夹头；（b）KM 弹簧夹头

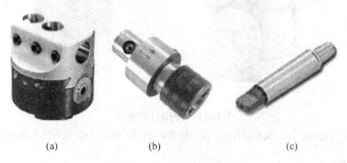

（a）　　　　　　　（b）　　　　　　　（c）

图 6-20　中间模块

（a）精镗刀中间模块；（b）攻丝锥夹套；（c）钻夹头接柄

（4）对刀及对刀装置。常用对刀装置如图 6-21 所示。

6.3.2　其他工装

6.3.2.1　常用数控车床夹具

车削加工时，必须将工件毛坯安装在车床的夹具上，经过定位、夹紧，使它在整个加工过程中始终保持正确的位置。工件由于形状、大小和加工精度及数量不同，在加工时应分别采用不同的安装方法。

（1）在三爪自定心卡盘上安装工件。三爪自定心卡盘的三个卡爪是同步运动的，能自动定心，一般不需找正。三爪自定心卡盘装夹工件方便、省时，自动定心好，但夹紧力较小，所以适用于装夹外形规则的中、小型工件。三爪自定心卡盘可装成正爪或反爪两种形式。反爪用来装夹直径较大的工件。用三爪自定心卡盘装夹精加工过的表面时，被夹住的工件表面应包一层铜皮，以免夹伤工件表面。

数控车床多采用三爪自定心卡盘夹持工件。数控车床主轴转速较高，为便于工件夹紧，多采用液压高速动力卡盘。液动卡盘具有高转速、高夹紧力、高精度、调爪方便、通孔、使用寿命长等优点。通过调整油缸的压力，可改变卡盘的夹紧力，以满足夹持各种薄壁和易变形工件的特殊需要。还可使用软爪夹持工件，软爪弧面由操作者随机配制，可获

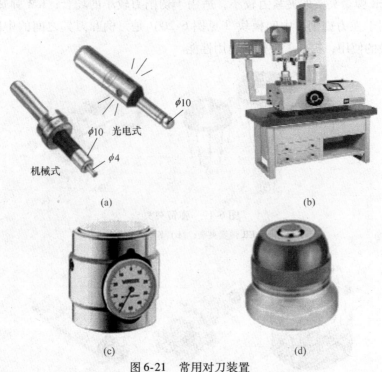

图 6-21　常用对刀装置

（a）寻边器；（b）机外对刀仪；（c）机械式 Z 向对刀仪；（d）光电式 Z 向对刀仪

得理想的夹持精度。

（2）在四爪单动卡盘上安装工件。四爪单动卡盘（见图 6-22）的四个卡爪是各自独立运动的。因此在安装工件时，必须将工件的旋转中心找正到与车床主轴旋转中心重合后才可车削。四爪单动卡盘找正比较费时，但夹紧力较大，所以适用于装夹大型或形状不规则的工件。

（3）在两顶尖之间安装工件。对于较长或必须经过多道工序才能完成的轴类工件，为保证每次安装时的装夹精度，可用两顶尖装夹，如图 6-23 所示。两顶尖安装工件方便，不需找正，定位精度高，但装夹前必须先在工件的两端面钻出合适的中心孔。该装夹方式适用于多工序加工或精加工。

图 6-22　四爪单动卡盘

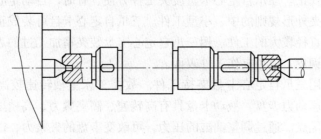

图 6-23　在两顶尖之间安装工件

用两顶尖装夹工件时须注意：

1）前后顶尖的连线应与车床主轴轴线同轴，否则车出的工件会产生锥度误差。

2）尾座套筒在不影响车刀切削的前提下，应尽量伸出得短些，以增加刚性，减少振动。

3）中心孔应形状正确，表面粗糙度值小。轴向精确定位时，中心孔倒角可加工成准确的圆弧形倒角，并以该圆弧形倒角与顶尖锋面的切线为轴向定位基准定位。

4）两顶尖与中心孔的配合应松紧合适。

（4）用一夹一顶方法来安装工件。用两顶尖装夹工件虽然精度高，但刚性较差，尤其对粗大笨重工件安装时的稳定性不够，切削用量的选择受到限制，这时通常选用一端用卡盘夹住另一端用后顶尖支撑来安装工件，即一夹一顶安装工件，如图6-24所示。

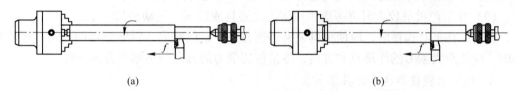

(a)   (b)

图 6-24　一夹一顶安装工件
（a）用限位支撑；（b）用工件台阶面限位

为了防止工件由于切削力的作用而产生轴向位移，必须在卡盘内装一限位支承，或利用工件的台阶面轴向限位。一夹一顶安装工件比较安全、可靠，能承受较大的轴向切削力，安装刚性好，轴向定位准确，所以应用比较广泛。但这种方法对于相互位置精度要求较高的工件，在掉头车削时校正较困难。

（5）用双三爪自定心卡盘装夹。对于精度要求高、变形要求小的细长轴类零件可采用双主轴驱动式数控车床加工，机床两主轴轴线同轴、转动同步，零件两端同时分别由三爪自定心卡盘装夹并带动旋转，这样可以减小切削加工时切削力矩引起的工件扭转变形。

（6）其他类型的数控车床夹具。为了充分发挥数控车床的高速度、高精度和自动化的效能，必须有相应的数控夹具与之配合。数控车床夹具除了使用通用三爪自定心卡盘、四爪卡盘、顶尖、大批量生产中使用便于自动控制的液压、电动及气动卡盘外，还有其他类型的夹具，它们主要分为两大类：即用于轴类工件的夹具和用于盘类工件的夹具。

1）用于轴类工件的夹具。数控车床加工一些特殊形状的轴类工件（如异形杠杆）时，坯件可装卡在专用车床夹具上，夹具随同主轴一同旋转。用于轴类工件的夹具还有自动夹紧拨动卡盘、三爪拨动卡盘和快速可调万能卡盘等。图6-25为加工实心轴所用的拨齿顶尖夹具，其特点是在粗车时可以传递足够大的转矩，以适应主轴高速旋转车削要求。

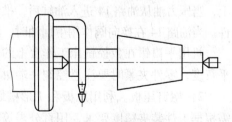

图 6-25　拨齿顶尖夹具

2）用于盘类工件的夹具。这类夹具适用在无尾座的卡盘式数控车床上。用于盘类工件的夹具主要有可调卡爪式卡盘和快速可调卡盘。

6.3.2.2　数控铣削加工夹具的选择

A　数控铣削夹具的选用原则

在数控铣削选用夹具时，通常需要考虑产品的生产批量、生产效率、质量保证及产品的经济性，选用时可参照下列原则：

（1）在研制或生产批量小时，尽量选择通用夹具、组合夹具，使零件在一次装夹中完成全部加工面的加工，并尽可能使零件的定位基准与设计基准重合，以减小定位误差。只有在组合夹具无法解决工件装夹时才考虑采用其他夹具。一般在模具加工中采用平口钳或压板为多。

（2）小批量或成批生产时可考虑采用专用夹具，但应尽量简单。

（3）在生产批量较大时可考虑采用多工位夹具或液压、气动夹具。

总之，在夹具选择时，应使夹具装夹迅速方便、定位准确，以缩短辅助时间；零件安装时，应注意夹紧力的作用点和方向，尽量使切削力的方向与夹紧力方向一致。

B　选用数控铣削夹具的具体要求

（1）夹具的刚性与稳定性要好。目的是使零件在切削过程中切削平稳，保证零件的加工精度。在加工过程中尽量不采用更换夹紧点的设计，当非要更换夹紧点时，要特别注意不能因更换夹紧点而破坏夹具或工件的定位精度。

（2）应保持工件在本工序中所有需要完成的待加工面充分暴露在外，夹具要做得尽量敞开，因此加工面与夹紧机构元件之间应保持一定的安全距离，同时要求夹紧机构元件尽可能低，以防止夹具与铣床主轴套筒或刃具、刀套在加工过程中发生碰撞。

（3）为保持零件安装方位与机床坐标系及编程坐标系方向的一致性，夹具应能保证在机床上实现定向安装，还要求能协调机床与零件定位面之间保持一定的坐标联系。

C　常用铣削夹具的种类

（1）通用铣削夹具。通用铣削夹具有平口钳、通用螺钉压板、分度头和三爪卡盘等。

1）机用平口钳（又称虎钳）。形状比较规则的零件铣削时常用平口钳装夹。平口钳方便灵活，适应性广。当加工一般精度要求和较小夹紧力的零件时常用机械式平口钳（见图6-26a），靠丝杠和螺母相对运动来夹紧工件；当加工精度要求较高且需要较大的夹紧力时，可采用较高精度的液压式平口钳（见图6-26b）所示。工件装在心轴10上，心轴固定在钳口11上，当压力油从油路14进入油缸后，推动活塞12移动，活塞拉动活动钳口向右移动夹紧工件。当油路14在换向阀作用下回油时，活塞和活动钳口在弹簧作用下左移松开工件。

机用平口钳在数控铣床工作台上的安装要根据加工精度要求控制钳口与 X 轴或 Y 轴的平行度，零件夹紧时要注意控制一端钳口上翘或工件变形。

2）螺钉压板。利用压板和 T 形槽螺栓将工件固定在机床工作台上即可。装夹工件时，需根据工件装夹精度要求，用百分表等找正工件。

3）铣床用卡盘。当需要在数控铣床上完成回转体零件的加工时，可以采用三爪卡盘装夹，对于非回转零件可采用四爪卡盘装夹，如图6-27所示。

铣床用卡盘的使用方法与车床卡盘类似，使用 T 形槽螺栓将卡盘固定在机床工作台上即可。

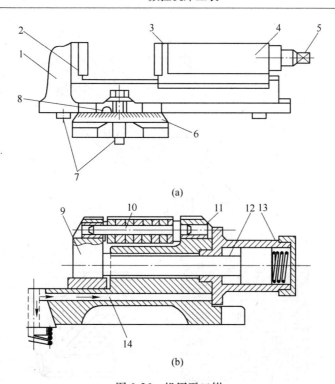

图 6-26　机用平口钳

（a）机械式；（b）液压式

1—钳体；2—固定钳口；3，9—活动钳口；4—活动钳身；5—丝杠方头；6—底座；
7—定位键；8—钳体零线；10—心轴；11—钳口；12—活塞；13—弹簧；14—油路

图 6-27　铣床用卡盘

（a）三爪卡盘；（b）四爪卡盘

（2）专用铣削夹具。专用铣削夹具是专门为某一项或类似的几项工件设计制造的夹具，一般在批量较大或研制需要时采用。其结构固定，仅适用于一个具体零件的具体工序，这类夹具设计应力求简化，目的是让制造时间尽可能短。图 6-28 所示为铣削某一零件上表面时无法采用常规夹具，故用 V 形槽的压板结合做成了一个专用夹具。

（3）多工位夹具。多工位夹具（见图 6-29）可以同时装夹多个工件，减少换刀次数，以便于一边加工，一边装卸工件，有利于缩短辅助加工时间，提高生产率，较适合中小批量生产。

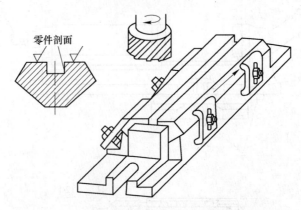

图 6-28　专用夹具铣平面

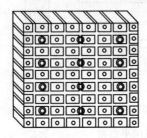 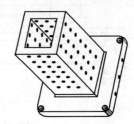

图 6-29　多工位夹具

（4）液压或气动夹具。液压或气动夹具适合生产批量较大，采用其他夹具又特别费时、费力的场合，能减轻工人劳动强度和提高生产率。但此类夹具结构较复杂，造价往往很高，而且制造周期较长。

（5）回转工作台。为了扩大数控机床的工艺范围，数控机床除了沿 X、Y、Z 三个轴做直线进给外，往往还有绕 Y 轴或 Z 轴的圆周进给运动的需要。数控机床的进给运动一般由回转工作台来实现，对于加工中心来说回转工作台已成为一个不可缺少的部件。

数控铣床中常用的回转工作台有分度工作台和数控回转工作台。

1）分度工作台。分度工作台只能完成分度运动，不能实现圆周进给。分度时也可以采用手动分度。分度工作台一般只能回转规定的角度（如 45°、60° 和 90° 等）。

2）数控回转工作台。其主要作用是根据数控装置发出的指令脉冲信号，完成圆周进给运动，进行各种圆弧或曲面加工，它也可以进行分度工作。

数控回转工作台可以使数控铣床增加一个或两个回转坐标，通过数控系统实现四坐标或五坐标联动，可有效地扩大工艺范围，使复杂工件的加工成为可能。

数控卧式铣床一般采用方形回转工作台，实现 A、B 或 C 坐标运动。圆形回转工作台占据的机床运动空间较大。

6.4　数控加工工艺

6.4.1　数控加工工艺的主要内容

数控加工工艺主要包括：选择并确定需要进行数控加工的零件及内容，数控加工工艺设计，对零件图形进行必要的数学处理，编写加工程序，程序校验与首件试加工，数控加工工艺技术文件的编写与归档等。

（1）选择并确定需要进行数控加工的零件及内容。数控加工较适应的零件包括以下几种：

1）形状复杂，加工精度要求高，通用机床无法加工或很难保证加工质量的零件。

2）多品种、小批量生产的零件。

3）需要频繁改型的零件。

4）需要最短周期的急需零件。

（2）数控加工工艺设计。

1）数控加工工艺分析。数控加工工艺分析主要包括零件图分析、结构工艺性分析、零件安装方式的选择等内容。

2）工序的划分。工序划分主要考虑生产纲领、所用设备及零件本身的结构、技术要求等。数控工序的划分概念与普通机床工序划分有所不同。在数控机床上加工零件，工序划分方法有如下 3 种：

①按所用刀具划分：以同一把刀具完成的那一部分工艺过程为一道工序，这种方法适用于工件的待加工表面较多、机床连续工作时间过长、加工程序的编制和检查难度较大等情况，加工中心常用这种方法划分。

②按定位方式划分工序：这种方法一般适合于加工内容不多的工件，加工完后就能达到待检状态。通常是以一次安装及加工作为一道工序。

③按粗、精加工划分：即粗加工中完成的那一部分工艺过程为一道工序，精加工中完成的那一部分工艺过程为一道工序。

3）工步的划分。工步的划分主要从加工精度和效率两方面考虑。在一个数控加工工序内往往需要采用不同的刀具和切削用量，对不同的表面进行加工。为了便于分析和描述较复杂的工序，在工序内又细分为工步。工步划分的原则如下：

①同一加工表面按粗加工、半精加工、精加工依次完成；或全部加工表面按先粗后精加工分开进行。若加工尺寸精度要求较高时，考虑零件尺寸、精度、刚性等因素，可采用前者划分工步。若加工表面位置精度要求较高时，建议采用后者。

②对于既有铣面又有镗孔的零件，可以采用"先面后孔"的原则划分工步。

③按所用刀具划分工步。某些机床工作台回转时间比换刀时间短，可采用按刀具划分工步，以减少换刀次数，提高加工生产率。

工序与工步的划分要根据实际零件的结构特点、加工技术要求等情况综合确定。

4）加工顺序的安排。在确定了某个工序的加工内容后，要详细安排这些工序内容的加工顺序，如一般数控铣削采用工序集中的方式，通常按照从简单到复杂的原则，先加工平面、沟槽、孔，再加工内腔、外形，最后加工曲面；先加工精度要求低的表面，再加工精度要求高的部位等。

数控切削加工工序通常按下列原则安排顺序：

①基面先行原则。用做精基准的表面应优先加工出来，因为定位基准的表面越精确，装夹误差就越小。例如，轴类零件加工时，总是先加工中心孔，再以中心孔为精基准加工外圆表面和端面。又如，箱体类零件加工时，总是先加工定位用的平面和两个定位孔，再

以平面和定位孔为精基准加工孔系和其他平面。

②先粗后精原则。先粗后精是指按照"粗加工—半精加工—精加工"的顺序进行加工，逐步提高加工精度。粗加工可在较短的时间内将工件表面上的大部分余量切除，一方面可提高金属切除率，另一方面可满足精加工的余量均匀性要求。若粗加工后所留余量不能满足精加工要求，则应安排半精加工。

③先内后外原则。内表面加工散热条件较差，为防止热变形对加工精度的影响，应先安排加工。对于有内孔和外圆表面的零件加工，通常先加工内孔，后加工外圆。同样，对于内外轮廓加工，先进行内轮廓（型腔）加工工序，后进行外形加工工序。

④先主后次原则。零件的主要工作表面、装配基面应先加工，从而能及早发现毛坯中主要表面可能出现的缺陷。次要表面可穿插进行，放在主要加工表面加工到一定程度后、最终精加工之前进行。

⑤先面后孔原则。对于有平面和孔加工的零件，应先加工孔，后加工平面。

加工顺序的安排还应根据零件的结构和毛坯状况以及定位安装与夹紧的要求综合确定。

6.4.2　CNC 加工工艺分析的一般步骤

程序编制人员在进行工艺分析时，要有机床说明书、编程手册、切削用量表、标准工具、夹具手册等资料，根据被加工工件的材料、轮廓形状、加工精度等选用合适的机床，制定加工方案，确定零件的加工顺序，各工序所用刀具、夹具和切削用量等。此外，编程人员应不断总结、积累工艺分析方面的实际经验，编写出高质量的数控加工程序。

（1）机床的合理选用。在数控机床上加工零件时，一般有两种情况：一是有零件图样和毛坯，要选择适合加工该零件的数控机床；二是已经有了数控机床，要选择适合在该机床上加工的零件。无论哪种情况，考虑的因素主要有毛坯的材料、零件轮廓形状复杂程度、尺寸大小、加工精度、零件数量、热处理要求等。概括起来有三点：

1）要保证加工零件的技术要求，加工出合格的产品。

2）有利于提高生产率。

3）尽可能降低生产成本（加工费用）。

（2）数控加工零件工艺性分析。数控加工工艺性分析涉及面很广，在此仅从数控加工的可能性和方便性两方面加以分析。

1）零件图样上尺寸数据的给出应符合编程方便的原则。

①零件图上尺寸标注方法应适应数控加工的特点。在数控加工零件图上，应以同一基准引注尺寸或直接给出坐标尺寸。这种标注方法既便于编程，也便于尺寸之间的相互协调，在保持设计基准、工艺基准、检测基准与编程原点设置的一致性方面带来很大方便。零件设计人员一般在尺寸标注中较多地考虑装配等使用特性方面，不得不采用局部分散的标注方法，这样就会给工序安排与数控加工带来许多不便。由于数控加工精度和重复定位精度都很高，不会因产生较大的积累误差而破坏使用特性，因此可将局部的分散标注法改为同一基准引注尺寸或直接给出坐标尺寸的标注法。

②构成零件轮廓的几何元素的条件应充分。在手工编程时要计算基点或节点坐标。在自动编程时，要对构成零件轮廓的所有几何元素进行定义。因此在分析零件图时，要分析几何元素的给定条件是否充分。如圆弧与直线、圆弧与圆弧在图样上相切，但根据图上给

出的尺寸，在计算相切条件时，变成了相交或相离状态。由于构成零件几何元素条件的不充分，使编程时无法下手。遇到这种情况时，应与零件设计者协商解决。

2）零件各加工部位的结构工艺性应符合数控加工的特点。

①零件的内腔和外形最好采用统一的几何类型和尺寸。这样可以减少刀具规格和换刀次数，使编程方便，生产效益提高。

②内槽圆角的大小决定着刀具直径的大小，因而内槽圆角半径不应过小。零件工艺性的好坏与被加工轮廓的高低、转接圆弧半径的大小等有关。

③零件铣削底平面时，槽底圆角半径不应过大。

④应采用统一的基准定位。在数控加工中，若没有统一基准定位，会因工件的重新安装而导致加工后的两个面上轮廓位置及尺寸不协调现象。因此要避免上述问题的产生，保证两次装夹加工后其相对位置的准确性，应采用统一的基准定位。

零件上最好有合适的孔作为定位基准孔，若没有，要设置工艺孔作为定位基准孔（如在毛坯上增加工艺凸耳或在后续工序要铣去的余量上设置工艺孔）。若无法制出工艺孔时，最起码也要用经过精加工的表面作为统一基准，以减少两次装夹产生的误差。

此外，还应分析零件所要求的加工精度、尺寸公差等是否可以得到保证、有无引起矛盾的多余尺寸或影响工序安排的封闭尺寸等。

（3）加工方法的选择与加工方案的确定。

1）加工方法的选择。加工方法的选择原则是保证加工表面的加工精度和表面粗糙度的要求。由于获得同一级精度及表面粗糙度的加工方法一般有许多种，因而在实际选择时，要结合零件的形状、尺寸大小和热处理要求等全面考虑。例如，对于IT7级精度的孔采用镗削、铰削、磨削等加工方法均可达到精度要求，但箱体上的孔一般采用镗削或铰削，而不宜采用磨削。一般小尺寸的箱体孔选择铰孔，当孔径较大时则应选择镗孔。此外，还应考虑生产率和经济性的要求，以及工厂的生产设备等实际情况。常用加工方法的经济加工精度及表面粗糙度可查阅有关工艺手册。

2）加工方案确定的原则。零件上比较精密表面的加工，常常是通过粗加工、半精加工和精加工逐步达到的。对这些表面仅仅根据质量要求选择相应的最终加工方法是不够的，还应正确地确定从毛坯到最终成型的加工方案。

确定加工方案时，首先应根据主要表面的精度和表面粗糙度的要求，初步确定为达到这些要求所需要的加工方法。例如，对于孔径不大的IT7级精度的孔，最终加工方法取精铰时，则精铰孔前通常要经过钻孔、扩孔和粗铰孔等加工。

（4）工序与工步的划分。

1）工序的划分。在数控机床上加工零件，工序可以比较集中，在一次装夹中尽可能完成大部分或全部工序。首先应根据零件图样，考虑被加工零件是否可以在一台数控机床上完成整个零件的加工工作。若不能则应决定其中哪一部分在数控机床上加工，哪一部分在其他机床上加工，即对零件的加工工序进行划分。

2）工步的划分。工步的划分主要从加工精度和效率两方面考虑。

（5）零件的安装与夹具的选择。

1）定位安装的基本原则。

①力求设计、工艺与编程计算的基准统一。

②尽量减少装夹次数，尽可能在一次定位装夹后，加工出全部待加工表面。

③避免采用占机人工调整式加工方案，以充分发挥数控机床的效能。

2）选择夹具的基本原则。数控加工的特点对夹具提出了两个基本要求：一是要保证夹具的坐标方向与机床的坐标方向相对固定；二是要协调零件和机床坐标系的尺寸关系。除此之外，还要考虑以下四点：

①当零件加工批量不大时，应尽量采用组合夹具、可调式夹具及其他通用夹具，以缩短生产准备时间、节省生产费用。

②在成批生产时才考虑采用专用夹具，并力求结构简单。

③零件的装卸要快速、方便、可靠，以缩短机床的停顿时间。

④夹具上各零部件应不妨碍机床对零件各表面的加工，即夹具要敞开其定位、夹紧机构元件不能影响加工中的走刀（如产生碰撞等）。

（6）刀具的选择与切削用量的确定。

1）刀具的选择。刀具的选择是数控加工工艺中重要内容之一，它不仅影响机床的加工效率，而且直接影响加工质量。编程时，选择刀具通常要考虑机床的加工能力、工序内容、工件材料等因素。

与传统的加工方法相比，数控加工对刀具的要求更高，不仅要求精度高、刚度好、耐用度高，而且要求尺寸稳定、安装调整方便。这就要求采用新型优质材料制造数控加工刀具，并优选刀具参数。

选取刀具时，要使刀具的尺寸与被加工工件的表面尺寸和形状相适应。生产中，平面零件周边轮廓的加工，常采用立铣刀。铣削平面时，应选硬质合金刀片铣刀；加工凸台、凹槽时，选高速钢立铣刀；加工毛坯表面或粗加工孔时，可选镶硬质合金的玉米铣刀。选择立铣刀加工时，刀具的有关参数，推荐按经验数据选取。曲面加工常采用球头铣刀，但加工曲面较平坦部位时，刀具以球头顶端刃切削，切削条件较差，因而应采用环形刀。在单件或小批量生产中，为取代多坐标联动机床，常采用鼓形刀或锥形刀来加工飞机上一些变斜角零件。加镶齿盘铣刀，适用于在五坐标联动的数控机床上加工一些球面，其效率比用球头铣刀高近 10 倍，并可获得好的加工精度。

在加工中心上，各种刀具分别装在刀库上，按程序规定随时进行选刀和换刀工作。因此必须有一套连接普通刀具的接杆，以便使钻、镗、扩、铰、铣削等工序用的标准刀具，能迅速、准确地装到机床主轴或刀库上去。作为编程人员应了解机床上所用刀杆的结构尺寸以及调整方法、调整范围，以便在编程时确定刀具的径向和轴向尺寸。目前我国的加工中心采用 TSG 工具系统，其柄部有直柄（3 种规格）和锥柄（4 种规格）两种，共包括 16 种不同用途的刀。

2）切削用量的确定。切削用量包括主轴转速（切削速度）、背吃刀量、进给量。对于不同的加工方法，需要选择不同的切削用量，并应编入程序单内。

合理选择切削用量的原则是，粗加工时，一般以提高生产率为主，但也应考虑经济性和加工成本；半精加工和精加工时，应在保证加工质量的前提下，兼顾切削效率、经济性和加工成本。具体数值应根据机床说明书、切削用量手册，并结合经验而定。

（7）对刀点与换刀点的确定。在编程时，应正确地选择对刀点和换刀点的位置。对刀点就是在数控机床上加工零件时，刀具相对于工件运动的起点。由于程序段从该点开始执行，所以对刀点又称为程序起点或起刀点。对刀点的选择原则是：

1）便于用数字处理和简化程序编制；

2）在机床上找正容易，加工中便于检查；

3）引起的加工误差小。

对刀点可选在工件上，也可选在工件外面（如选在夹具上或机床上）但必须与零件的定位基准有一定的尺寸关系。为了提高加工精度，对刀点应尽量选在零件的设计基准或工艺基准上，如以孔定位的工件，可选孔的中心作为对刀点。刀具的位置则以此孔来找正，使刀位点与对刀点重合。工厂常用的找正方法是将千分表装在机床主轴上，然后转动机床主轴，以使刀位点与对刀点一致。一致性越好，对刀精度越高。所谓刀位点是指车刀、镗刀的刀尖；钻头的钻尖；立铣刀、端铣刀刀头底面的中心，球头铣刀的球头中心。

零件安装后工件坐标系与机床坐标系就有了确定的尺寸关系。在工件坐标系设定后，从对刀点开始的第一个程序段的坐标值，为对刀点在机床坐标系中的坐标值（X0，Y0）。当按绝对值编程时，不管对刀点和工件原点是否重合，都是（X2，Y2）；当按增量值编程时，对刀点与工件原点重合时，第一个程序段的坐标值是（X2，Y2），不重合时，则为（X1 + X2，Y1 + Y2）。

对刀点既是程序的起点，也是程序的终点。因此在成批生产中要考虑对刀点的重复精度，该精度可用对刀点相距机床原点的坐标值（X0，Y0）来校核。机床原点是指机床上一个固定不变的极限点。例如，对车床而言，是指车床主轴回转中心与车头卡盘端面的交点。

加工过程中需要换刀时，应规定换刀点。换刀点是指刀架转位换刀时的位置。该点可以是某一固定点（如加工中心机床，其换刀机械手的位置是固定的），也可以是任意的一点（如车床）。换刀点应设在工件或夹具的外部，以刀架转位时不碰工件及其他部件为准。其设定值可用实际测量方法或计算确定。

（8）加工路线的确定。在数控加工中，刀具刀位点相对于工件运动的轨迹称为加工路线。编程时，加工路线的确定原则主要有以下几点：

1）应保证被加工零件的精度和表面粗糙度，且效率较高。

2）应使数值计算简单，以减少编程工作量。

3）应使加工路线最短，这样既可减少程序段，又可减少空刀时间。

4）确定是一次走刀，还是多次走刀来完成加工以及在铣削加工中是采用顺铣还是采用逆铣等。

对点位控制的数控机床，只要求定位精度较高，定位过程尽可能快，而刀具相对工件的运动路线是无关紧要的，因此这类机床应按空程最短来安排走刀路线。除此之外还要确定刀具轴向的运动尺寸，其大小主要由被加工零件的孔深来决定，但也应考虑一些辅助尺寸，如刀具的引入距离和超越量。

在数控机床上车螺纹时，沿螺距方向的 Z 向进给应和机床主轴的旋转保持严格的速比关系，因此应避免在进给机构加速或减速过程中切削。为此要有引入距离 δ_1（2 ~ 5mm）和引出距离 δ_2（1 ~ 2mm）。若螺纹收尾处没有退刀槽时，收尾处的形状与数控系统有关，一般按 45°收尾。

铣削平面零件时，一般采用立铣刀侧刃进行切削。为减少接刀痕迹，保证零件表面质量，对刀具的切入和切出程序需要精心设计。铣削外表面轮廓时，铣刀的切入和切出点应沿零件轮廓曲线的延长线上切向切入和切出零件表面，而不应沿法向直接切入零件，以避免加工表面产生划痕，保证零件轮廓光滑。

　　铣削内轮廓表面时，切入和切出无法外延，这时铣刀可沿零件轮廓的法线方向切入和切出，并将其切入、切出点选在零件轮廓两几何元素的交点处。加工过程中，工件、刀具、夹具、机床系统平衡弹性变形的状态下，进给停顿时，切削力减小，会改变系统的平衡状态，刀具会在进给停顿处的零件表面留下划痕，因此在轮廓加工中应避免进给停顿。

　　加工曲面时，常用球头刀采用行切法进行加工。所谓行切法是指刀具与零件轮廓的切点轨迹是一行一行的，而行间的距离是按零件加工精度的要求确定的。

6.5　数控加工程序

6.5.1　加工中心程序

6.5.1.1　加工中心程序的编制

　　加工中心是带有刀库和自动换刀装置的数控机床，又称为自动换刀数控机床或多工序数控机床。其特点是数控系统能控制机床自动地更换刀具，连续地对工件各加工表面自动进行铣、钻、扩、铰、镗、攻螺纹等多种工序的加工。

　　除换刀程序外，加工中心的编程方法与数控铣床的编程方法基本相同。

　　(1) 准备功能 G 指令。准备功能 G 指令是建立坐标平面、坐标系偏置、刀具与工件相对运动轨迹（插补功能）以及刀具补偿等多种加工操作方式的指令，其范围为 G00 ~ G99。G 指令的功能见表 6-2。

表 6-2　常用 G 指令及其功能

G 指令	组别	功　能	G 指令	组别	功　能
G00	01	快速定位	G44	08	负向长度补偿
G01		直线插补	G49		长度补偿取消
G02		顺圆弧插补	G52	00	局部坐标系建立
G03		逆圆弧插补	G54	14	选择工件坐标系 1
G04	00	暂停	G55		选择工件坐标系 2
G15	17	极坐标指令取消	G56		选择工件坐标系 3
G16		极坐标指令	G57		选择工件坐标系 4
G17	02	XY 平面设定	G58		选择工件坐标系 5
G18		XZ 平面设定	G59		选择工件坐标系 6
G19		YZ 平面设定	G73	09	排屑钻孔循环
G20	06	英制单位	G74		左旋攻螺纹循环
G21		米制单位	G80		固定循环取消
G28	00	返回参考点	G81 ~ G89		钻、攻螺纹、镗孔循环
G29		由参考点返回	G90	03	绝对值编程
G40	07	刀具半径补偿取消	G91		增量值编程
G41		左刀补	G92	00	工件坐标系设定
G42		右刀补	G98	10	循环返回到初始点
G43	08	正向长度补偿	G99		循环返回到 R 点

（2）辅助功能（M指令）。辅助功能也称为M指令，由地址字M后跟1~2位数字组成。M指令主要用来设定数控机床电控装置单纯的开/关动作，以及控制加工程序的执行走向。常用M指令功能见表6-3。

表6-3　常用M指令及其功能

M指令	功 能	M指令	功 能
M00	程序停止	M06	换刀指令
M01	程序选择性停止	M08	切削液开启
M02	程序结束	M09	切削液关闭
M03	主轴正转	M30	程序结束、返回开头
M04	主轴反转	M98	调用子程序
M05	主轴停止	M99	子程序结束

（3）F、S、T功能。

1）F功能。F是控制刀具位移动速度的进给速率指令，为模态指令，用字母F及其后面的若干位数字来表示。在铣削加工中，刀具位移速度的单位一般为mm/min（每分钟进给量），如F150表示进给速度为150mm/min。

2）S功能。S功能用以指定主轴转速，为模态指令，用字母S及其后面的若干位数字来表示，单位是r/min，如S600表示主轴转速为600r/min。

3）T功能。T是刀具功能代码，后跟两位数字指示更换刀具的编号，即T00~T99。因数控铣床无ATC，必须用人工换刀，所以T功能只用于加工中心。加工中心常用的刀库有式和链式两种，换刀方式分无机械手式和机械手式两种。

无机械手式换刀方式是刀库靠向主轴，先卸下主轴上的刀具，刀库再旋转至欲换的刀具位置，上升装上主轴。此种刀库是固定刀号式（即1号刀必须插回1号刀套内），其换刀指令如下：

T03 M06；主轴上的刀具先装回刀库，刀库旋转至3号刀正对主轴并装上主轴

有机械手式换刀大都配合链式刀库。当执行T代码时，被调用的刀具会转至准备换刀位置，称为选刀，但无换刀动作，因此T指令可在换刀指令M06之前设定好，以节省换刀时等待刀具的时间。其换刀指令如下：

T01；	1号刀转至换刀位
…	主轴上现有刀具工作
M06 T02；	1号刀换到主轴上，2号刀转至换刀位作换刀准备
…	1号刀工作
M06 T03；	2号刀换到主轴上，3号刀转至换刀位作换刀准备
…	2号刀工作
M06；	3号刀换到主轴上

6.5.1.2　基本编程指令格式

A　编程术语

（1）起始平面：是程序开始时刀具的初始位置所在的平面。一般选距工件上表面50mm左右位置。

（2）进刀平面：刀具以高速（G00）下刀至要切削到材料时变成以进刀速度下刀，以免撞刀。此速度转折点的位置即为进刀平面，也称为 R 平面，其高度为进刀高度，一般距加工平面 5mm 左右，如图 6-30 所示。

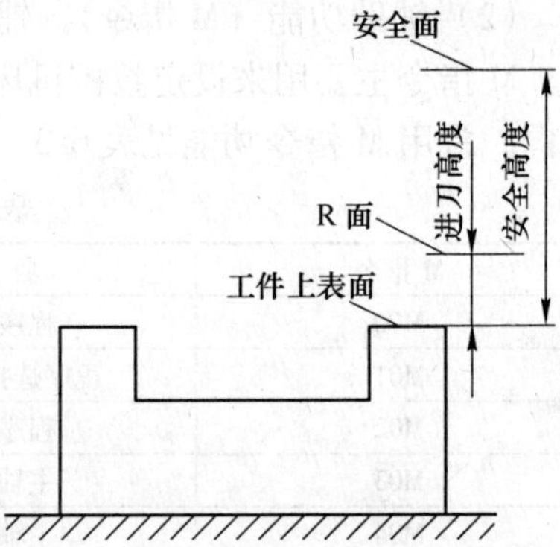

（3）退刀平面：零件或加工零件的某区域加工结束后，刀具以切削进给速度离开工件表面一段距离后转为高速返回平面，此转折位置即为退刀平面，其高度为退刀高度。

（4）安全平面：是指刀具在完成工件的一个区域加工后，刀具沿其轴向反向运动一段距离，此时刀尖所处的平面，其对应的高度称为安全高度。它一般被定义为高出被加工零件的最高点 10mm 左右。

图 6-30　编程术语示意图

（5）返回平面：指程序结束后，刀尖点（不是刀具中心）所在的 Z 平面，它在被加工零件表面最高点 100mm 左右的位置上。

B　常用程序模式

数控铣床工作的过程就是把用各类指令和坐标写成的程序编译成机床能够识别的代码，使其能够按照编程人员所设计的移动轨迹来运行，实现工件的加工。程序指令有两大基本任务：一类是控制刀具移动轨迹；另一类则是设置参数，包括工件坐标系的设定、刀补、坐标的单位设置、坐标的绝对和增量表方式以及切削用量等。

程序在执行上述两类任务的时候，一般都按开始部分、切削部分和结束部分来进行。

（1）开始部分。开始部分主要是对程序的各类设置，主要包括坐标系的设定、长度补偿和半径补偿（视加工情况而定）、主轴转速和进给量。另可设置可不设置的有：加工平面（开机默认 XY 平面）、绝对和增量坐标（开机默认绝对值编程）、进给量单位（开机默认 mm/min）、公制英制（开机默认公制单位）。一般称作程序初始化状态设定，指令包括 G90　G80　G40　G17　G49　G21。

（2）切削部分。切削部分主要是根据编程人员编制的刀具路线进行走刀，切削加工各类形状和部位，如直线插补、圆弧插补以及加工各类孔加工循环。

（3）结束部分。结束部分的主要任务有撤销所建的刀补（如半径补偿、长度补偿和孔加工循环的取消）、主轴停、冷却液停、退刀、程序结束等动作。

表 6-4 ~ 表 6-7 是几种典型工步程序的结构。

表 6-4　铣轮廓

程序符号	程序说明
O × × × ×	程序名
G54 G90 G00 X_ Y_ ; S_ M03 ; G43/G44 Z120 H_ ; G01 Z_ F800 M08 ; G01 G41/G42 X_ Y_ D_ F_ ;	开始部分（前五程序段）：建立工件坐标系，设定绝对、增量坐标，建立刀具长度补偿，建立刀具半径补偿，设定主轴转速与进给量，主轴启动，冷却液开，刀具平移，下刀，切入

程序符号	程序说明
G01/G02（G03）X_ Y_ （R）； ……	切削部分：刀具根据被加工零件轮廓进行走刀，并执行刀补
G01 G40 X_ Y_ ； Z120 F800 M09； G00 G49 Z200； M05； M30；	结束部分（后五程序段）：撤销刀具半径补偿，撤销长度补偿，主轴停，冷却液关，刀具切出工件，中速抬刀，快速抬刀，程序结束

表6-5 铣型腔

程序符号	程序说明
O××××	程序名
G54 G90 G00 X_ Y_ ； S_ M03； G43/G44 Z120 H_ ； G01 Z_ F800 M08；	开始部分（前四程序段）：建立工件坐标系，设定绝对、增量坐标，建立刀具长度补偿，设定主轴转速与进给量，主轴启动，冷却液开，刀具平移，下刀
G01/G02（G03）X_ Y_ （R）F_ ； ……	切削部分：刀具根据被加工零件轮廓进行走刀
Z120 F800 M09； G00 G49 Z200； M05； M30；	结束部分（后四程序段）：撤销长度补偿，主轴停，冷却液关，中速抬刀，快速抬刀，程序结束

表6-6 钻孔

程序符号	程序说明
O××××	程序名
G54 G90 G00 X_ Y_ ； S_ M03； G43/G44 Z120 H_ ；	开始部分（前三程序段）：建立工件坐标系，设定绝对、增量坐标，建立刀具长度补偿，设定主轴转速与进给量，主轴启动，冷却液开，刀具平移，下刀
G81 X_ Y_ Z_ R_ F_ ； ……	切削部分：刀具根据被加工孔类型进行固定循环
G80 G49 Z200； M05； M09； M30；	结束部分（后四程序段）：撤销长度补偿，主轴停，冷却液关，快速抬刀，程序结束

表6-7 铣曲面

程序符号	程序说明
O××××	程序名
G54 G90 G00 X_ Y_ ； S_ M03； G43/G44 Z120 H_ ； G01 Z_ F800 M08；	开始部分（前四程序段）：建立工件坐标系，设定绝对、增量坐标，建立刀具长度补偿，设定主轴转速与进给量，主轴启动，冷却液开，刀具平移，下刀

续表6-7

程序符号	程序说明
G01/G02（G03）X_ Y_（R）F_； ……	切削部分：刀具根据被加工零件轮廓进行走刀
Z120 F800 M09； G00 G49 Z200； M05； M30；	结束部分（后四程序段）：撤销长度补偿，主轴停，冷却液关，快速抬刀，程序结束

6.5.2　数控车床编程

6.5.2.1　编程中的有关规定

数控车床一般是两坐标机床（X轴、Z轴）。根据数控车床刀架的位置不同，坐标系的方位不同，如图6-31所示。

数控车床的编程方式有直径编程和半径编程、绝对编程和相对编程，如图6-32所示。

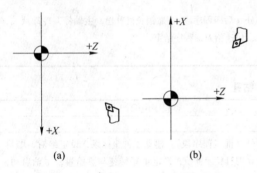

图6-31　数控车床坐标系的两种形式

（a）前置刀架；（b）后置刀架

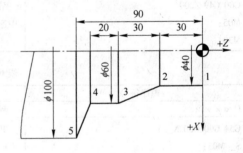

图6-32　数控车床编程方法

6.5.2.2　G00与G01指令（快速定位与直线插补）

指令格式：

G00 X（U）_ Z（W）_；

G01 X（U）_ Z（W）_ F_；

（1）X_ Z_ 表示目标点绝对坐标。

（2）U_ W_ 表示目标点相对刀具当前点的相对坐标位移。

（3）X（U）坐标在直径编程模式下按直径输入。

6.5.2.3　G02/G03指令（圆弧插补）

指令格式：

$$\begin{Bmatrix} G02 \\ G03 \end{Bmatrix} X（U）\_ \ Z（W）\_ \begin{Bmatrix} R\_ \\ I\_ \ K\_ \end{Bmatrix} F\_ \ ;$$

顺时针圆弧插补（G02）与逆时针圆弧插补（G03）的判断方法：沿着弧所在平面（如 XZ 平面）的正法线方向（$+Y$ 轴）向负方向（$-Y$ 轴）观察，圆弧插补按顺时针方向为 G02，逆时针方向为 G03，如图 6-33 所示。

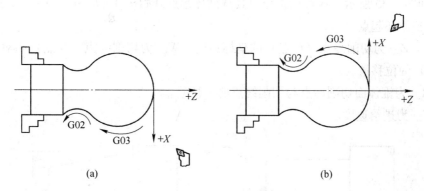

图 6-33　顺圆与逆圆的判别

（a）前置刀架；（b）后置刀架

6.5.2.4　G04（暂停）

指令格式：

G04　X_ ；或 G04　P_ ；

（1）X 表示指定时间，单位为 s，允许使用小数点，如 G04 X2.0 表示暂停 2s。

（2）P 表示指定时间，单位为 ms，不允许使用小数点，如 G04 P2000 也表示暂停 2s。

（3）G04 常用于车槽、镗孔、钻孔指令后，以提高表面质量及有利于铁屑充分排出。

6.5.2.5　G41/G42/G40（刀尖圆角半径补偿）

（1）刀尖半径补偿。

G40：取消刀尖半径补偿，这时，刀尖运动轨迹与编程轨迹重合。

G41：刀尖半径左补偿，即操作者处于 $+Y$ 轴向 $-Y$ 轴观察，并沿着车刀进给方向看，车刀在工件的左侧，称左刀补。

G42：刀尖半径右补偿，即操作者处于 $+Y$ 轴向 $-Y$ 轴观察，并沿着刀具进给方向看，车刀在工件的右侧，称右刀补。

（2）指令格式。

$$\begin{Bmatrix} G41 \\ G42 \\ G40 \end{Bmatrix} \begin{Bmatrix} G00 \\ G01 \end{Bmatrix} X（U）\_ \ Z（W）\_ \ ;$$

（3）补偿值的设定，如图 6-34 所示。

图 6-34　刀具补偿的设定

6.5.2.6　G90 与 G94 指令（简单固定循环）

（1）内、外圆切削循环 G90。

指令格式：

G90 X（U）_ Z（W）_ R_ F_ ；

1）如图 6-35 所示，执行该指令刀具从循环起点开始按 $A \rightarrow B \rightarrow C \rightarrow D \rightarrow A$ 做循环运动，最后又回到循环起点。

2）X_ Z_ 为切削终点（C 点）的坐标；U_ W_ 为切削终点（C 点）相对于循环始点（A 点）的位移量。

3）R_ 为锥体面切削始点与切削终点的半径差。

4）F_ 为进给速度。

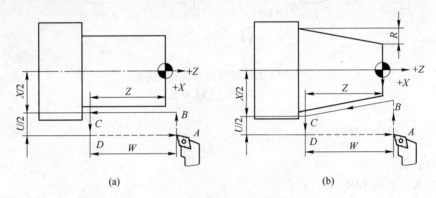

图 6-35　G90 外形加工循环

（a）外圆切削循环；（b）锥面切削循环

（2）端面切削循环 G94。

指令格式：

G94 X（U）_ Z（W）_ R_ F_ ；

1）如图 6-36 所示，执行该指令刀具从循环起点开始按 $A \rightarrow B \rightarrow C \rightarrow D \rightarrow A$ 做循环运动，

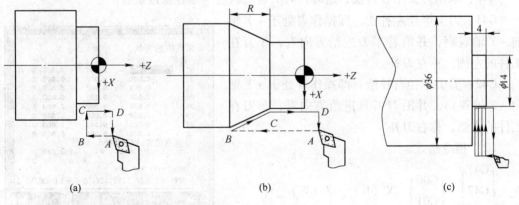

图 6-36　G94 指令

（a）G94 车削端面循环轨迹；（b）G94 车削带有锥度的端面循环轨迹；（c）G94 切削循环例图

最后又回到循环起点。

2）X_ Z_ 为切削终点（C 点）的坐标；U_ W_ 为切削终点（C 点）相对于循环始点（A 点）的位移量。

3）R_ 为锥体面切削始点与切削终点在 Z 轴方向的差，即 $Z_B - Z_C$，如图 6-36 所示；当 $R = 0$ 时，即为切削端平面，可省略。

4）F_ 为进给速度。

6.5.2.7　G70、G71、G72、G73、G75 指令（复合固定循环）

（1）G71（内、外径粗车循环）如图 6-37 所示。G71 指令通过与 Z 轴平行的运动来实现内孔、外圆加工，常用于毛坯为棒料的粗加工。

指令格式：

G00　Xα Zβ;

G71 UΔd Re;

G71 Pns Qnf UΔu WΔw Ff ;

1）α，β 为粗车循环起刀点位置。

2）Δd 为循环切削过程中径向的背吃刀量，半径值，单位为 mm。

3）e 为循环切削过程中径向的退刀量，半径值，单位为 mm。

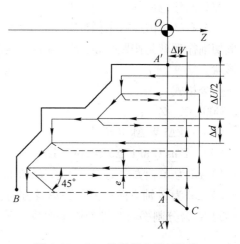

图 6-37　G71 外径粗车循环路线

4）ns 为精加工形状程序段的开始程序段号。

5）nf 为精加工形状程序段的结束程序段号。

6）Δu 为 X 轴方向的精加工余量，直径值，单位为 mm。在圆筒毛坯料粗镗内孔时，应指定为负值。

7）Δw 为 Z 轴方向的精加工余量，单位为 mm。

8）f 为粗加工循环中的进给速度。

编程时注意以下几点。

1）在使用 G71 进行粗加工循环时，只有含在 G71 程序段中的 F、S、T 功能才有效。而包含在 ns→nf 精加工形状程序段中的 F、S、T 功能，对粗车循环无效。

2）在 A→A′ 间顺序号 ns 的程序段中只能含有 G00 或 G01 指令，而且必须指定，也不能含有 Z 轴指令。

3）A′→B 必须符合 X、Z 轴方向的单调增大或减小的模式，即一直增大或一直减小。

4）在加工循环中可以进行刀具补偿。

（2）G70（精车循环）。G70 指令用于切除 G71 或 G73 指令粗加工后留下的加工余量。

指令格式：

G00　X _ Z _;

G70　Pns Qnf Ff ;

程序段中各地址的含义同 G71。

（3）G72（端面粗加工循环）　如图 6-38 所示。
G72 指令通过与 X 轴平行的运动来实现内外圆端面粗
加工，常用于径向尺寸大、轴向尺寸较小的零件粗车
加工。

指令格式：

G00　X_ Z_ ；

G72　WΔd Re ；

G72　P ns Q nf U Δu W Δw F f；

编程时注意事项与 G70 相同。

（4）G73（仿形粗车循环）　如图 6-39 所示。G73
仿形切削循环就是按照一定的切削形状逐渐地接近最
终形状。

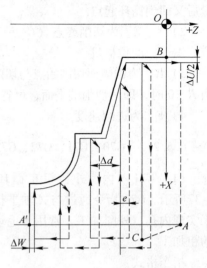

图 6-38　G72 端面粗车循环路线

指令格式：

G00　X_ Z_ ；

G73　U Δi W Δk R d；

G73　P ns Q nf U Δu W Δw F f；

1）Δi 为 X 轴方向退刀总距离及方向，半径值；

2）Δk 为 Z 轴方向退刀总距离及方向；

3）d 为分割次数，等于粗车次数。

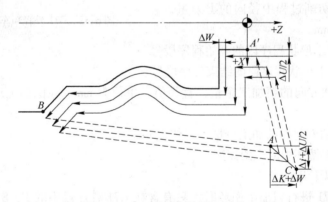

图 6-39　G73 仿形粗车循环路线

其他各项与 G71 相同。

（5）G75（切槽循环指令）。G75 指令主要用于加工径向环形槽。加工中径向断续切
削起到断屑、及时排屑的作用，特别适合加工宽槽。

指令格式：

G00　X α1 Z β1；

G75　R Δe；

G75　X α2 Z β2 P Δi Q Δk R Δw　F f；

1）α1、β1 为切槽起始点坐标。

2）α2 为槽底直径。

3）β2 为切槽时的 Z 向终点位置坐标，同样与切槽起始位置有关。

4）Δe 为切槽过程中径向的退刀量，半径值，单位为 mm。

5）Δi 为切槽过程中径向的每次切入量，半径值，单位为 μm。

6）Δk 为沿径向切完一个刀宽后退出，在 Z 向的移动量，单位为 μm，必须注意其值应小于刀宽。

7）Δw 为刀具切到槽底后，在槽底沿 –Z 方向的退刀量，单位为 μm，注意：尽量不要设置数值，取 0，以免断刀。

6.5.2.8 螺纹加工

（1）G32（单行程螺纹切削指令）。

指令格式：

G32 X（U）_ Z（W）_ F_ Q_ ；

1）X（U）_ Z（W）_ 与 G00 相同。

2）F_ 为螺纹导程。如 $\alpha \leqslant 45°$，Z 轴为长轴，螺距是 Lz；如 $\alpha > 45°$，X 轴为长轴，螺距是 Lx。

3）Q_ 为螺纹起始角。该值为不带小数点的非模态值。如果是单线螺纹，则该值不用制定，这时该值为 0；若是双线螺纹，Q 值为位移角度。

（2）G92（单一循环螺纹切削指令）如图 6-40 所示。

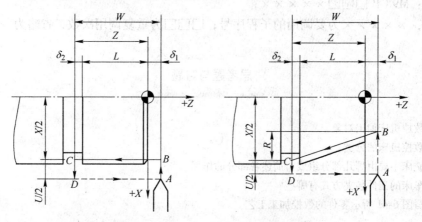

图 6-40　螺纹切削单一循环指令 G92

指令格式：G92 X（U）_ Z（W）_ R_ F_ ；

1）执行该指令刀具从循环起点开始按 $A \rightarrow B \rightarrow C \rightarrow D \rightarrow A$ 做循环运动，最后又回到循环起点。

2）X_ Z_ 为切削终点（C 点）的坐标；U_ W_ 为切削终点（C 点）相对于循环始点（A 点）的位移量。

3）R_ 为螺纹切削始点与切削终点的半径差，即 $R_B - R_C$；加工圆柱螺纹时，R 为 0，表示加工圆柱螺纹，可省略。

4）如果螺纹牙型较深、螺距较大，可分几次进给。每次进给的背吃刀量用螺纹深度减精加工背吃刀量所得的差按递减规律分配，见表 6-8。

表 6-8　常见米制螺纹切削参数　　　　　　　　　　　mm

螺　距		1.0	1.5	2.0	2.5	3.0	3.5	4.0
牙　深		0.649	0.974	1.299	1.624	1.949	2.273	2.598
背吃刀量 及切削 次数	1 次	0.6	0.8	0.8	1.0	1.2	1.5	1.5
	2 次	0.4	0.5	0.6	0.7	0.7	0.7	0.8
	3 次	0.2	0.3	0.5	0.6	0.6	0.6	0.6
	4 次	0.1	0.2	0.4	0.4	0.4	0.6	0.6
	5 次		0.15	0.2	0.4	0.4	0.4	0.4
	6 次			0.1	0.15	0.4	0.4	0.4
	7 次					0.2	0.2	0.4
	8 次						0.15	0.3
	9 次							0.2

6.5.2.9　子程序调用

在加工工件时，当相同的切削路线重复出现，可以把这类路径作为子程序编写，先存储起来，再多次调用，使程序简化。

格式：M98 P □□□ × × × × ×；

其中，× × × × ×为要调用的子程序号；□□□为重复调用次数，省略为一次。

思考题与习题

6-1　简述数控机床加工对象。

6-2　简述数控机床的分类。

6-3　数控铣床主要由哪几部分组成？简述各部分的作用。

6-4　数控车床的工件装夹方式有哪些？

6-5　试编写图 6-41 所示零件的数控加工工艺。

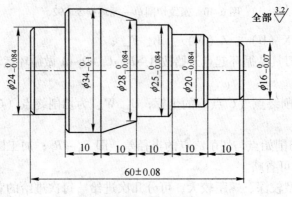

图 6-41　题 6-5 图

6-6　用直径 ϕ16mm 键槽刀，精加工如图 6-42 所示零件的内外轮廓，试编写其加工程序。

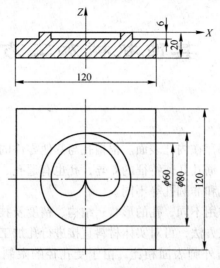

图 6-42　题 6-6 图

7 其他机械加工方法

7.1 钻削加工

大多数的机械零件上都存在内孔表面。根据孔与其他零件的相对连接关系的不同，孔有配合孔与非配合孔之分；据孔几何特征的差异，孔也有通孔、盲孔、阶梯孔、锥孔等区别；按其形状，孔还有圆孔和非圆孔等不同。

由于孔在各零件中的作用不同，孔的形状、结构、精度及技术要求也不同，为此，生产中亦有多种不同的孔加工方法，可对实体材料直接进行孔加工，亦能对已有孔进行扩大尺寸及提高质量的加工。与外圆表面相比，由于受孔径的限制，加工内孔表面时刀具速度、刚度不易提高，孔的半封闭式切削又大大增加了排屑、冷却及观察、控制的难度，因此，孔加工难度远大于外圆表面的加工，并且，随着孔的长径比加大，孔的加工难度越大。

7.1.1 钻削加工的范围及特点

7.1.1.1 钻削加工的范围

钻削是指利用钻床及钻头在实体工件上加工出孔的加工方法。它主要用来加工工件形状复杂、没有对称回转轴线的工件上的孔，如箱体、机架等零件上的孔。钻削除可以钻孔、扩孔、铰孔外，还可以进行攻螺纹、锪孔、刮平面等，如图 7-1 所示。

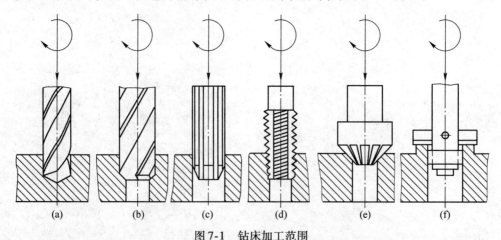

图 7-1 钻床加工范围

(a) 钻孔；(b) 扩孔；(c) 铰孔；(d) 攻螺纹；(e) 钻埋头孔；(f) 刮平面

钻削以钻头的旋转做主运动，钻头向工件的轴向移动做进给运动。按孔的直径、深度的不同，生产中有各种不同结构的钻头，其中，麻花钻最为常用。但由于麻花钻存在的结构问题，采用麻花钻钻孔时，轴向力很大，定心能力较差，孔易引偏；加工中摩擦严重，加之冷却润滑不便，表面较为粗糙。故麻花钻钻孔的精度不高，一般为 IT12 ~ IT11，表面粗糙度 R_a 达 25 ~ 12.5μm，生产效率也不高。所以，钻孔主要用于 φ80mm 以下孔径的粗加工，如加工精度、粗糙度要求不高的螺钉孔、油孔或对精度、粗糙度要求较高的孔做预加工。生产中为提高孔的加工精度、生产效率和降低生产成本，广泛使用钻模、多轴钻或组合机床进行孔的加工。

当孔的深径比（孔深与孔径之比）达到 5 及以上时为深孔。深孔加工难度较大，主要表现在刀具刚性差、导向难、排屑难、冷却润滑难等几方面。有效地解决以上加工问题，是保证深孔加工质量的关键。一般对深径比在 5 ~ 20 的普通深孔，在车床或钻床上用加长麻花钻加工；对深径比达 20 以上的深孔，在深孔钻床上用深孔钻加工；当孔径较大，孔加工要求较高时，也可在深孔钻床上加工。

当工件上已有预孔（如铸孔、锻孔或已加工孔）时，可采用扩孔钻进行孔径扩大的加工，称扩孔。扩孔亦属钻削范围，但精度、质量在钻孔基础上均有所提高，一般扩孔精度达 IT10 ~ IT9，表面粗糙度 R_a 达 6.3 ~ 3.2μm，故扩孔除可用于较高精度的孔的预加工外，还可使一些要求不高的孔达到加工要求。加工孔径一般不超过 φ100mm。

铰削是对中小直径的已有孔进行精度、质量提高的一种常用加工方法。铰削时，采用的切削速度较低，加工余量较小（粗铰时一般为 0.15 ~ 0.35mm，精铰为 0.05 ~ 0.15mm），校准部分长，铰削过程中虽挤压变形较大，但对孔壁有修光熨压作用，因此，铰削通过对孔壁薄层余量的去除使孔的加工精度、表面质量得到提高。一般铰孔加工精度可达 IT8 ~ IT7，表面粗糙度 R_a 达 1.6 ~ 0.4μm，但铰孔对位置精度的保证不够理想。

铰孔既可用于加工圆柱孔，亦可用于加工圆锥孔；既可加工通孔，亦可加工盲孔。铰孔前，被加工孔应先经过钻削或钻、扩孔加工，铰削余量应合理，既不能过大也不能过小，速度与用量也应合适，才能保证铰削质量。另外，铰削中，铰刀不能倒转，铰孔后，应先退铰刀后停车。

7.1.1.2 钻削加工的特点

（1）钻头两主切削刃对称分布，因此在切削过程中的径向力可相互抵消。

（2）金属切削率高，背吃刀量是孔径的一半。

（3）钻孔质量较差，精度较低。但可通过钻—扩—铰的工艺手段，来提高孔的加工精度，因此钻—扩—铰的工艺手段也成为了精度要求较高的非淬硬小孔的典型加工路线。

（4）利用夹具还可以加工有相互位置精度要求的孔系。

7.1.2 孔加工方法

钻孔加工有两种方式：一种是钻头旋转，如在钻床、铣床上钻孔；另一种是工件旋转，如在车床上钻孔，如图 7-2 所示。

7.1.2.1 钻孔

用钻头在实体材料上加工孔的方法称为钻孔，钻孔是最常用的孔加工方法之一。钻孔直径一般小于 80mm 。

钻孔属于粗加工，其尺寸公差等级为 IT12 ~ IT11，表面粗糙度 R_a 值为 25 ~ 12.5mm。

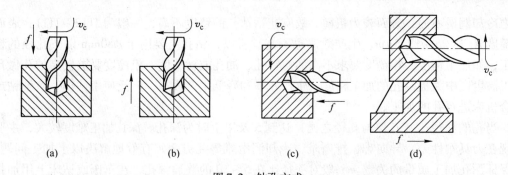

图 7-2　钻孔方式
（a）钻床钻孔；（b）立铣床钻孔；（c）车床钻孔；（d）铣镗床钻孔

常用的钻孔刀具有麻花钻、中心钻、深孔钻等。其中最常用的是麻花钻，其直径规格为 $\phi0.1 \sim 100mm$，其中较为常用的是 $\phi3 \sim 50mm$。标准麻花钻结构如图 7-3 所示，由工作部分、颈部及柄部三部分组成。工作部分分切削部分和导向部分，由两个前刀面、两个后刀面、两个副后刀面、两个主切削刃、两个副切削刃、一个横刃组成；钻芯直径朝柄部方向递增。柄部为夹持部分，有直柄和锥柄两种结构。颈部用于磨柄部时砂轮的退刀以及打相应标识。

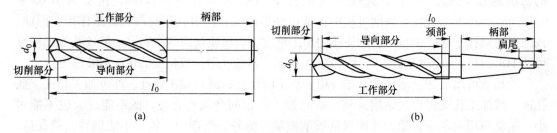

图 7-3　标准麻花钻结构
（a）直柄麻花钻；（b）锥柄麻花钻

钻孔时，麻花钻具有刚度差、导向性差和轴向力大的缺点，且钻孔又属于半封闭式切削，切屑只能沿钻头的螺旋槽从孔口排出，致使切屑与孔壁剧烈摩擦，一方面划伤和拉毛已加工的孔壁，一方面产生大量的切削热，半封闭切削又使切削液难以进入切削区域。因此，钻孔的切削条件极差，导致钻孔精度及表面质量差。

钻孔的优点是金属切除率大、切削效率高。钻孔主要用于加工质量要求不高的孔，如螺纹底孔、油孔等。

7.1.2.2　扩孔

扩孔是利用扩孔刀具对已有孔进行加工，以扩大孔径或提高孔的加工质量的加工方法。扩孔所用机床与钻孔相同，可用扩孔钻扩孔，也可用直径较大的麻花钻扩孔。扩孔钻的直径规格为 $\phi10 \sim 100mm$，其中常用的是 $\phi15 \sim 50mm$。直径小于 $\phi15mm$ 的一般不扩孔。

扩孔是孔的半精加工方法，一般加工精度为 IT10 ~ IT9，表面粗糙度可控制在 $R_a = 6.3 \sim 3.2\mu m$。

扩孔钻与麻花钻结构相似，与麻花钻对比，扩孔钻齿数多（3 ~ 4 个齿）、导向性好，切削比较稳定；扩孔钻没有横刃、切削条件好；加工余量较小，容屑槽可以做得浅些，钻芯可以做得粗些，刀体强度和刚性较好。

用扩孔钻扩孔时，必须选择合适的预钻孔直径和切削用量。一般预钻孔直径为扩孔直径的9/10，进给量为钻孔的1.5~2倍，切削速度为钻孔的1/2。

对孔的质量要求不高时，常用麻花钻扩孔。用麻花钻扩孔时切削用量的选择可参考用扩孔钻扩孔时的切削用量。由于麻花钻螺旋槽较大，扩孔余量可相对较大，扩孔前的钻孔直径为孔径的5/10~7/10。钻出底孔后，再用扩孔钻进行扩孔，可较好地保证孔的精度和控制表面粗糙度，且生产率比直接用大钻头一次钻出时还要高。

7.1.2.3 铰孔

用铰刀在工件孔壁上切除微量金属层，以提高尺寸精度和降低表面粗糙度的方法称为铰孔。铰孔是对于直径较小的孔的精加工方法，在生产中应用很广。

铰孔可加工圆柱孔和圆锥孔，可以在机床上进行（机铰），也可以手工进行（手铰），如图7-4所示。粗铰余量一般为0.35~0.15mm，精铰余量一般为0.15~0.05mm。铰孔所用机床与钻孔相同。

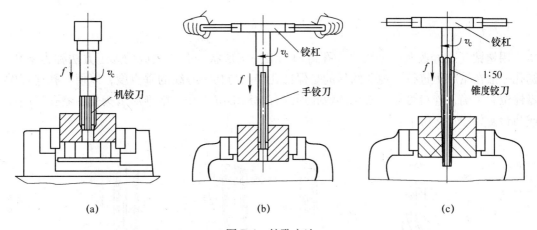

图7-4 铰孔方法

(a) 机铰圆柱孔；(b) 手铰圆柱孔；(c) 手铰圆锥孔

铰削可提高孔的尺寸精度和降低表面粗糙度数值。一般铰孔的尺寸公差可达到IT9~IT7级，表面粗糙度可达$R_a = 3.2 ~ 0.8\mu m$，甚至更小。

铰孔的精度和表面粗糙度主要不是取决于机床的精度，而是取决于铰刀的精度、安装方式以及加工余量、切削用量和切削液等条件。因此，铰孔时，应采用较低的切速，较大的进给量以及使用合适的切削液；机铰时铰刀与机床最好用浮动连接方式，铰孔之前最好用同类材料试铰一下，以确保铰孔质量。

对应手铰和机铰，铰刀一般分为手用铰刀及机用铰刀两种，如图7-5所示。

手用铰刀柄部为直柄，工作部分较长，导向作用较好。手用铰刀又分为整体式和外径可调式两种。机用铰刀可分为带柄的和套式的。铰刀不仅可加工圆形孔，而且也可用锥度铰刀加工锥孔。与磨孔和镗孔相比，铰孔生产率高，容易保证孔的精度；但铰孔不能校正孔轴线的位置误差，孔的位置精度应由前工序保证。铰孔不宜加工阶梯孔和盲孔。

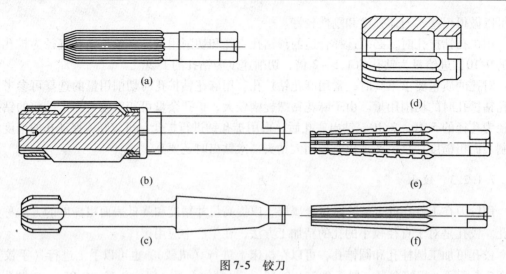

图 7-5　铰刀

（a）手用圆柱铰刀；（b）外径可调式圆柱铰刀；（c）机用铰刀；（d）硬质合金铰刀；
（e）锥度粗铰刀；（f）锥度精铰刀

7.1.2.4　锪孔

用锪钻（或经改制的钻头）在孔口加工出一定形状的孔或表面的加工方法称为锪孔。锪孔一般在钻床上进行。锪孔的目的是保证孔端面与孔中心线的垂直度，以便与孔连接的零件位置正确，连接可靠。常见的锪孔形式有锪柱形沉头孔、锪锥形沉头孔、锪孔口端面或凸台，如图 7-6 所示。

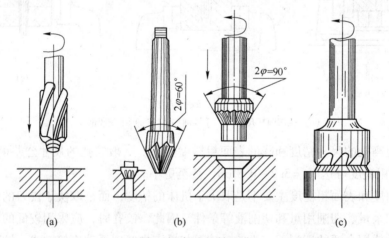

图 7-6　标准锪钻锪孔

（a）锪柱形沉头孔；（b）锪锥形沉头孔；（c）锪孔口端面或凸台

锪钻的前端常带有导向柱，用已加工孔导向，一般适用于批量生产。

7.1.3　钻床

钻床根据其结构布局可分为台式钻床、立式钻床、摇臂钻床及深孔钻床等，机加工中应用较多的是立式钻床和摇臂钻床。

钻床上可完成钻孔、扩孔、铰孔、攻丝、钻沉头孔、锪平面等，刀具做旋转主运动同时沿轴向移动做进给运动。钻床加工方法如图7-1所示。

（1）立式钻床（简称立钻）。立式钻床（见图7-7a）通过移动工件位置使被加工孔中心与主轴中心对中，操作不便，生产率不高，适于单件小批量生产中加工中小型零件。最大钻孔直径有 $\phi25mm$、$\phi35mm$、$\phi40mm$、$\phi50mm$ 等几种规格。它有自动进给机构，主轴转速和进给量有较大变动范围，能进行钻孔、锪孔、铰孔及攻丝等。

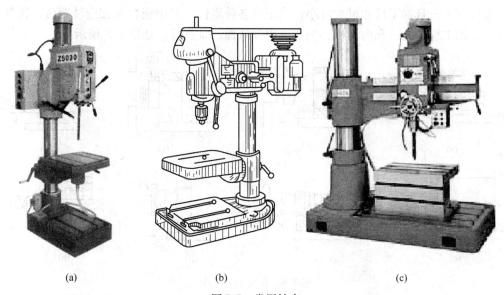

(a) (b) (c)

图 7-7 常用钻床
（a）立式钻床；（b）台式钻床；（c）摇臂钻床

（2）台式钻床（简称台钻）。台式钻床（见图7-7b）实质上是一种小型立式钻床，小巧灵活，适于单件小批量生产，一般用来加工小型工件上直径不大于 $\phi12mm$ 的孔。

（3）摇臂钻床。摇臂钻床（见图7-7c）的摇臂可绕立柱回转和升降，主轴箱可在摇臂上做水平移动。工件固定不动，可方便地移动主轴，使主轴中心对准被加工孔中心。摇臂钻床适用于单件小批生产中加工大而重的零件，最大钻孔直径为 $\phi50mm$，主轴转速和进给量变动范围大，能进行钻孔、锪孔、铰孔及攻丝等。

7.2 镗削加工

镗刀旋转做主运动，工件或镗刀做进给运动的切削加工方法称为镗削加工。镗削加工主要在铣镗床、镗床上进行，是孔常用的加工方法之一。

镗削加工刀具结构简单，通用性好，可通过改变切削用量实现粗加工、半精加工和精加工。粗镗的尺寸公差等级为 IT12 ～ IT11，表面粗糙度 R_a 值为 25 ～ 12.5μm；半精镗为 IT10 ～ IT9，R_a 值为 6.3 ～ 3.2μm；精镗为 IT8 ～ IT7，R_a 值为 1.6 ～ 0.8μm。

7.2.1 镗削加工的范围及特点

7.2.1.1 镗削加工的范围

镗削加工是在镗床上用镗刀对工件上较大的孔进行半精加工、精加工的方法。

镗削加工能获得较高的加工精度（一般可达 IT8 ~ IT7）和较高的表面粗糙度（R_a 一般为 1.6 ~ 0.8μm）。但要保证工件获得高的加工质量，除与所用加工设备密切相关外，还对工人技术水平要求较高，加工中调整机床、刀具时间较长，故镗削加工生产率不高，但镗削加工灵活性较大，适应性强。

生产中，镗削加工一般用于加工机座、箱体、支架及非回转体等外形复杂的大型零件上的较大直径孔，尤其是有较高位置精度要求的孔与孔系；对外圆、端面、平面也可采用镗削进行加工，且加工尺寸可大可小；当配备各种附件、专用镗杆和相应装置后，镗削还可以用于加工螺纹孔、孔内沟槽、端面、内外球面，锥孔等，如图 7-8 所示。

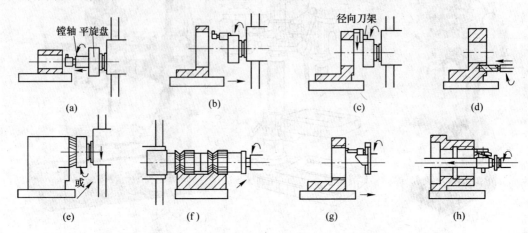

图 7-8　镗削工艺范围

(a) 镗小孔；(b) 镗大孔；(c) 镗端面；(d) 钻孔；(e) 铣平面；(f) 铣组合面；
(g) 镗螺纹；(h) 镗深孔螺纹

当利用高精度镗床及具有锋利刃口的金刚石镗刀，采用较高的切削速度和较小的进给量进行镗削时，可获得更高的加工精度及表面质量，称之为精镗或金刚镗。精镗一般用于对有色金属等软材料进行孔的精加工。

7.2.1.2　镗削加工的特点

(1) 镗削加工灵活性大，适应性强。

(2) 镗削加工操作技术要求高。

(3) 镗刀结构简单，刃磨方便，成本低。

(4) 镗孔可修正上一工序所产生的孔轴线位置误差，保证孔的位置精度。

因此，镗削主要用于加工尺寸大、精度要求较高的孔，特别适合于加工分布在不同位置上，孔距精度、相互位置精度要求较高的孔系。

7.2.2　镗床

根据结构、布局和用途不同，镗床主要有卧式镗床、立式镗床、坐标镗床、金刚镗床、落地镗床和深孔镗床等。

(1) 卧式镗床。卧式镗床如图 7-9 所示，其主轴水平布置，可做轴向进给；主轴箱可沿立柱导轨垂直移动；工作台可旋转以及纵向、横向进给。除镗孔外，卧式镗床还可钻、扩、铰孔，车、攻螺纹，车、铣端面等，因此又称万能镗床。

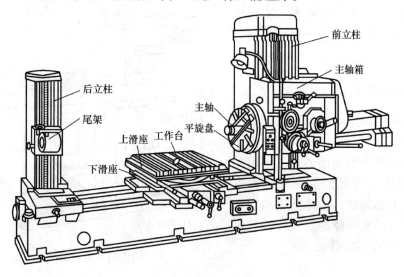

图 7-9　卧式镗床

　　（2）坐标镗床。坐标镗床是具有精密坐标定位装置的镗床，是一种高精度的机床，有良好的刚性和抗振性。它主要用在尺寸精度和位置精度都要求很高的孔及孔系的加工中，如钻模、镗模和量具上的精密孔的加工，还可钻孔、扩孔、铰孔、锪端面、切槽、铣削等。

　　坐标镗床有立式和卧式之分，如图 7-10 所示。立式坐标镗床还有单柱和双柱两种形式。

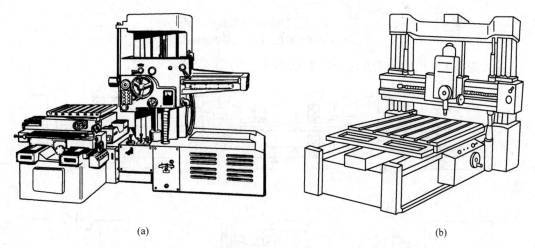

(a)　　　　　　　　　　　　　　　　　　　　(b)

图 7-10　坐标镗床

（a）卧式坐标镗床；（b）立式双柱坐标镗床

　　（3）金刚镗床。金刚镗床是一种高速精密镗床，如图 7-11 所示。其主要特点是切削速度高，背吃刀量及进给量小，加工精度可达 IT6 ~ IT5，R_a 达 0.8 ~ 0.2 μm。金刚镗床的主轴短而粗，刚度高，端部设有消振器，故主轴运转平稳而精确，能加工出低表面粗糙度和高精度孔。

　　金刚镗床广泛地用于汽车、拖拉机制造中，常用于镗削发动机气缸、油泵壳体、连杆、活塞等零件上的精密孔。

7.2.3　镗削方法

　　卧式铣镗床的进给运动不仅可由工作台来实现，亦可由主轴及平旋盘来实现，可进行多种类型表面的加工。因此在卧式镗铣床上镗孔，主要有两种方式：一种是刀具旋转，工件做进给运动（见图7-12a）；另一种是刀具旋转并做进给运动（见图7-12b）。

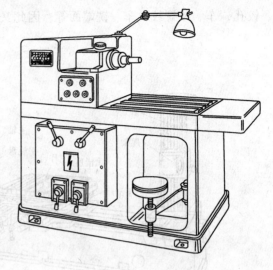

图 7-11　卧式金刚镗床

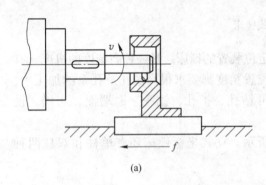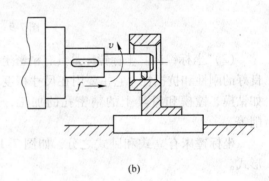

(a)　　　　　　　　　　　　　　　　(b)

图 7-12　卧式镗铣床上镗孔的方式

（a）工件进给镗孔；（b）主轴进给镗孔

卧式铣镗床常用的加工方法如图 7-13 所示。

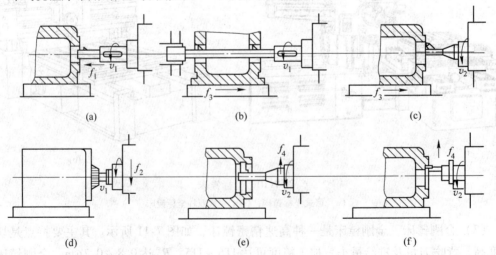

(a)　　　　　　　(b)　　　　　　　(c)

(d)　　　　　　　(e)　　　　　　　(f)

图 7-13　卧式镗床典型加工方法

（1）利用装在镗轴上的悬伸刀杆镗刀镗孔，如图7-13（a）所示。

（2）利用后立柱支承长刀杆镗刀镗削同一轴线上的孔，如图7-13（b）所示。

（3）利用装在平旋盘上的悬伸刀杆镗刀镗削大直径孔，如图7-13（c）所示。

（4）利用装在镗轴上的端铣刀铣平面，如图7-13（d）所示。

（5）利用装在平旋盘刀具溜板上的车刀车内沟槽和端面，如图7-13（e）、（f）所示。

7.3 磨削加工

用高速回转的砂轮或其他磨具对工件表面进行加工的方法称为磨削加工。磨削加工大多数在磨床上进行，可分为外圆磨削、内圆磨削、无心磨削和平面磨削等几种主要类型。

磨削加工应用广泛，精磨时精度可达 IT7 ~ IT5 级，R_a0.8 ~ 0.04μm；可磨削普通材料，又可磨高硬度难加工材料，适应范围广；加工工艺范围广泛，可加工外圆、内孔、平面、螺纹、齿形等，不仅用于精加工，也可用于粗加工。

磨削加工是在磨床上使用砂轮与工件作相对运动，对工件进行的一种多刀多刃的高速切削方法，它主要应用于零件的精加工，尤其对难切削的高硬度材料，如淬硬钢、硬质合金、陶瓷等进行加工。

7.3.1 磨削加工的范围及特点

7.3.1.1 磨削加工的范围

磨削的应用范围很广，对内外圆、平面、成型面和组合面均能进行磨削，如图7-14所示。磨削时，砂轮的旋转为主运动，工件的低速旋转和直线移动（或磨头的移动）为进给运动。

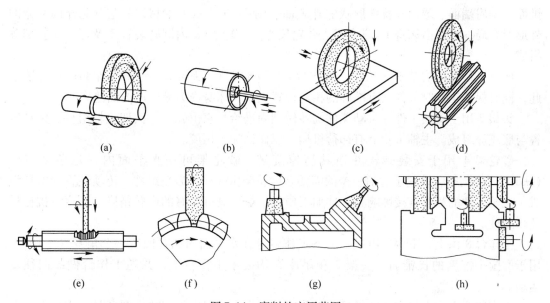

图7-14 磨削的应用范围

（a）磨外圆；（b）磨内孔；（c）磨平面；（d）磨花键；（e）磨螺纹；（f）磨齿轮；
（g）磨导轨面；（h）组合磨导轨面

7.3.1.2　磨削加工的特点

与其他加工方法相比，磨床加工有如下工艺特点：

（1）磨削加工精度高。由于去除余量少，一般磨削可获得 IT7 ~ IT5 级精度，表面粗糙度值低，磨削中参加工作磨粒数多，各磨粒切去切屑少，故可获得较小表面粗糙度值 R_a 为 1.6 ~ 0.2μm，若采用精磨、超精磨等，将获得更低表面粗糙度值。

（2）磨削加工范围广。磨削加工可适应各种表面，如内、外圆表面、圆锥面、平面、齿轮齿面、螺旋面及各种成型面；同时，磨削加工可适应多种工件材料，尤其是采用其他普通刀具难切削的高硬高强材料，如淬硬钢、硬质合金、高速钢等。不仅用于精加工，也可用于粗加工。

（3）砂轮具有一定的自锐性。磨粒硬而脆，它可在磨削力作用下破碎、脱落、更新切削刃，保持刀具锋利，并在高温下仍不失去切削性能。

（4）磨削温度高。由于磨削速度高，砂轮与工件之间发生剧烈的摩擦，产生大量的热量，且砂轮的导热性差，不易散热，以至磨削区域的温度可高达 1000℃ 以上，使工件表面产生退火或烧伤。因此磨削时必须加注大量的切削液降温。

7.3.2　磨床

用磨料磨具（砂轮、砂带、油石和研磨料）作为工具进行切削加工的机床统称磨床。磨床的种类很多，按用途和工艺方法的不同，大致可以分为外圆磨床、内圆磨床、平面磨床、刀具刃磨床和专门化磨床。此外还有对凸轮、螺纹、齿轮等零件进行加工的专用磨床。本节主要介绍外圆和平面磨床。

（1）外圆磨床。外圆磨床在磨床中应用最普遍、工艺范围最广。它能磨削圆柱面、圆锥面、轴肩端面、球面及特殊形状的外表面。图 7-15 所示为 M1432A 型万能外圆磨床的外形及布局，机床由床身 1、头架 2、砂轮架 4、工作台 8、内圆磨装置 3 及尾座 5 等部分组成。

床身 1 是磨床的基础支承件，工作台 8、砂轮架 4、头架 2、尾座 5 等部件均安装于此，同时保证工作时部件间有准确的相对位置关系。床身内为液压油的油池。

头架 2 用于安装工件并带动工件旋转做圆周进给。它由壳体、头架主轴组件、传动装置与底座等组成。主轴带轮上有卸荷机构，以保证加工精度。

砂轮架 4 用于安装砂轮并使其高速旋转。砂轮架可在水平面内一定角度范围（±30°）内调整，以适于磨削短锥的需要。砂轮架由壳体、砂轮组件、传动装置和滑鞍组成。主轴组件的精度直接影响到工件加工质量，故应具有较好的回转精度、刚度、抗振性及耐磨性。

工作台 8 由上、下两层组成。上下工作台可在水平面内相对回转一个角度（±10°），用于磨削小锥度的长锥面。头架 2 和尾座 5 均装于工作台上，并随工作台做纵向往复运动。

内磨装置 3 由支架和内圆磨具两部分组成。内磨支架用于安装内圆磨具，支架在砂轮架上以铰链连接方式安装于砂轮架前上方，使用时翻下，不用时翻向上方。内圆磨具是磨内孔用的砂轮主轴部件，安装于支架孔中，为了方便更换，一般做成独立部件，通常一台

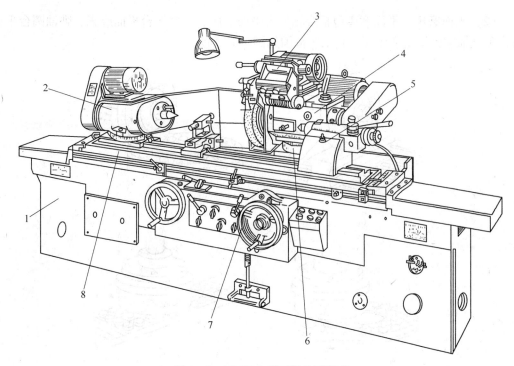

图 7-15 M1432A 型万能外圆磨床

1—床身；2—头架；3—内圆磨具；4—砂轮架；5—尾座；6—滑鞍；7—横向进给手轮；8—工作台

机床备用几套尺寸与极限工作转速不同的内圆磨具。尾座 5 主要是和头架 2 配合用于顶夹工件。尾座套筒的退回可手动或液动。

M1432A 型万能外圆磨床，主要用于磨削圆柱形或圆锥形的内外圆表面，还可以磨削阶梯轴的轴肩和端平面等，如图 7-16 所示。该机床工艺范围较宽，但磨削效率不高，适用于单件小批生产，常用于工具车间和机修车间。

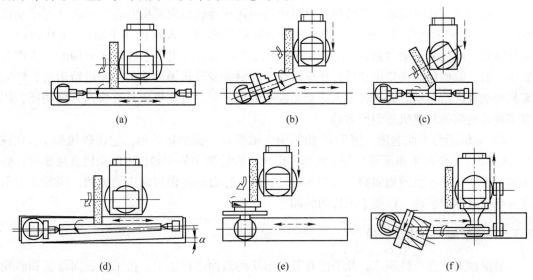

图 7-16 万能外圆磨床的用途

（a）磨外圆柱面；（b）磨短外圆锥面；（c）磨短外圆锥面；（d）磨长外圆锥面；（e）磨端平面；（f）磨圆锥孔

（2）平面磨床。平面磨床包括卧轴矩台平面磨床、立轴矩台平面磨床、卧轴圆台平面磨床和立轴圆台平面磨床等，其工艺范围如图 7-17 所示。

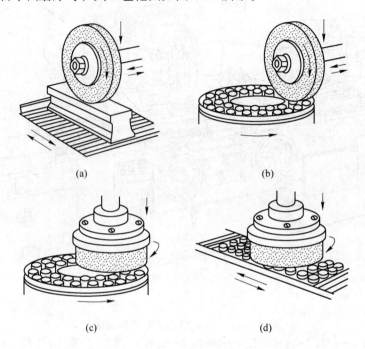

（a）　　　　　　　　　　　　　　（b）

（c）　　　　　　　　　　　　　　（d）

图 7-17　平面磨削工艺范围

（a）卧轴矩台平面磨床磨削；（b）卧轴圆台平面磨床磨削；
（c）立轴圆台平面磨床磨削；（d）立轴矩台平面磨床磨削

1）卧轴矩台平面磨床。图 7-18 所示为卧轴矩台平面磨床的外形。它由砂轮架 1、滑鞍 2、立柱 3、工作台 4 及床身 5 等主要部件组成。砂轮架中的主轴（砂轮）常由电动机直接带动旋转完成主运动。砂轮架 1 可沿滑鞍的燕尾导轨做周期横向进给运动（可手动或液动）。滑鞍和砂轮架可一起沿立柱的导轨做周期的垂直切入运动（手动）。工作台沿床身导轨做纵向往复运动（液动）。卧轴矩台平面磨床也有采用十字导轨式布局的，工作台装于床鞍，除做纵向往复运动外，还随床鞍一起沿床身导轨做周期的横向进给运动，砂轮架只做垂直进给运动。为减轻工人劳动强度和辅助时间，有些机床具有快速升降功能，用以实现砂轮架的快速机动调位运动。

2）立轴圆台平面磨床。图 7-19 所示为立轴圆台平面磨床外形。它由砂轮架 1、立柱 2、床身 3、工作台 4 和床鞍 5 等主要部件组成。砂轮架中的主轴也由电动机直接驱动，砂轮架可沿立柱的导轨做周期的垂直切入运动，圆工作台旋转做周期进给运动，同时还可沿床身导轨做纵向移动，以便于工件的装卸。

7.3.3　磨削加工方法及应用

磨削加工的适应性很广，几乎能对各种形状的表面进行加工。按工件表面形状和砂轮与工件间的相对运动，磨削可分为外圆磨削、内圆磨削、平面磨削及无心磨等几种主要加工类型。

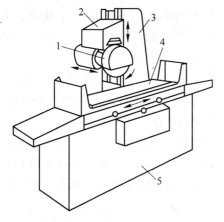

图7-18 卧轴矩台平面磨床
1—砂轮架；2—滑鞍；3—立柱；
4—工作台；5—床身

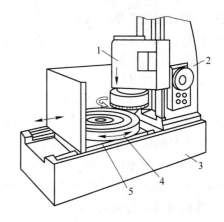

图7-19 立轴圆台平面磨床
1—砂轮架；2—立柱；3—床身；
4—工作台；5—床鞍

（1）外圆磨削。外圆磨削是以砂轮旋转做主要运动，工件旋转、移动（或砂轮径向移动）做进给运动，对工件的外回转面进行的磨削加工，它能磨削圆柱面、圆锥面、轴肩端面、球面及特殊形状的外表面，如图7-20所示。按不同的进给方向，外圆磨削又有纵磨法和横磨法之分。

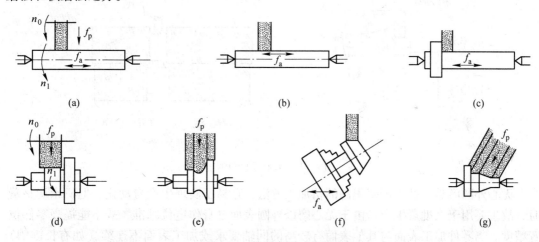

图7-20 外圆磨削工艺范围
（a）纵磨法磨光滑外圆面；（b）纵磨法磨光滑外圆锥面；（c）混合磨法磨带端面的外圆面；
（d）横磨法磨短外圆面；（e）横磨法磨成型面；（f）纵磨法磨光滑外圆锥面；（g）横磨法磨轴肩及外圆面

1）纵磨法。采用纵磨法磨外圆时，以工件随工作台的纵向移动做进给运动（见图7-20a），每次单行程或往复行程终了时，砂轮做周期性的横向切入进给，逐步磨出工件径向的全部余量。纵磨法每次的切入量少，磨削力小，散热条件好，且能以光磨的次数来提高工件的磨削精度和表面质量，是目前生产中使用最广泛的一种外圆磨削方法。

2）横磨法。采用横磨法磨外圆时，砂轮宽度大于工件磨削表面宽度，以砂轮缓慢连续（或不连续）地沿工件径向移动做进给运动，工件则不需要纵向进给（见图7-20d），直到达到工件要求的尺寸为止。横磨法可在一次行程中完成磨削过程，加工效率高，常用于成型磨削（见图7-20e、g）。横磨法中砂轮与工件接触面积大，磨削力大，因此，要求磨床刚性好，动力足够；同时，磨削热集中，需要充分的冷却，以免影响磨削表面质量。

　　3）无心外圆磨削。无心磨外圆时，工件不用夹持于卡盘或支承于顶尖，而是直接放于砂轮与导轮之间的托板上，以外圆柱面自身定位，如图7-21所示。磨削时，砂轮旋转为主运动，导轮旋转带动工件旋转和工件轴向移动（因导轮与工件轴线倾斜一个角度 α，旋转时将产生一个轴向分速度）为进给运动，对工件进行磨削。

　　无心磨外圆有贯穿磨法（见图7-21a、b）和切入磨法（见图7-21c）。贯穿磨法使用于不带台阶的光轴零件，加工时工件由机床前面送至托板，工件自动轴向移动磨削后从机床后面出来。切入磨法可用于带台阶的轴加工，加工时先将工件支承在托板和导轮上，再由砂轮作横向切入磨削工件。

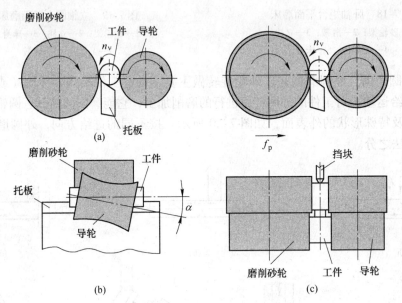

图 7-21　无心外圆磨削

　　无心外圆磨是一种生产率很高的精加工方法，且易于实现生产自动化，但机床调整费时，故主要用于大批量生产。由于无心磨以外圆表面自身作定位基准，故不能提高零件位置精度。当零件加工表面与其他表面有较高的同轴要求或加工表面不连续（如有长键槽）时，不宜采用无心外圆磨削。

　　（2）内圆磨削。

　　1）普通内圆磨削。普通内圆磨削的主运动仍为砂轮的旋转，工件旋转为圆周进给运动，砂轮（或工件）的纵向移动为纵向进给。同时，砂轮做横向进给，可对零件的通孔、盲孔及孔口端面进行磨削，如图7-22所示。内圆磨削也有纵磨法与切入法之分。

　　2）无心内圆磨削。无心内圆磨削时，工件同样不用夹持于卡盘，而直接支承于滚轮1和导轮4上，压紧轮2使工件紧靠1、4两轮，如图7-23所示。磨削时，工件由导轮带动旋转做圆周进给，砂轮高速旋转为主运动，同时做纵向进给和周期性横切入进给。磨削后，为便于装卸工件，压紧轮向外摆开。无心内圆磨削适合于大批量加工薄壁类零件，如轴承套圈等。

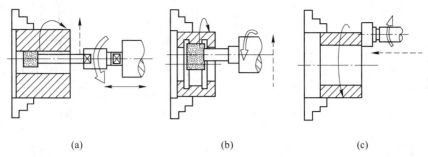

(a)   (b)   (c)

图 7-22　内圆磨削工艺范围
（a）纵磨法磨内孔；（b）切入法磨内孔；（c）磨端面

与外圆磨削相比，因受孔径限制，砂轮及砂轮
轴直径小，转速高，砂轮与工件接触面积大，发热
量大，冷却条件差，工件易热变形，砂轮轴刚度差，
易振动、易弯曲变形，因此，在类似工艺条件下内
圆磨的质量会低于外圆磨。生产中常采用减少横向
进给量，增加光磨次数等措施来提高内孔磨削质量。

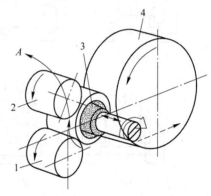

3）平面磨削。平面磨削的主运动虽是砂轮的旋
转，但根据砂轮是利用圆周面还是利用端面对工件
进行磨削，有不同的磨削形式；另外，根据工件是
随工作台做纵向往复运动还是随转台做圆周进给，
也有不同的磨削形式，如图 7-17 所示。砂轮沿轴向

图 7-23　无心内圆磨削的工作原理

做横向进给，并周期性地沿垂直于工件磨削表面方向做进给，直至达到规定的尺寸要求。

图 7-17 （a）、（b）为利用砂轮圆周面磨削工件，砂轮与工件接触面积小，磨削力小，
排屑好，工件受热变形小，砂轮磨损均匀，加工精度高；但砂轮因悬臂而刚性差，不利于
采用大用量，故生产率低。图 7-17 （c）、（d）为利用砂轮端面磨削工件，砂轮与工件接
触面积大，主轴轴向受力，刚性好，可采用较大用量，生产率高。但因磨削力大，生热
多，冷却、排屑条件差，工件受热变形大，而且，砂轮端面各点因线速度不同，砂轮磨损
不均匀，故这种磨削方法加工精度不高。

7.4　刨、插、拉削加工

7.4.1　刨削加工

7.4.1.1　刨削加工的范围及特点

刨削是指在刨床上利用刨刀与工件在水平方向上的相对直线往复运动和工作台或刀架
的间歇进给运动实现的切削加工。

刨削时，主运动是刨刀（或工件）的直线往复移动，而工作台上的工件（或刨刀）
的间歇移动为进给运动。

刨削主要用于水平平面、垂直平面、斜面、T 形槽、V 形槽、燕尾槽等表面的加工，
如图 7-24 所示。若采用成型刨刀、仿形装置等辅助装置，它还能加工曲面齿轮、齿条等

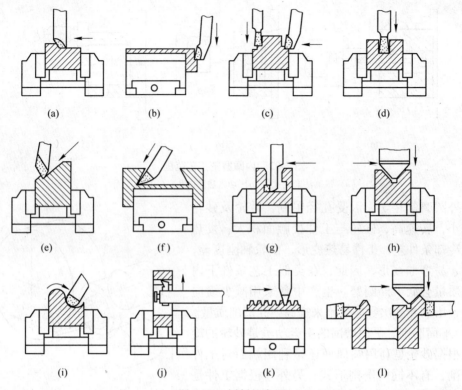

图 7-24　刨削的应用

(a) 刨平面；(b) 刨垂直面；(c) 刨台阶面；(d) 刨直角沟槽；(e) 刨斜面；(f) 刨燕尾形工件；

(g) 刨 T 形槽；(h) 刨 V 形面；(i) 刨曲面；(j) 刨孔内键槽；(k) 刨齿条；(l) 刨复合表面

成型表面。

与其他加工方法相比，刨削加工有如下特点：刨床结构简单，调整操作方便；刨刀形状简单，易制造、刃磨、安装；刨削适应性较好，但生产率不高（回程不切削，切出、切入时的冲击限制了用量的提高），但在加工狭长的平面时，有较高的生产率；刨削加工精度中等，一般刨削加工精度可达 IT9 ~ IT7，表面粗糙度 R_a 为 12.5 ~ 3.2μm。但在龙门刨床上，由于其刚性好、冲击小，因此可达到较高的精度和平面度，表面粗糙度 R_a 为 3.2 ~ 0.4μm，平面度可达 0.02/1000mm。刨削主要适合于单件、小批生产及修配的场合。

7.4.1.2　刨床

刨床类机床的主运动是刀具或工件所做的直线往复运动（刨床又被称为直线运动机床），刨削中刀具向工件（或工件向刀具）前进时切削，返回时不切削并抬刀以减轻刀具损伤和避免划伤工件加工表面，与主运动垂直的进给运动由刀具或工件的间歇移动完成。

刨床类机床主要有牛头刨床和龙门刨床两种类型。

（1）牛头刨床。牛头刨床因其滑枕刀架形似"牛头"而得名，是刨床中应用最广泛的一种，主要适宜于加工长度不超过 1000mm 的中小型零件。其主参数是最大刨削长度。

图 7-25 所示为 B665 牛头刨床外形，它由刀架、转盘、滑枕、床身、横梁及工作台组成，主运动由刀具完成，间歇进给由工作台带动工件完成。

牛头刨床按主运动传动方式有机械和液压传动两种。机械传动以采用曲柄摇杆机构最

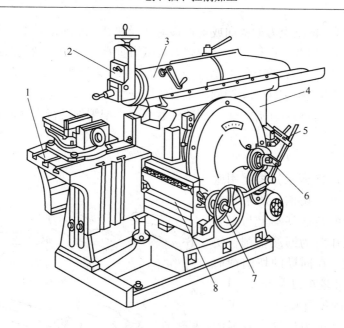

图 7-25　B665 型牛头刨床

1—工作台；2—刀架；3—滑枕；4—床身；5—变速手柄；6—滑枕行程调节手柄；

7—横向进给手轮；8—横梁

常见，此时，滑枕来回运动速度均为变值。该机构结构简单、传动可靠、维修方便、应用很广。液压传动时，滑枕来回运动为定值，可实现六级调速，运动平稳，但结构复杂，成本高，一般用于大规格牛头刨床。

（2）龙门刨床。图 7-26 所示为龙门刨床外形，它由左右侧刀架、横梁、立柱、顶梁、垂直刀架、工作台和床身组成。龙门刨床的主运动是由工作台沿床身导轨做直线往复运动

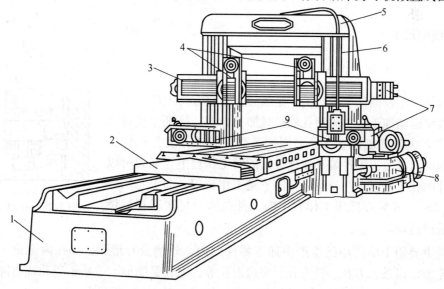

图 7-26　龙门刨床

1—床身；2—工作台；3—横梁；4—垂直刀架；5—顶梁；6—立柱；

7—进给箱；8—减速箱；9—侧刀架

完成；进给运动则由横梁上刀架横向或垂直移动（及快移）完成；横梁可沿立柱升降，以适应不同高度工件的需要。立柱上左、右侧刀架可沿垂直方向做自动进给或快移；各刀架的自动进给运动是在工作台完成一次往复运动后，由刀架沿水平或垂直方向移动一定距离，直至逐渐刨削出完整表面。龙门刨床主要应用于大型或重型零件上各种平面、沟槽及各种导轨面的加工，也可在工作台上一次装夹数个中小型零件进行多件加工。

7.4.1.3　刨刀

刨刀（见图 7-27 所示）根据用途可分为纵切、横切、切槽、切断和成型刨刀等。刨刀的结构基本上与车刀类似，但刨刀工作时为断续切削，受冲击载荷。因此，在同样的切削截面下，刀杆断面尺寸较车刀大 1. 25 ~ 1. 5 倍，并采用较大的负刃倾角（ - 10° ~ - 20°），以提高切削刃抗冲击载荷的性能。为了避免刨刀刀杆在切削力作用下产生弯曲变形，从而使刀刃啃入工件，通常使用弯头刨刀。重型机器制造中常采用焊接-机械夹固式刨刀，即将刀片焊接在小刀头上，然后夹固

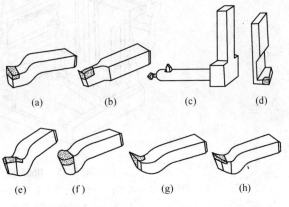

图 7-27　刨刀类型
（a）宽刃刀；（b）切刀；（c）内孔刨刀；（d）弯切刀；
（e）平面刨刀；（f）样板刀；（g）角度偏刀；（h）偏刀

在刀杆上，以利于刀具的焊接、刃磨和装卸。在刨削大平面时，可采用滚切刨刀，其切削部分为碗形刀头。圆形切削刃在切削力的作用下连续旋转，因此刀具磨损均匀，寿命很高。

7.4.2　插削加工

7.4.2.1　插削加工范围

插削加工是在插床上进行的，是插刀在竖直方向上相对工件做往复直线运动加工沟槽和型孔的机械加工方式。插削也可看成是一种"立式"的刨削加工，与刨削类似，但插刀装夹在插床滑枕下部的刀杆上，工件装夹在能分度的圆工作台上，插刀可以伸入工件的孔中做竖向往复运动，向下是工作行程，向上是回程（见图 7-28）。安装在插床工作台上的工件在插刀每次回程后做间歇的进给运动。

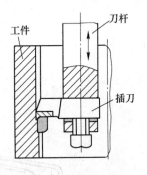

图 7-28　插削示意

插削主要用于单件小批生产中加工零件的内、外槽及异形孔，如孔内键槽、内花键槽、棘轮齿、齿条、方孔、长方孔、多边形孔等，尤其是能加工一些不通孔或有障碍台阶的内花键槽，也可以插削某些零件的外表面，如图 7-29 （a）所示。

插削孔内槽的方法如图 7-29 （b）所示。插削前在工件端面上划出槽加工线，以便对刀和加工。然后将工件用三爪卡盘或压板、垫铁装夹在工作台上，并使工件的转动中心与

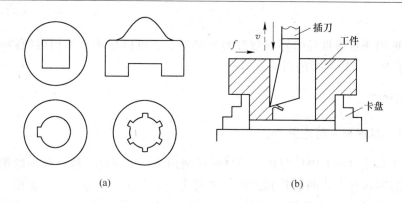

图 7-29　插床工作范围和运动

工作台的转动中心重合。其中横向进给是为了切至规定的槽深，纵向进给则为了切至规定的槽宽。

插削加工的工艺特点：

（1）受工件内表面的限制，插刀刀杆刚性差，其插削精度不如刨削，表面粗糙度 R_a 值为 $6.3 \sim 1.6 \mu m$。

（2）插削是自上而下进行的，插刀的切入处在工件的上端，所以插削便于观察和测量。且切削力是垂直于工件台面的，工件所需夹紧力较小。

（3）插床能加工不同方向的斜面，插床的滑枕可以在纵垂直面内倾斜，刀架可以在横垂直面内倾斜，而且有些插床的工作台还能倾斜一定的角度。

（4）插削的工件不能太高，否则插削加工不够稳定。

7.4.2.2　插床

插床实质上是立式刨床，它与牛头刨床的主要区别在于插床的滑枕是直立的。图 7-30 所示为 B5032 型插床的外形，它主要由滑枕、床身、变速箱、进给箱、分度盘、工作台移动手轮、底座、工作台等组成。

插削时，插刀装夹在滑枕的刀架上，滑枕可沿着床身导轨在垂直方向做往复直线主运动。工件装夹在工作台上，工作台由下滑板、上滑板及圆形工作台三部分组成。下滑板带动上滑板和圆形工作台沿着床身的水平导轨做横向进给运动；上滑板带动圆形工作台沿着下滑板的导轨做纵向进给运动；圆形工作台则带动工件回转完成圆周进给运动或进行分度。圆形工作台在上述各方向的进给运动是在滑枕空行程结束后的短时间内进行的。圆形工作台的分度是用分度装置来实

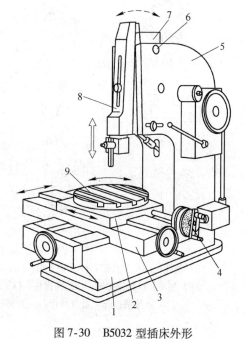

图 7-30　B5032 型插床外形

1—床身；2—溜板；3—床鞍；4—分度装置；5—立柱；
6—销轴；7—滑枕导轨座；8—滑枕；9—圆工作台

现的。

　　滑枕除能沿床身垂直导轨做直线往复运动外，还可以在垂直平面内倾斜一定的角度（一般不大于 10°），以便插削斜面或斜槽。

7.4.3　拉削加工

7.4.3.1　拉削加工的范围

　　拉削加工是在拉床上用拉刀作为刀具的切削加工。拉削是一种高效率的精加工方法。利用拉刀可拉削各种形状的通孔和键槽，如圆孔、矩形孔、多边形孔、键槽、内齿轮等，如图 7-31 所示。此外在大批量生产中，拉削加工还广泛用于加工平面、半圆弧面及组合表面等。

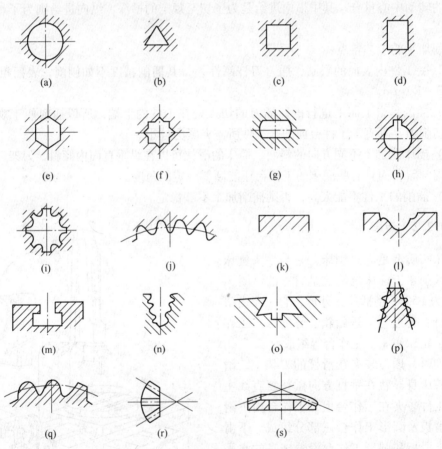

图 7-31　拉削加工的典型工件截面形状

（a）圆孔；（b）三角形；（c）正方形；（d）长方形；（e）六角形；（f）多角形；（g）鼓形孔；
（h）键槽；（i）花键槽；（j）内齿轮；（k）平面；（l）成型表面；（m）T形槽；（n）榫槽；
（o）燕尾槽；（p）叶片榫齿；（q）圆柱齿轮；（r）直齿锥齿轮；（s）螺旋锥齿轮

　　拉削圆孔时，由于受拉刀制造条件和强度等限制，被拉孔的直径通常在 8～125mm 范围内，孔的长度一般不超过孔径的 2.5～3 倍。拉削前孔不需要精确的预加工，钻削或粗镗后即可拉削。拉孔时，工件一般不需夹紧，只以工件的端面支撑。因此，工件孔的轴线与端面之间应有一定的垂直度要求，此外，因拉刀呈浮动安装，并且由工件预制孔定位，所以拉削不能校正原孔的位置度。

拉削时，主运动是拉刀被刀具夹头夹持后所做的直线运动，没有进给运动。

7.4.3.2 拉削加工特点

拉削过程中，只有拉刀直线移动做主运动，进给是依靠拉刀上的带齿升量的多个刀齿分层或分块去除工件上余量来完成。拉削的特点如下：

（1）拉削的加工范围广。拉削可以加工各种截面形状的内孔表面及一定形状的外表面。拉削的孔径一般为 8 ~ 125mm，长径比一般不超过 2.5 ~ 3。但拉削不能加工台阶孔和盲孔，形状复杂零件上的孔（如箱体上的孔）也不宜加工。

（2）生产率高。拉削时，拉刀同时工作齿数多，切削刃长，且可在一次工作行程中能完成工件的粗、精加工，机动时间短，获得的效率高。

（3）加工质量好。拉刀为定尺寸刀具，并有校准齿进行校准、修光；拉削速度低（$v_c = 2 \sim 8\text{m/min}$），不会产生积屑瘤；拉床采用液压系统，传动平稳，工作过程稳定。因此，拉削加工精度可达 IT8 ~ IT7 级，表面粗糙度 R_a 值达 1.6 ~ 0.4μm。

（4）拉刀耐用度高，使用寿命长。拉削时，切削速度低，切削厚度小，刀齿负荷轻，一次工作过程中，各刀齿一次性工作，工作时间短，拉刀磨损慢。拉刀刀齿磨损后，可重磨且有校准齿作备磨齿，故拉刀使用寿命长。

（5）拉削容屑、排屑及散热较困难。拉削属封闭式切削，若切屑堵塞容屑空间，不仅会恶化工件表面质量，损坏刀齿，严重时还会拉断拉刀。切屑的妥善处理对拉刀的工作安全非常重要，如在刀齿上磨分屑槽可帮助切屑卷曲，有利于容屑。

（6）拉刀制造复杂、成本高。拉刀齿数多，刃形复杂，刀具细长制造难，刃磨不便。一把拉刀只适应于加工一种规格尺寸的型孔、槽或型面，拉刀制造成本高。

综上，拉削加工主要适用于大批量生产和成批生产。

7.5 齿形加工

齿轮传动具有传递运动准确、传动平稳、承载大、载荷分布均匀、结构紧凑、可靠耐用效率高等特点，是应用最为广泛的一种传动形式，广泛用于各种机械及仪表中。齿轮是齿轮传动当中主要传动零件。现代科学技术和工业水平的不断提高，对齿轮制造质量的要求越来越高，齿轮的需求量也日益增加，使得齿轮加工机床成为机械制造业中不可缺少的重要加工设备。

7.5.1 齿形加工方法

齿轮的加工方法有无屑加工和切削加工两类。无屑加工有铸造、热轧、冷挤、注塑及粉末冶金等方法。无屑加工具有生产率高、耗材少、成本低等优点，但因受材料性质及制造工艺等方面的影响，加工精度不高。故无屑加工的齿轮主要用于农业及矿山机械。对于有较高传动精度要求的齿轮来说，主要还是通过切削加工来获得所需的制造质量。

齿轮齿形的加工方法很多，按表面成形原理有仿形法、展成法之分。仿形法是利用刀具齿形切出齿轮的齿槽齿面；展成法（或称为范成法）则是让刀具、工件模拟一对齿轮（或齿轮与齿条）做啮合（展成）运动，运动过程中，由刀具齿形包络出工件齿形。按所用装备不同，齿形加工又有铣齿、滚齿、插齿、刨齿、磨齿、剃齿、珩齿等多种方法（其中铣齿为仿形法，其余均为展成法）。

（1）铣齿。采用盘形齿轮铣刀或指状齿轮铣刀依次对装于分度头上的工件的各齿槽进行铣削的方法为铣齿（见图7-32）。这两种齿轮铣刀均为成型铣刀，盘形刀适用于加工模数小于8的齿轮；指状刀适于加工大模数（$m = 8 \sim 40$）的直齿、斜齿轮，特别是人字齿轮。铣齿时，齿形靠铣刀刃形保证。生产中对同模数的齿轮设计有一套（8把或15把）铣刀，$m = 1 \sim 8mm$，每个模数有8把刀具；$m = 9 \sim 16mm$，每个模数有15把刀具，加工齿数范围见表7-1。每把铣刀适应该模数一定齿数范围内齿形加工，其齿形按该齿数范围内的最小齿数设计，加工其他齿数时会产生一定的误差，故铣齿加工精度不高，一般用于单件、小批量生产。

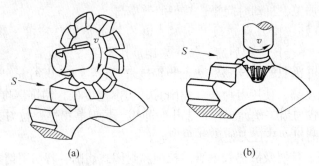

图 7-32　铣齿加工
（a）用盘状模数铣刀铣齿；（b）用指状模数铣刀铣齿

表 7-1　齿轮铣刀的刀号

刀　号	齿　数		刀　号	齿　数	
	8 件	15 件		8 件	15 件
1	12、13	12	5	26 ~ 34	26 ~ 29
$1_{1/2}$		13	$5_{1/2}$		30 ~ 34
2	14 ~ 16	14	6	35 ~ 54	35 ~ 41
$2_{1/2}$		15 ~ 16	$6_{1/2}$		42 ~ 54
3	17 ~ 20	17 ~ 18	7	55 ~ 134	55 ~ 79
$3_{1/2}$		19 ~ 20	$7_{1/2}$		80 ~ 134
4	21 ~ 25	21 ~ 22	8	≥135	≥135
$4_{1/2}$		23 ~ 25			

仿形法铣齿所用的设备为铣床。工件夹紧在分度头与尾架之间的心轴上，如图7-33所示。铣削时，铣刀装在铣床刀轴上做旋转运动以形成齿形，工件随铣床工件台做直线移动——轴向进给运动，以切削齿宽。当加工完一个齿槽后，使分度头转过一定的角度，再切削另一个齿槽，直至切完所有齿槽。此外，还须通过工作台升降做径向进刀，调整切齿深度，达到齿高。当加工模数小于1时，可一次铣出，对于大模数齿轮则可多次铣出。

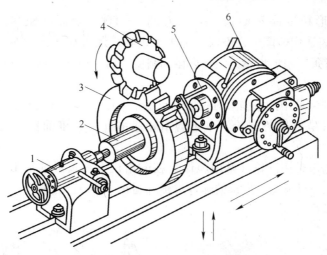

图 7-33　在铣床上用分度头铣削齿轮齿形

1—尾架；2—心轴；3—工件；4—盘状模数铣刀；

5—卡箍；6—分度头

（2）滚齿。滚齿是用滚刀在滚齿机上加工齿形，滚齿过程中，刀具与工件模拟一对交错轴螺旋齿轮的啮合传动（见图 7-34）。滚刀实质为一个螺旋角很大（近似90°）、齿数很少（单头或数头）的圆柱斜齿轮，可将其视为一个蜗杆（称滚刀的基本蜗杆）。为使该蜗杆满足切削要求，在其上开槽（可直槽或螺旋槽）形成各切削齿，又将各齿的齿背铲削成阿基米德螺旋线形成刀齿的后角，便构成滚刀。滚齿的适应性好，一把滚刀可加工同模数、齿形角，不同齿数的齿轮；滚齿生产率高，切削中无空程，多刃连续切削；滚齿加工的齿轮齿距偏差很小，按滚刀精度不同，可滚切 IT10～IT6 级精度的齿轮；但滚齿齿形粗糙度较大。滚齿加工主要用于直齿和斜齿圆柱及蜗轮的加工，不能加工内齿轮和多联齿轮。

（3）插齿。插齿是用插齿刀在插齿机上加工齿形，插齿过程中，刀具、工件模拟一对直齿圆柱齿轮的啮合过程（见图 7-35）。插齿刀模拟一个齿轮，为使其能获切削后角，插齿刀实际由一组截面变位齿轮（变位系数不等，由正至负）叠合而成；插齿刀的前刀面也可磨制出切削前角，再将其齿形作必要的修正（加大压力角）便成插齿刀。

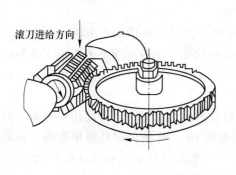

图 7-34　滚齿

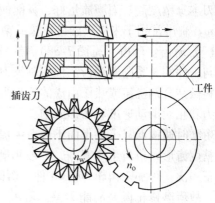

图 7-35　插齿

插齿加工齿形精度高于滚齿，一般为 IT7～IT9，齿面的粗糙度也小（R_a 可达 1.6μm），而且插齿适用范围广，不仅可加工外齿轮，还可加工滚齿所不能的内齿轮、双联或多联齿轮、齿条、扇形齿轮。但插齿运动精度、齿向精度均低于滚齿，生产率也因有空行程而低于滚齿。

（4）刨齿。刨齿是用齿条刨刀对齿形进行加工，刨刀与工件为模拟一对齿轮、齿条的啮合过程。刨刀只是由齿条上的两个齿磨出相应的几何角度而成，因而刨齿没有齿形误差。

（5）磨齿。磨齿是用砂轮（常用碟形）在磨齿机上对齿形的加工。磨齿过程中，砂轮、工件亦为模拟一对齿轮、齿条的啮合过程（见图7-36）。齿轮模拟的为齿条上的两个半齿，故无齿形误差。

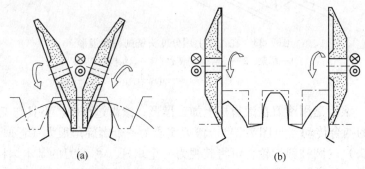

图 7-36　展成法磨齿原理

（a）20°磨削法；（b）0°磨削法

磨齿加工精度高，可达 IT7～IT3 级，表面粗糙度 R_a 为 0.8～0.2μm，且修正误差的能力强，还可加工表面硬度高的齿轮。但磨齿加工效率低，机床结构复杂，调整困难，加工成本高，目前，磨齿主要用于加工精度要求很高的齿轮。

（6）剃齿。剃齿是由剃齿刀带动工件自由转动并模拟一对螺旋齿轮做双面无侧隙啮合的过程（见图7-37）。剃齿刀与工件的轴线交错成一定角度。剃齿刀可视为开了许多槽形成切削刃，剃齿旋转中相对于被剃齿轮齿面产生滑移分速度，开槽后形成的切削刃剃除齿面极薄余量。剃齿加工效率很高，加工成本低；对齿形误差和基节误差的修正能力强（但齿向修正的能力差），有利于提高齿轮的齿形精度、加工精度、粗糙度取决于剃齿刀，若剃齿刀本身精度高、刀磨质量好，就能使加工出的齿轮达到 IT7～IT6 级精度，R_a 为 1.6～0.4μm。剃齿常用于未淬火圆柱齿轮的精加工。

（7）珩齿。珩齿（见图7-38）是一种用于淬硬齿面的齿轮精加工方法。珩齿时，珩磨轮与工件的关系同于剃齿。但与剃齿刀不同，珩磨轮是一个用金刚砂磨料加入环氧树脂等材料做结合剂浇铸或热压而成的塑料齿轮。珩齿时，利用珩磨轮齿面众多的磨粒，以一定压力和相对滑动速度对齿形磨削。

珩磨时速度低，工件齿面不会产生烧伤、裂纹，表面质量好；珩磨轮齿形简单，易获得高精度齿形；珩齿生产率高，一般为磨齿、研齿的 10～20 倍；刀具耐用度高，珩磨轮每修正一次，可加工齿轮 60～80 件；珩磨轮弹性大、加工余量小（不超过 0.025mm）、磨料细，故珩磨修正误差的能力差。珩齿一般用于减小齿轮热处理后表面粗糙度值，R_a 可从 1.6μm 减小到 0.4μm 以下。

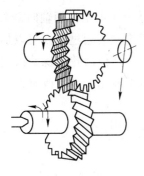

图 7-37 剃齿

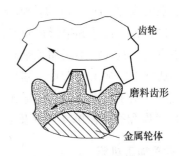

图 7-38 珩齿

7.5.2 齿形加工方法的选择

从以上分析可知,用仿形法加工齿轮,所用的刀具、机床和夹具均比较简单,成本低,但加工精度低、辅助时间长、生产效率低;用展成法加工齿轮,加工精度高,生产效率高,是齿形加工的主要方法,但需专门的刀具和机床,设备费用高,成本高。展成法是齿形加工的主要方法。

各种加工方法的加工设备、加工原理、加工精度各不相同,表 7-2 所示为各齿形加工方法的比较。

表 7-2　齿形加工方法

方法	加工形式	刀具	机床	精度	生产率	适 用 范 围
仿形法	成型铣齿	模数铣刀	铣床	IT9 以下	低	单件及齿轮修配
	拉齿	齿轮拉刀	拉床	IT9 ~ IT7	高	大量生产,内齿轮
展成法	滚齿	齿轮滚刀	滚齿机	IT10 ~ IT6	高	通用性大,外啮合圆柱齿轮,蜗轮
	插齿	插齿刀	插齿机	IT9 ~ IT7	高	内外齿轮,多联,扇形齿轮,齿条
	剃齿	剃齿刀	剃齿机	IT7 ~ IT6	高	滚(插)后,淬火前精加工
	冷挤齿	挤轮	挤齿机	IT8 ~ IT7	高	淬硬前精加工代替剃齿
	珩齿	珩磨轮	珩齿机	IT7	中	剃齿和高频淬火后精加工
	磨齿	砂轮	磨齿机	IT7 ~ IT3	低	淬硬后精密加工

滚齿、插齿工艺比较如下:

(1) 滚齿、插齿的加工精度都比较高,均为 IT7 ~ IT8 级。但插齿的分齿精度略低于滚齿,而滚齿的齿形精度略低于插齿。

(2) 插齿后齿面的粗糙度值略小于滚齿。

(3) 滚齿的生产率一般高于插齿。因为滚齿为连续切削,而插齿有空刀行程,且插齿刀为往复运动,速度的提高受到限制。

(4) 一定模数和压力角的齿轮滚刀和插齿刀可对相同模数和压力角、不同齿数的圆柱齿轮进行加工,但螺旋插齿刀与被切螺旋齿轮必须螺旋角相等、旋向相反。蜗轮滚刀的有关参数必须与同被切蜗轮相啮合的蜗杆完全一致。

（5）插齿除能加工一般的外啮合直齿齿轮外，特别适合于加工齿圈轴向距离较小的多联齿轮、内齿轮、齿条和扇形齿轮等。对于外啮合的斜齿轮，虽通过靠模可以加工，但远不及滚齿方便，且插齿不能加工蜗轮。滚齿适合于加工直齿圆柱齿轮、螺旋齿圆柱齿轮和蜗轮，但通常不宜加工内齿轮、扇形齿轮和相距很近的多联齿轮。当更改滚刀齿形后，滚齿加工还可以用于花键轴键槽、链轮齿形的加工。

（6）滚齿和插齿在单件小批及大批大量生产中均广泛应用。

7.5.3　齿轮加工机床

（1）滚齿机。图7-39所示为Y3150E型滚齿机的外形。机床由床身、立柱、刀具滑板、滚刀架、后立柱和工作台等部件组成。立柱2固定在床身上，刀具滑板3带动滚刀架可沿立柱导轨做垂直进给运动和快速移动；装夹滚刀的滚刀杆4装在滚刀架5的主轴上，滚刀架连同滚刀一起可沿刀具滑板的弧形导轨在240°范围内调整装夹角度。工件装夹在工作台9的心轴7上或直接装夹在工作台上，随同工作台一起做旋转运动。工作台和后立柱装在同一滑板上，并沿床身的水平导轨做水平调整移动，以调整工件的径向位置或做手动径向进给运动。后立柱上的后支架6可通过轴套或顶尖支承工件心轴的上端，以增加滚切工作的平稳性。

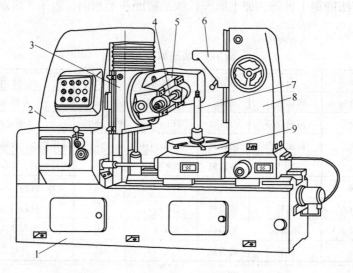

图7-39　Y3150E型滚齿机

1—床身；2—立柱；3—刀具滑板；4—滚刀杆；5—滚刀架；
6—后支架；7—工件心轴；8—后立柱；9—工作台

Y3150E机床的主要技术参数为：最大加工工件直径500mm，最大加工工件宽度250mm，最大加工模数8mm，最小齿数5k（k为滚刀头数）；允许安装的滚刀最大直径160mm，最大滚刀长度160mm；主电动机功率4kW。

（2）插齿机。插齿机主要用于加工直齿圆柱齿轮，尤其适用于加工在滚齿机上不能滚切的内齿轮和多联齿轮。图7-40所示为Y5132型插齿机的外形，它由刀架座、立柱、刀轴、工作台、床身、工作台溜板等部分组成。

7.5.4 齿轮加工刀具

（1）滚齿刀。齿轮滚刀是利用一对螺旋齿轮啮合原理工作的，如图 7-41 所示。滚刀相当于小齿轮，工件相当于大齿轮。

滚刀的基本结构是一个螺旋齿轮（见图 7-42），但只有一个或两个齿，因此其螺旋角很大，螺旋升角很小，使滚刀的外貌不像齿轮，而呈蜗杆状。滚刀的头数即是螺旋齿轮的齿数。为了形成切削刃和前、后刀面，在其圆周上等分地开有若干垂直于蜗杆螺旋线方向或平行于滚刀轴线方向的容屑槽，经过铲背使刀齿形成正确的齿形和后角，再加上淬火和刃磨前面，就形成了一把齿轮滚刀。

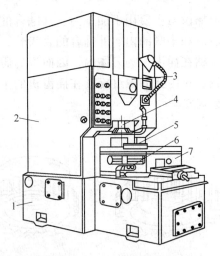

图 7-40 Y5132 插齿机

1—床身；2—立柱；3—刀架；4—主轴；
5—工作台；6—挡块支架；7—工作台溜板

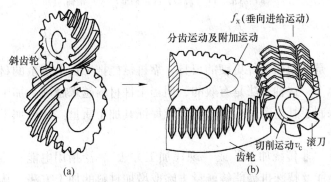

图 7-41 滚刀加工齿轮相当于一对交错轴斜齿轮啮合

（a）交错轴斜齿轮副；（b）滚齿运动

基本蜗杆有渐开线蜗杆、阿基米德蜗杆和法向直廓蜗杆。渐开线蜗杆制造困难，生产中很少使用；阿基米德蜗杆与渐开线蜗杆非常近似，只是它的轴向截面内的齿形是直线，这种蜗杆滚刀便于制造、刃磨和测量，应用较为广泛；法向直廓滚刀的理论误差略大，加工精度较低，生产中采用不多，一般只用粗加工、大模数和多头滚刀。

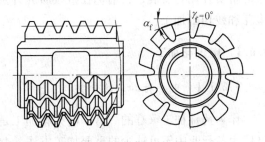

图 7-42 齿轮滚刀

模数为 1~10 的标准齿轮滚刀多为高速钢整体制造。大模数的标准齿轮滚刀为了节约材料和便于热处理，一般可用镶齿式，这种滚刀切削性能好，耐用度高。目前硬质合金齿轮滚刀也得到了较广泛的应用，它不仅可采用较高的切削速度，还可以直接滚切淬火齿轮。

（2）插齿刀。插齿刀按外形分为盘形、碗形、筒形和锥柄 4 种，如图 7-43 所示。

盘形插齿刀主要用于加工内、外啮合的直齿、斜齿和人字齿轮。碗形插齿刀主要加工带台肩的和多联的内、外啮合的直齿轮，它与盘形插齿刀的区别在于工作时夹紧用的螺母可容纳在插齿刀的刀体内，因而不妨碍加工。筒形插齿刀用于加工内齿轮和模数小的外齿轮，靠内孔的螺纹旋紧在插齿机的主轴上。锥柄插齿刀主要用于加工内啮合的直齿和斜齿齿轮。

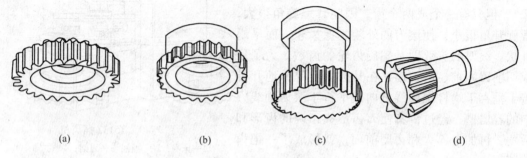

图 7-43　插齿刀的类型
（a）盘形；（b）碗形；（c）筒形；（d）锥柄

7.6　特种加工

　　传统切削加工是利用比工件更硬的刀具，靠机械能把工件上多余的材料切除，从而形成零件。一般情况下，这种方法是有效的，但当工件材料越来越硬、加工表面越来越复杂时，这种方法便限制了其生产率，同时也很难保证其加工质量。特种加工在这种情况下便得到了应用和发展。

　　特种加工亦称"非传统加工"或"现代加工方法"，泛指用电能、热能、光能、电化学能、化学能、声能及特殊机械能等能量去除或增加材料的加工方法，从而实现材料被去除、变形、改变性能或被镀覆等。它是近几十年发展起来的新工艺，是对传统加工工艺方法的重要补充与发展，目前仍在继续研究开发和改进当中。限于篇幅，本节只简单介绍电火花和线切割加工。

7.6.1　电火花加工

7.6.1.1　电火花加工的分类

　　作为特种加工家庭的一员，电火花加工是对传统机械加工方法的有力补充和延伸，现已成为各行业中不可缺少的重要加工方法，并正向着精密化、智能化方向发展，同时也成为机械设计制造中实现特殊要求不可或缺的工艺方法。

　　电火花加工按工具电极和工件相对运动的方式和用途不同，大致可分为电火花成型加工、电火花线切割加工、电火花高速小孔加工、电火花磨削和镗削、电火花同步共轭回转加工、电火花表面强化和刻字六大类。前五类属于电火花成型、尺寸加工，是用于改变工件形状或尺寸的加工方法；后者属于表面加工方法，用于改善或改变工件表面性质。表7-3 列出了常见的电火花加工。

表 7-3 常见的电火花加工

类 型	特 点	用 途	说 明
电火花成型加工（简称电火花加工）	（1）工具和工件间主要只有一个相对的伺服进给运动； （2）工具为成型电极，与被加工表面有相同的截面和相反的形状	（1）穿孔加工：加工各种冲模、挤压模、粉末冶金模、各种异形孔及微孔等； （2）型腔加工：加工各类型腔模及各种复杂的型腔零件	约占在电火花机床总数的30%，典型机床有北京阿奇 SE 系列及日本 SodickAM 系列等电火花成型机床
电火花线切割加工（简称线切割加工）	（1）工具电极为顺电极丝轴线方向转动着的线状电极； （2）工具与工件在两个水平方向同时有相对伺服进给运动	（1）切割各种冲模和具有直纹面的零件； （2）下料、截割和窄缝加工	约占电火花机床总数的60%，典型机床有 DK7725 及日本 Sodick AQ 数控电火花线切割机床
电火花高速小孔加工（简称穿孔加工）	（1）采用细管电极，管内冲入高压水基工作液； （2）细管电极旋转； （3）穿孔速度较高	（1）线切割穿丝预孔； （2）深径比很大的小孔，如喷嘴小孔等	约占电火花机床总数的2.5%，典型机床有北京阿奇 SD1 电火花小孔加工机床

7.6.1.2 电火花加工工作原理

电火花加工又称放电加工或电蚀加工，英文简称 EDM。因为现代电火花加工都采用数控装置进行精密或超精密加工，因此称为数控精密电火花加工。电火花加工是将工件与工具电极分别与脉冲电源的两个不同极性输出端相连接，利用两电极间脉冲放电时产生的电腐蚀对工件进行加工的，如图 7-44 所示，在工具电极与工件相互接近时，极间电压在间隙最小处或绝缘强度最低处将工作液介质击穿，形成火花放电，并在放电通道中产生瞬时高温，使金属局部熔化甚至汽化、

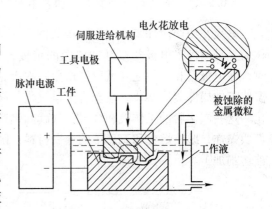

图 7-44 电火花成型加工原理

蒸发而蚀除下来，并被循环工作液带走。脉冲放电结束后，经过一段时间间隔，工作液恢复绝缘，下一个脉冲电压又加在两极上，进行下一个循环。

基于以上原理，进行电火花加工应具备下列条件：

（1）使工具电极和工件被加工表面之间经常保持一定的放电间隙；

（2）电火花加工必须采用脉冲电源；

（3）使火花放电在有一定绝缘性能的液体介质中进行。

7.6.1.3　电火花加工的特点与应用场合

电火花加工的主要特点有：

（1）能加工普通切削加工方法难以切削的材料和复杂形状工件；

（2）加工时无切削力；

（3）不产生毛刺和刀痕沟纹等缺陷；

（4）工具电极材料无须比工件材料硬；

（5）直接使用电能加工，便于实现自动化；

（6）加工后表面产生变质层，在某些应用中须进一步去除；

（7）工作液的净化和加工中产生的烟雾污染处理比较麻烦。

电火花加工的主要用途是：

（1）加工具有复杂形状的型孔和型腔的模具和零件；

（2）加工各种硬、脆材料，如硬质合金和淬火钢等；

（3）加工深细孔、异形孔、深槽、窄缝和切割薄片等；

（4）加工各种成型刀具、样板和螺纹环规等工具和量具。

7.6.2　电火花线切割加工

电火花线切割加工（Wire Cut Electrical Discharge Machining，简称 WEDM）是在电火花加工基础上发展起来的，它使用线状电极（钼丝或铜丝）靠火花放电对工件进行切割，故称电火花线切割。

7.6.2.1　电火花线切割加工的基本原理

电火花线切割加工的基本原理如图 7-45 所示。被切割的工件作为工件电极，电极丝作为工具电极。电极丝接脉冲电源的负极，工件接脉冲电源的正极。当产生一个电脉冲时，在电极丝和工件之间就可能产生一次火花放电，在放电通道中瞬时可达 5000℃ 以上高温使工件局部金属熔化，甚至有少量汽化，高温也使电极和工件之间的工作液部分产生汽化。这些汽化后的工作液和金属蒸气瞬间迅速膨胀，并具有爆炸特性，靠这种热膨胀和局部微爆炸，抛出熔化和汽化了的金属材料；随着脉冲的连续产生而实现对工件材料进行电蚀切割加工。

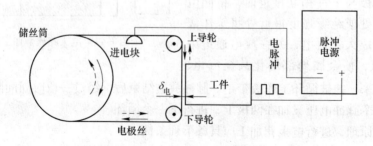

图 7-45　电火花线切割加工原理

线切割加工时，一方面线电极相对于工件不断地移动（慢速走丝是单向移动，快速走丝是往返移动），另一方面，装夹工件的十字工作台，由数控伺服电动机驱动，在 x、y 轴方向实现切割进给，使线电极沿加工图形的轨迹运动对工件进行切割加工。

7.6.2.2　电火花线切割的应用

电火花线切割可切割各种高硬度、高强度、高韧性和高脆性的导电材料，广泛用于加工硬质合金、淬火钢模具零件、样板、各种形状复杂的细小零件、窄缝等。如形状复杂、带有尖角窄缝的小型凹模的型孔可采用整体结构经淬火后再加工，这样既能保证模具精度，又可简化模具的设计和制造。此外，电火花线切割加工，还可用于加工除不通孔以外的其他难加工的金属零件，如图 7-46 所示。

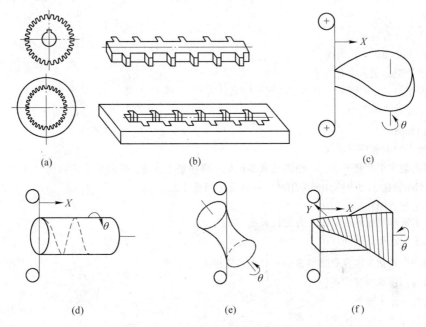

(a)　　　　　　　　(b)　　　　　　　　(c)

(d)　　　　　　　　(e)　　　　　　　　(f)

图 7-46　电火花线切割的加工应用

(a) 齿轮模具；(b) 窄长冲模；(c) 加工盘形凸轮；(d) 加工螺旋面；
(e) 加工双曲面；(f) 加工扭转锥台

7.6.2.3　线切割的主要特点

（1）不需要制造成型电极，用简单的电极丝即可对工件进行加工，可节约电极的设计和制造费用，缩短了生产周期。

（2）由于电极丝比较细，可以加工微细异形孔、窄缝和复杂形状的工件。

（3）加工中的电蚀产物由循环流动的工作液带走；电极丝以一定的速度运动（称为走丝运动）可减小电极损耗，不易被火花放电烧断，也有利于电蚀产物的排除。

（4）在加工过程中，快速走丝线切割采用低损耗电源且电极丝高速移动；慢速走丝线切割单向走丝，在加工区域总是保持新电极加工。因而电极损耗极小（一般可忽略不计），有利于加工精度的提高。

（5）能加工各种冲模、凸轮、样板等外形复杂的精密零件，尺寸精度可达 0.02 ~

0.01mm，表面粗糙度 R_a 值可达 1.6μm。还可切割带斜度的模具或工件。

（6）由于切缝很窄，切割时只对工件进行"套料"加工，故余料还可以利用。

（7）自动化程度高，操作方便，劳动强度低。

（8）加工周期短，成本低。

思考题与习题

7-1　何为钻削？其应用范围如何？在钻床上可进行哪些钻削加工？

7-2　钻孔为何只适合于小孔的加工？直径为 φ40mm 左右的孔，可否直接选用 φ40mm 的钻头钻出？为什么？

7-3　钻床主要有哪些类型？

7-4　常见的内孔加工方法有哪些？

7-5　常见的外圆加工方法有哪些？

7-6　镗削的切削运动有哪些？其主要应用范围是什么？

7-7　镗床主要有哪些类型？

7-8　磨床是如何分类的？

7-9　磨削加工的主要特点是什么？

7-10　外圆磨削和平面磨削时，一般需要哪些运动？哪些是主运动、哪些是进给运动？

7-11　M1432A 磨床主要由哪几部分组成？各部分作用是什么？

7-12　插削主要应用在哪些范围？

7-13　拉削主要应用在哪些范围？有何特点？

7-14　刨削主要应用在哪些范围？

7-15　展成法齿轮加工主要有哪些方法？其主要应用范围如何？

7-16　滚齿与插齿有何异同点？

7-17　何为特种加工？

7-18　线切割原理及应用范围是什么？

7-19　线切割有哪些分类？

7-20　线切割加工有哪些特点？

7-21　电火花加工与线切割的联系与区别是什么？

7-22　电火花加工与其他金属切削加工的区别是什么？

7-23　电火花加工有何特点？

参 考 文 献

[1] 吴永锦. 机械制造技术［M］. 北京：清华大学出版社，2010.

[2] 柴增田. 金属工艺学［M］. 北京：北京大学出版社，2009.

[3] 靳鲁粤. 工程材料与成型技术基础［M］. 北京：高等教育出版社，2004.

[4] 骆志武. 金属工艺学［M］. 北京：高等教育出版社，2000.

[5] 胡运林. 数控技术及应用［M］. 北京：冶金工业出版社，2012.

[6] 孙德茂. 数控机床车削加工直接编程技术［M］. 北京：机械工业出版社，2005.

[7] 王晓余. 数控铣床操作基础与应用实例［M］. 北京：电子工业出版社，2007.

[8] 顾晔，楼章华. 数控编程加工与操作［M］. 北京：人民邮电出版社，2009.

[9] 刘战术，窦凯，吴新佳. 数控机床及其维护［M］. 2版. 北京：人民邮电出版社，2010.

[10] 刘书华. 数控机床与编程［M］. 北京：机械工业出版社，2007.

[11] 杨伟群. 数控工艺培训教程（数控铣部分）［M］. 北京：清华大学出版社，2006.

[12] 陈春. 机械制造技术基础［M］. 成都：西南交通大学出版社，2008.

[13] 牛荣华. 机械加工方法与设备［M］. 北京：人民邮电出版社，2009.

[14] 陆剑中，孙家宁. 金属切削原理与刀具［M］. 北京：机械工业出版社，2008.

[15] 恽达明. 金属切削机床［M］. 北京：机械工业出版社，2006.

[16] 卢万强. 数控加工技术［M］. 北京：北京理工大学出版社，2008.

[17] 胡运林. 机械制造工艺与实施［M］. 北京：冶金工业出版社，2011.

[18] 闫巧枝，李钦唐. 金属切削机床与数控机床［M］. 北京：北京理工大学出版社，2007.

[19] 张杰. 机械制造与应用［M］. 哈尔滨：哈尔滨工业大学出版社，2011.

[20] 赵明久. 普通铣床操作与加工实训［M］. 北京：电子工业出版社，2009.

[21] 贺庆文，佟海侠. 看图学铣床加工［M］. 北京：化学工业出版社，2011.

[22] 夏建刚. 金属切削加工［M］. 重庆：重庆大学出版社，2008.

[23] 《职业技能鉴定教材》编审委员会. 车工初级（中级、高级）［M］. 北京：中国劳动出版社，1996.

[24] 朱丽军. 车工实训与技能考核训练教程［M］. 北京：机械工业出版社，2010.

[25] 付宏生. 车工技能训练［M］. 北京：高等教育出版社，2006.

[26] 张应龙. 车工（中级）［M］. 北京：化学工业出版社，2011.

[27] 陈根琴. 金属切削加工方法与设备［M］. 北京：人民邮电出版社，2008.

冶金工业出版社部分图书推荐

书　名	作　者	定价(元)
现代企业管理(第2版)(高职高专教材)	李　鹰	42.00
Pro/Engineer Wildfire 4.0(中文版)钣金设计与 　焊接设计教程(高职高专教材)	王新江	40.00
Pro/Engineer Wildfire 4.0(中文版)钣金设计与 　焊接设计教程实训指导(高职高专教材)	王新江	25.00
应用心理学基础(高职高专教材)	许丽遐	40.00
建筑力学(高职高专教材)	王　铁	38.00
建筑CAD(高职高专教材)	田春德	28.00
冶金生产计算机控制(高职高专教材)	郭爱民	30.00
冶金过程检测与控制(第3版)(高职高专教材)	郭爱民	48.00
天车工培训教程(高职高专教材)	时彦林	33.00
机械制图(高职高专教材)	阎　霞	30.00
机械制图习题集(高职高专教材)	阎　霞	28.00
冶金通用机械与冶炼设备(第2版)(高职高专教材)	王庆春	56.00
矿山提升与运输(第2版)(高职高专教材)	陈国山	39.00
高职院校学生职业安全教育(高职高专教材)	邹红艳	22.00
煤矿安全监测监控技术实训指导(高职高专教材)	姚向荣	22.00
冶金企业安全生产与环境保护(高职高专教材)	贾继华	29.00
液压气动技术与实践(高职高专教材)	胡运林	39.00
数控技术与应用(高职高专教材)	胡运林	32.00
洁净煤技术(高职高专教材)	李桂芬	30.00
单片机及其控制技术(高职高专教材)	吴　南	35.00
焊接技能实训(高职高专教材)	任晓光	39.00
心理健康教育(中职教材)	郭兴民	22.00
起重与运输机械(高等学校教材)	纪　宏	35.00
控制工程基础(高等学校教材)	王晓梅	24.00
固体废物处置与处理(本科教材)	王　黎	34.00
环境工程学(本科教材)	罗　琳	39.00
机械优化设计方法(第4版)	陈立周	42.00
自动检测和过程控制(第4版)(本科国规教材)	刘玉长	50.00
金属材料工程认识实习指导书(本科教材)	张景进	15.00
电工与电子技术(第2版)(本科教材)	荣西林	49.00
计算机网络实验教程(本科教材)	白　淳	26.00
FORGE塑性成型有限元模拟教程(本科教材)	黄东男	32.00